绿色建筑：可持续建筑导则
（原著第二版）

Green Building: Leitfaden für nachhaltiges Bauen (2.Aufl.)

米夏埃尔·鲍尔（Michael Bauer）

［德］彼得·默斯勒（Peter Mösle） 著

米夏埃尔·施瓦茨（Michael Schwarz）

王静 林毅 梁玲 译

中国建筑工业出版社

著作权合同登记图字：01-2015-2081号

图书在版编目（CIP）数据

绿色建筑：可持续建筑导则：原著第二版 /（德）
米夏埃尔·鲍尔，（德）彼得·默斯勒，（德）米夏埃尔·
施瓦茨著；王静，林毅，梁玲译. —北京：中国建筑
工业出版社，2021.6
　　书名原文: Green Building: Leitfaden für
nachhaltiges Bauen (2. Aufl.)
　　ISBN 978-7-112-26247-2

　　Ⅰ. ①绿… Ⅱ. ①米… ②彼… ③米… ④王… ⑤林
… ⑥梁… Ⅲ. ①生态建筑–建筑设计 Ⅳ. ①TU201.5

　　中国版本图书馆CIP数据核字（2021）第118716号

Translation from German language edition:
Green Building: Leitfaden für nachhaltiges Bauen (2. Aufl.)
　　by Michael Bauer, Peter Mösle and Michael Schwarz

本书经 Springer Berlin Heidelberg 图书出版公司正式授权我社翻译、出版、发行

责任编辑：何　楠　董苏华
责任校对：王　烨

绿色建筑：可持续建筑导则（原著第二版）
Green Building: Leitfaden für nachhaltiges Bauen (2. Aufl.)

　　　米夏埃尔·鲍尔（Michael Bauer）
[德]　彼得·默斯勒（Peter Mösle）　　　　　　著
　　　米夏埃尔·施瓦茨（Michael Schwarz）
王静　林毅　梁玲　译
*
中国建筑工业出版社出版、发行（北京海淀三里河路9号）
各地新华书店、建筑书店经销
北京锋尚制版有限公司制版
北京京华铭诚工贸有限公司印刷
*
开本：880毫米×1230毫米　1/16　印张：17½　字数：389千字
2021年7月第一版　　2021年7月第一次印刷
定价：96.00元
ISBN 978-7-112-26247-2
　　　　（27176）

版权所有　翻印必究
如有印装质量问题，可寄本社图书出版中心退换
（邮政编码100037）

目录

A

绿色建筑理念背后的动机

B

绿色建筑的要求

C

绿色建筑的建造和运营优化

D 附录

深度观察——绿色建筑访谈录

前言

　　人类未来面临最为主要的挑战在于如何以负责的态度对待自然：如何建立一个环境友好、节约资源、保护气候的能源供给模式；同时，如何确保充足的清洁饮用水源。在不降低生活舒适度和水准的前提下，工作重点除现有的新型及高效的工艺技术以外，还应包括减少能源和资源消耗。由于，全世界建筑业消耗了高达17%的水资源、30%—40%的能源、40%—50%的原料（如25%的木材），产生了33%的二氧化碳。而且，新建建筑和既有建筑的延续运作，使得这些建筑消耗的能源和资源将对未来50年到80年产生巨大影响。因此，如果我们要达到全球性气候保护目标，应

当按照能源与资源节约以及气候保护原则，对新建建筑和既有建筑进行规划设计、建设与运营。当今的德国面临着历史性转折，能源供应模式正在朝向可再生能源方式转变。在新能源供应模式中，建筑不仅需要节约能源，而且还需要自身制能，并向系统供能。对建筑而言，除了新建建筑类型以外，既有建筑的作用也不容忽视。因为通过对既有建筑进行目标明确的优化改造，亦能实现气候保护目标。能够具备这些特性的建筑，称为绿色建筑。绿色建筑，可以是低能耗建筑，也可以是零能耗建筑，还可以是负能耗建筑。绿色建筑，在满足经济性前提条件下，集舒适性与高度适

用性以及最低能耗与最低资源消耗为一体。本书案例表明：绿色建筑能够同时满足美学和建筑学的最高要求。这类建筑的规划设计过程就是一个融合各专业要求的过程，这就要求所有的参与者具备协同能力，能将项目众多的专业间的衔接点理解为能够更好地对接各专业界限的结合点。这涉及气候学、能源学、空气动力学与建筑物理学各个领域中专业与整体的知识，包括使用节约资源、环境可承受的结构与材料等。这也涉及规划设计阶段运用现代计算模拟详细描述建筑生命周期的各要素影响。同时，本书案例还表明：如果一栋建筑要达到节能和资源低耗运营的目标，必须制订

一个整体能源方案，定期对运营中的各种能耗进行监测和优化。业界的关注点不仅限于单体绿色建筑的规划设计、建造和运营，对整体战略研究也越来越关注。例如，如何以可持续发展的方式面对未来的房地产市场。伴随着可持续发展进程，以能源方案设计、能源管理以及与地产组合的建筑生命周期可持续性管理为代表的新兴行业将会出现。

本书的内容源于作者及其同事们在规划设计、施工建设、运营等领域以及房地产项目战略咨询项目中累积的丰富实践经验。本书的案例展现建筑学和技术领域中具有创意的解决方案以及规划设计、施工建设、运营与地产管理领域中现代化的工具运用。本书面向所有希望达到能源节约和资源低耗的业主、建筑商、建筑师、规划设计师及建筑运营方。本书旨在提供可持续性建筑的规划设计、建筑施工与运营的相关指导。

在此，我们谨对众多的知名建筑商和建筑师表示感谢。在过去的岁月里，我们与这些优秀的建筑商和建筑师在一些创意与趣味十足的建筑项目上，在规划设计、项目实施和运营领域进行了合作。这种相向而行的信任及良好的合作也体现在这些建筑商和建筑师所提供的知名建筑资料上。为此，特别感谢他们对本书撰写的贡献。

如若本书能够对包括新建和既有建筑在内的绿色建筑数量增长有所助益，笔者将深感欣慰。目前，工程技术解决方案已经具备且经济可行。不经意间，我们将可持续发展的方法又推进了一步。为了补偿因本书印制及配送而造成的二氧化碳排放，作者已申请到二氧化碳减排措施的碳排放减排证书。因此，请各位通过本书进入到绿色建筑的世界之中，尽情享受阅读的乐趣并发现可应用的新技术。

米夏埃尔·鲍尔

彼得·默斯勒

米夏埃尔·施瓦茨

于霍伊巴赫，盖林根，尼尔廷根

A   B

绿色建筑理念背后的动机

可持续性和节能成为公众关注的焦点

人们对于生活舒适和财务自由一直不懈追求，而周围环境中出现的诸多问题：密度不断增大的拥堵城区、剧烈增加的交通需求以及新型通信技术带来的电子烟雾，造成每个人面对的压力越来越大。而且，人们的生活品质亦被波及，有关健康的负面影响在不断出现。所有这一切，再加上持续见诸媒体的全球气候变化报道，逐渐在整个社会中引起了人们的反思。

最终，整个社会承担了因气候变化而造成的经济损失后果（图A1）。由于环境灾害的持续增加，1990—2000年遭受的经济损失较之1950—1990年增加了40%。如果不实施有效的措施，损失不仅无法避免，而且还将进一步扩大。2011年发生在日本福岛的核事故无疑是这一不良趋势的极端例子。这一事故甚至影响到了德国的政策，促使德国决定采用可再生能源替代核能。各个行业的公司都逐渐意识到，只有通过负责的资源应对方式，才能达到长久的成功。与主要针对经济性而言的解决方案相比，环保、资源友好型的可持续建筑享有越来越高的地位。

除了上述社会和经济因素，近年来节节攀升的能源价格也加快了可持续建筑的发展进程。过去10年，石油价格翻了一番有余，且在2004—2006年达到25%的增幅（图A2）。有鉴于此，节能措施在当今已经成为必需。此外，合理使用能源的另一个原因是能源严重依赖进口。目前，欧盟60%的一次能源依赖进口，而且此趋势还在增长（图A3）。这种能源依赖状态使得消费者极为不安，并促使他们对国家能源政策方针提出质疑。由于能源是必需品，所以众多投资者和运营商都寄希望于新科技和新能源的发展，以便在全球发展中不受能源因素的约束。

同样，房地产业的发展思路转变也是显而易见的。最终用户寻求能够兼顾能耗和运营成本较低且舒适性较高的可持续建筑方案。他们希望建筑方案提供社会能承受、促进人际交往、开放的系统。同时，他们也希望这些建筑采用的是令人放心的环保生态材料，并能够不给环境造成负担。他们会对预期运营成本、建筑拆除费用与可持续性经济性进行分析。此外，除了考虑能源成本和运营成本，工作场所的舒适性也是越来越重要的考虑因素。因为在欧洲，人们对工作场所的舒适性越来越关注。

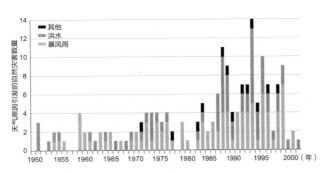

图A1 1950—2000年由于天气导致的灾害

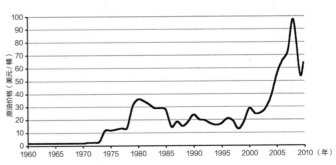

图A2 1960年以来原油名义价格的增长

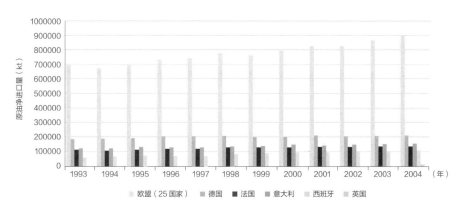

图A3 欧盟能源对外依存度（见彩页）

毫无疑问，人们对工作环境要求越来越高，既需舒适又要健康。投资者们同样懂得建筑的可持续性特质可以作为物业租售的极佳卖点，因为租户已逐渐将能耗和运营费用、符合生态建筑要求的材料作为购买与租赁的决策要素（图A4）。

绿色建筑提供舒适和健康的室内气候，还利用可再生能源和资源，将能源费用和运营费用降至最低。绿色建筑的开发遵循经济可行的宗旨，实行建筑生命周期考量，其考量的范围包括从概念到规划、从施工到运营，直到拆除阶段的所有要素。因此，绿色建筑提供的是一个基于整体、面向未来的建筑理念。

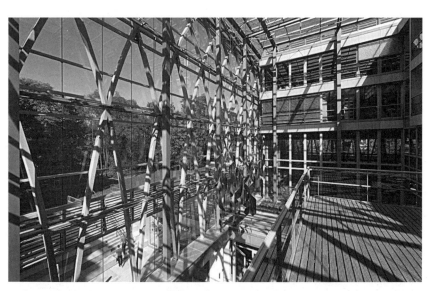

图A4 北莱茵-威斯特法伦州驻柏林代表处（建筑设计：杜塞尔多夫，Petzinka Pin Architektur®）

提供支持的框架条件

由于公众对可持续和生态解决方案的关注不断增长，最近几年涌现出众多支持房地产领域的节能技术、资源节约型新能源等符合可持续性产品要求的框架条件。

可持续能源政策是基于不同国家、欧盟及国际的法律、标准、准则和规定，这些法规具体规定了建筑和设施的可衡量的节能标准。此外，这些准则还规定了各类建筑和设施的最低的节能标准，同时制定了舒适的温度标准、空气质量和视觉舒适度的最低标准。对整个欧洲而言，目前有一种统一此类标准的趋势。但从国际层面来看，各国正在制定自己的相关导则，且无法实现直接的相互对比。支持这些标准是为了那些目前尚不具备经济性、但颇有前景的技术所提供的各种现有和计划的资金。在德国，此类案例有老旧房屋改造时对太阳能光伏领域的开发、地表地热利用、太阳能光热利用、沼气设施及其他节能措施。

然而，德国现行法律、标准和规定中并未涵盖所有基本的建筑和设施类型。

特别是在优化现有框架结构时，整个社会和政治家们发现，为现有结构中将面向未来的发展趋势制定标准不是一件容易的事。这意味着当涉及许多领域的能源优化的可能性时，尤其在一些重要领域，无法发挥这些框架结构的真正潜力。此外，德国法律所规定的能耗上限通常低于绿色建筑的标准。因为这些上限的目的只是为便于产品进入市场销售。因此，与追求实现最大节能效果的实际市场相比，相关的法律和规定明显滞后。这一漏洞可以通过使用现有的生态标签、导则和质量证书来弥补，因其倡导遵循更为严格的标准。对于节能的更多需求是由于建筑和技术设施的使用年限很长而产生的。这就意味着今天规定的二氧化碳排放限值对未来有着长期的影响。因此，当前的决定对于未来的排放水平也具有重要意义。

二氧化碳排放权交易

《京都议定书》从2005年2月开始实施。该协议旨在减少全球温室气体排放水平（图A5）。其起源可以追溯到1997年。参与这一国际环境条例的39个工业国同意：至2012年止，将其环境有害气体（如二氧化碳）的排放总量在1990年的排放水平基础上减少5%。在欧盟内部，其减排目标是8%。而德国的减排目标是21%。但如图A6和图A7所示，大部分工业国远远未能达到其目标。

欧盟在实施所谓的20-20-20规划方面达成一致。20-20-20规划的内容是：到2020年，在1990年排放水平的基础上，将二氧化碳的排放水平降低20%，将建筑的节能效率提高20%，将可再生能源的能源比重提高到20%。到2050年，一次能源在建筑能耗中的比例要减少80%。

二氧化碳排放权交易是矫正人类造成的温室效应的一项长期措施。在此，环境被视为一种商品，而环境保护的目标可通过财务激励措施得以实现。

目前，政治家们意识到：首先，因气候变化而造成的环境破坏不能仅仅通过经济手段进行回应；其次，必须将其视为严肃的全球问题。二氧化碳排放权交易背后的理

■ 超过11.0　■ 7.1—11.0　■ 4.1—7.0　■ 0.0—4.0　□ 无资料至2010年人均二氧化碳排放（t）

图A5 2010年，世界人口的二氧化碳人均排放水平及分布情况（见彩页）

念是有史以来第一次明确地将经济效应和环境效应结合起来。那么，二氧化碳排放权交易究竟能起到多少具体作用呢？对于每一个接受《京都议定书》的国家，分别规定了其破坏气候的温室气体的最高值。这一规定限值与最大使用限值相对应。《温室气体预算》在20世纪90年代考虑了每个参加国的未来发展。如东欧等新兴经济体可获得较高的二氧化碳排放量，而工业国的温室气体排放指标则会逐年减少。

根据每个国家的排放限额规定数个排放信用指标，这些信用指标根据参与企业的二氧化碳排放水平分配给相关企业。如果某个企业由于采用节能措施减少二氧化碳排

放，且其排放量低于其规定排放信用额度（规定分配单位或AAU），则可以公开出售其未用完的排放指标。或者，如果企业自身的减排措施成本高于获取排放指标的费用，也可从公开市场上购买排放指标。此外，如企业在其他发展中国家或工业国投资可持续能源供应设施，也可获得相应的排放指标。这意味着可以用最低的成本达到气候保护的目标。

在德国，截至协议的第一个实施阶段，仅如下机构必须参与排放交易过程：拥有热值超过20MW的能源设施运营商及用电密集型工业设施的运营商。以上规定促使全德国约55%的二氧化碳排放量直接加

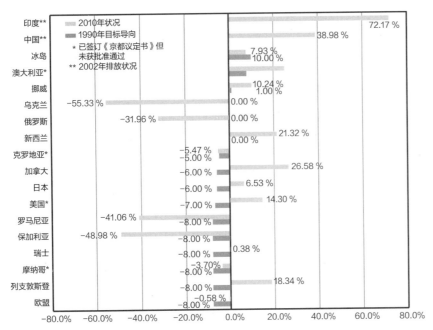

图A6　《京都议定书》规定的减排目标及目前全球某些国家二氧化碳排放水平的国家标准

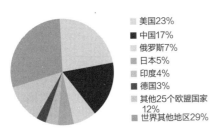

图A7　2010年世界各国二氧化碳排放量的分布情况（见彩页）

入了排放量交易。目前，交通行业和建筑行业都还未能以私人或商业的方式纳入这一交易系统。但目前欧洲正在努力使排放交易系统在未来能延伸到所有行业。另一方面，在较小的欧洲国家，如拉脱维亚和斯洛文尼亚，热排放较低的工厂已经加入了这一排放交易，这在《碳

排放交易法案》中明确规定属于"选择性加入"。而基于二氧化碳市场价值的建筑认证和融资则是指：在不远的将来，地产行业也会加入排放交易。按照欧盟关于节能的指导方针，依照必须具备能源证书的要求，一个针对建筑业碳排放的交易平台已经初具雏形。

此外，除了碳足迹认证法之外，对于气候保护还有其他的认证指标。图A8显示的就是基于生态足迹和地球上现有生态资源的认证方法。

我们所在的星球——地球所拥有的生态承载力是极为有限的，而地球的生态承载力是吸收有害物质并让被消耗的能源再生，使之重新达到生态平衡所必需的。20世纪90年代以来，全球的能耗水平已经超过了其生态承载力。为了重新实现地球的生态平衡，必须在全球范围内降低碳足迹。A7显示的就是为了达到此目标所采取的措施。

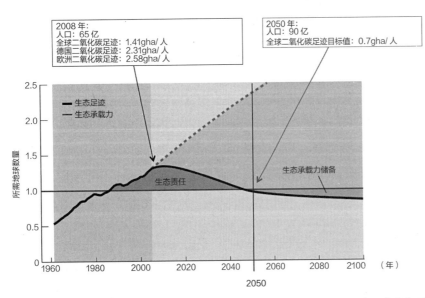

图A8　生态承载受生态足迹影响的图示（生态足迹的影响已经超越了地球生态承载储备更新能力。只有降低负载才能恢复生态平衡）（见彩页）

可持续建筑的认证体系

目前已开发出相关的认证体系，以衡量"绿色建筑"的可持续水平，并且其最高认证水平下能为最佳实践提供经验。可持续建筑的设计、施工和运营根据认证体系规定的标准值进行认证。借助各种认证体系及可计量的指标，建筑商和运营者可以准确地知道各种要素对建筑的影响。一般来说，这些认证体系关注的是可持续发展建筑的各个领域，包括建筑的所有相关措施。例如：可持续的场地开发、健康与环保、节水、材料选择、室内布置、社会文化品质及经济质量（图A9）。

体系（制定国）	DGNB（德国）	BREEAM（英国）	LEED（美国）	绿星（澳大利亚）	CASBEE（日本）
制定年份	2007	1990	1998	2003	2001
认证的主要内容和版本	-生态质量 -经济质量 -社会文化品质 -技术质量 -工艺质量 -用地质量 DGNB认证目标： 适用于任何建筑类型 （办公建筑、高层建筑、独立住宅、基础设施建筑等） DGNB认证类别： -写字楼 -既有建筑 -商业零售 -工业建筑 -房地产投资组合 -学校	-管理 -健康与舒适性 -能源 -水 -材料 -用地生态 -污染 -交通 -土地消耗 BREEAM认证类别： 法院、生态家园、教育、工业、医疗保健、多层住宅、办公、监狱和商业建筑	-可持续用地 -节水 -能源与大气 -材料与资源 -室内空气质量 -创新与设计 LEED认证类别： 新建工程、既有建筑、商业室内空间、土建及扩建工程、街区开发、学校和商业	-管理 -室内舒适度 -能源 -交通 -水 -材料 -土地消耗与生态 -排放量 -创新 绿星认证类别： -写字楼-既有建筑 -写字楼-室内设计 -写字楼-设计	基于"建筑环境效益系数"的认证 BEE（建筑环境效益）=Q（质量）/L（负荷） Q...质量（建筑的生态质量） Q1-室内空间 Q2-建筑运营 Q3-环境 L...负荷（建筑的生态效应） L1-能源 L2-资源 L3-材料 主要标准： （1）能效 （2）资源消耗效率 （3）建筑环境 （4）建筑内部
认证等级	铜级 银级 金级	通过（Pass） 良好（Gut） 很好（Sehr Gut） 优秀（Excellent） 杰出（Outstanding）	LEED认证 LEED银级认证 LEED金级认证 LEED铂金级认证	4星：最佳实践 5星：澳大利亚卓越水平 6星：世界领先	C（差） B B+ A S（优秀）

图A9 各种可持续建筑认证体系的比较

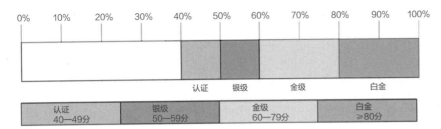

图A10　LEED®认证（见彩页）

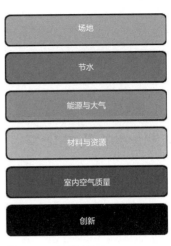

图A11　LEED®结构

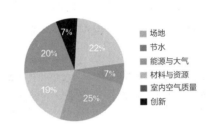

图A12　LEED®权重（见彩页）

此外，认证过程的意义就在于为建筑方和运营者提供质量保证。认证结果的文件形式应易于传输，具有公开透明性、可追溯性及可靠性。

认证体系的结构

认证体系应从生态、经济及社会的多重角度进行分类，例如可分为能源类或质量类。每个类别采用一个或多个基准进行核实，以满足相关要求或获得分数。根据不同的认证办法，每一类别所获分数或是相加，或是先乘以权重系数再相加，由此得出最后评分结果。总分数采用认证等级进行排序，可分为不同等级，分数越高，认证的等级越高。

LEED认证体系

LEED（Leadership in Energy and Environmental Degin，引领能源与环境设计）绿色建筑认证体系是一个自愿采用的国际性标准，用于评估环保建筑（图A10—图A12）。它由美国绿色建筑委员会开发。该认证体系1998年引入市场。今天已经成为全世界运用最广泛的认证系统。根据不同的用途，"LEED 新建

建筑标准和重大改造建筑标准"可分为7个类别：

- 类别1：可持续性发展场地（项目所在地及周边）；
- 类别2：节水（使用期间用水）；
- 类别3：能源与大气（使用期间耗能）；
- 类别4：材料与资源（采用的建材）；
- 类别5：室内环境质量（健康及舒适度）；
- 类别6：创新型设计程序（特点及运用LEED体系）；
- 类别7：地域性重点（注重地域性和环保性要素）。

LEED认证体系并无太多的变体。但"LEED新建建筑标准和重大改造建筑标准"可用于每一种地产项目。因该体系的标准主要针对办公建筑设计而制定，对于许多项目来说，该认证体系的适应性还不够。

在任何情况下，认证都必须满足这八项要求，例如建筑能源和水的消耗，建筑施工时工地上与环保相关的要素。认证证书在工程竣工后颁发。

BREEAM认证体系

英国的BREEAM（Building Research Establishment Environmental Assessment Method，建筑研究与环境评估方法）认证体系于1990年引入市场，是最早的认证体系（图A13—图A15）。根据物业形态的不同（写字楼、住宅、零售店等）将各种类型指标合并归入以下类别：

- 类别1：管理（规划设计和建设施工流程）；
- 类别2：健康和舒适性；
- 类别3：能源（使用期间的耗能）；
- 类别4：运输（建筑内部及与外部连接的基础设施）；
- 类别5：水（使用期间的水耗）；
- 类别6：材料与固体废弃物（使用的建材）；

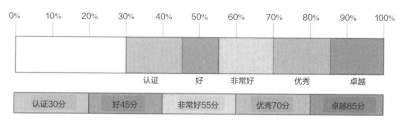

图A13 BREEAM认证（见彩页）

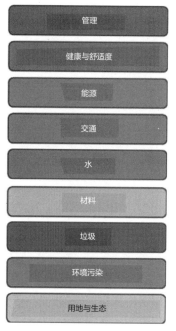

图A14 BREEAM结构

- 类别7：用地（用地范围）；
- 类别8：污染（使用期间的有害物质排放）。

BREEAM认证体系现今的版本能适应不同的建筑用途，是变体最多的一个认证体系。对于挑选出来的类别指标，例如能耗和水耗，认证体系都有最低标准的规定。该体系有一个BREEAM国际版（BREEAM International）。这一版本是结合了许多欧洲国家的地方标准而制订的。认证证书在工程竣工后颁发。

DGNB认证体系

德国可持续发展建筑学会于2007年成立。该学会与联邦交通建设城市发展部（BMVBS）合作设计开发了DGNB认证体系（图A16）。DGNB认证体系建立在欧洲和国际

标准的基础上。在该认证体系框架内，可持续性维度涵盖了"生态""经济"和"社会"领域。除了这三个领域之外，DGNB认证体系还将跨专业角度的"技术质量"篇纳入目录内。而跟项目流程相关的规划、施工建设和运营的标准则单独归为一个目录"流程质量"。DGNB体系评分范围仅限于建筑和流程。场地质量单独评分，但评分并不计入建筑认证的总分（图A17）。

DGNB认证体系于2009年开始引入地产市场。最初引入的是该认证体系的一个变体，专门用于新建写字楼的认证。认证的最低标准在原则上分为以下3类（图A18，图A19）：

- 遵守法律相关规定；
- 每个指标都分为10个分值。如果达到一项指标的最低值或是完成一份满足最低要求的文件，即可得到1分。对

图A15 BREEAM权重（见彩页）

于某些指标来说，必须至少保证一项认证达到限值；
- DGNB认证体系的目标是，通过对尽可能多的特性进行评估，从而保证建筑的高质量。如要得到认证证书，在所有5个组中，只能有1组的值允许低于总分值。

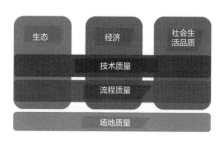

图A16 DGNB结构（见彩页）

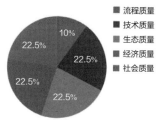

图A17 DGNB权重（见彩页）

图A18 DGNB认证金质、银质、铜质证章

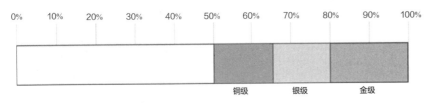

图A19　DGNB认证（见彩页）

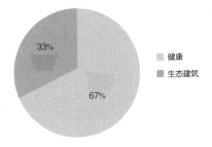

图A20　Minergie ECO®认证前权重
（规划阶段）

认证证书在工程竣工后颁发。为了让开发商、投资者或建筑商在项目竣工之前就可以凭建筑方案申请认证，认证机构会额外颁发一个预认证证书。预认证证书在规划设计开始时就可以申请，但需要将建筑商和审核师签署的意向书提交认证机构。建筑的特性、规划设计及施工建设流程都在一个评分系统内进行评分。

MINERGIE ECO

Minergie®是一个新建建筑和改造建筑的质量标签。该品牌获得瑞士联邦及各州的经济界的认可。参与该品牌的专业合作伙伴包括建筑师和工程师以及材料、建筑构件和系统的制造商。Minergie®的核心要素着眼于在建筑内居住或工作的人员的舒适度。高质量的建筑外围护结构和连续换气的新风系统保证了高标准的舒适度。认证的项目可包括：住宅楼、多户住宅楼、写字楼、学校、商铺楼、餐厅、会堂、医院、工业设施和仓库等。特定的能耗被用作Minergie®的主要指标，对认证要求达到的建筑质量进行量化。Minergie-P®认证证书是颁给那些其能耗比Minergie®规定的能耗标准还要低的建筑。申请Minergie ECO®认证的前

提是已达到Minergie®和Minergie-P®标准。ECO®标准比Minergie®标准增加了健康和生态类别。该认证会对各种指标进行评分，涵盖各个领域，如照明、噪声、通风、材料、装配和拆除等。对条文的肯定答复应至少占到所有相关条文的67%。认证包括两个不同的阶段：设计阶段进行的预评估（图A20）及施工阶段进行的评估，以验证之前设计的措施是否切实有效（图A21）。

建筑节能导则

能效证书是欧盟颁发的一项重要的建筑认证证书。德国政府颁布的节能条例已经成为德国建筑规范的组成部分。此外，自2007年起，该能效证书标准成为新建建筑或改造建筑的强制性标准。德国的节能条例规定了建筑物一次能源消耗与建筑物热传输损耗的最高值。建筑物一次能源消耗最高值取决于建筑物的类型和用途。一般而言，经过改造的老建筑最高能耗值比新建建筑的高40%。能源总平衡表所包含的内容不仅限于热传输损耗，还包括太阳辐射热、室内热源、管网及储热装置的热损耗，以及一次能源的生产。"绿色建筑"是一个覆盖整个欧洲的项目，其目标是将给

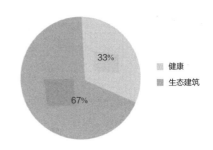

图A21　Minergie ECO®施工阶段权重

定的一次能源的消耗值降低25%—50%。关注的重点是非住宅类建筑，如写字楼、学校、游泳池及工业建筑。

房地产市场的二氧化碳减排战略

除了新建建筑和改造的建筑外，整个房地产也存在对经济性，生态性指标进行优化的巨大需求。运用计算和模拟工具，如二氧化碳经济性指标分析法（CDD）、生命周期成本管理法（LCC）、热能图、已有的证书（例如绿色指标）或者多种物业形态组合的可持续性综合管理，能将整个物业形态或挑选的单个项目的效能潜力表现出来。这样一来，除了建筑所在的位置、等级、盈利情况外，可持续性也成为一个有意义的考量因素。在对存量

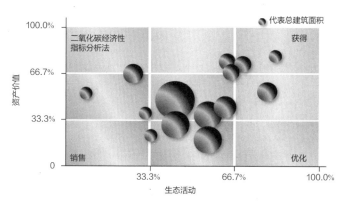

图A22　可持续性管理为成功的房地产组合策略提供重要参数

物业的可持续发展指标的分析中，除其他指标外，二氧化碳的排放也属于分析的细项之一。在对能耗的分析中，物业的使用者及建筑运营的经济性流程也被纳入分析的框架内。由于越来越依赖通过对房地产项目的可持续性的量化指标来衡量房地产基金，房地产投资组合和年度报告对物业的可持续性的透明度越显关键。存量物业及物业每次交易时，都要对减排二氧化碳在经济上的意义进行研究分析。这种分析方法被称为二氧化碳经济性指标分析法（CDD）。这种分析方法揭示了建筑的节能性能及可持续性以及所采取的措施和投入的费用与建筑的节能性能及可持续性的改善之间的关系。在二氧化碳经济性指标分析法（CDD）框架内进行的研究分析是，此建筑适用于哪种绿色建筑证书。可对于存量房来说，无论是一栋建筑或是一组建筑物，用于测量的标尺是碳足迹和二氧化碳排放量，目的是挖掘其能耗及可持续性方面的优化潜力。房地产基金会在此基础上根据二氧化碳排放的情况设立一

个认证体系（图A22）。

为了对房地产进行整体性的综合认证，将引入针对工作流程、建筑力学、外立面技术、楼宇技术及节能技术，以及能源及设施管理和二氧化碳排放总平衡的综合整体知识。认证结果展示了该项目可改进的主要潜力参数。因此认证结果就构成了进行能源管理及可持续性管理的基础。

除了用于能源管理及可持续性管理外，二氧化碳经济性指标分析法（CDD）还被用于房地产项目的买卖环节。与传统的审慎调查*不同，二氧化碳经济性指标分析法（CDD）的重点放在该建筑的可持

续性上。这一方法包含了针对该建筑的节能改进措施及所需的费用。通过公开透明的认证，在交易时，房屋未来可持续性的增值潜力也能体现在交易价格上。这样，潜在的购买者或出售者投资的利益都得到了保障。因此，二氧化碳经济性指标分析法（CDD）成为房地产可持续性管理领域的一个里程碑。这样物业业主就可基于二氧化碳减排及可持续发展的策略，按照相关的法律规定和自愿采取的气候保护措施，以合理的费用支出达到物业投资的目标，并将其纳入资产管理策略，以保障长期收益。

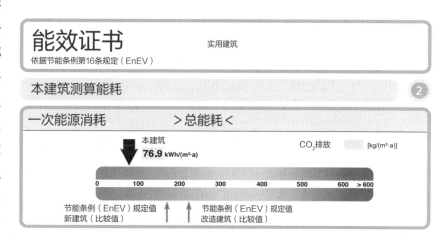

绿色建筑整体观——生命周期工程

绿色建筑是符合合理利用自然资源这一原则的任何功能类别的建筑。这意味着：尽量减少对环境的干扰，采用不会危害健康的环保型材料，提供舒适性、能促进人际交往的室内解决方案、低能耗、利用可再生能源、建筑结构的优质及较长的使用寿命以及运营的低成本。为了实现这一目标，就需要采用跨专业的一体化方式，在考虑使用条件和气候条件的同时，对建筑、支撑结构、外立面、建筑物理、建筑技术和能源等专业实现无界面，或者尽量无界面的处理。为此，在绿色建筑的设计和规划阶段，应根据标准的要求，采用创新的规划和模拟工具。这些工具通过热量、流体和能量行为的模拟，可在设计阶段就实现详细的计算，进而实现新的概念设计。此外，还可提前计算可实现的舒适度和能效，使建筑在设

计阶段就能保证达到最佳成本和成本效益。凭借这些工具，绿色建筑的设计师便可安全地踏上开发新型概念或产品的新征途。

除了整合的设计和工作方式、产品和工具的开发以及进一步开发等内容，可持续性必须进行扩展，这样规划人员即使是在建筑运营期间也能积累宝贵的经验（图A23）。这是实现将信息建设性回流到设计过程中的唯一方法，也是直至今日现代建筑施工仍未能实现的内容。这一方法将扩展到包含对建筑的复原，这样即便是在规划阶段，也能因所用材料的回收利用获得补贴。在其他工业领域，法律对此已经有所要求；但在建筑领域，这方面明显落后。不过，鉴于日益增加的环境压力，可持续性有望在不远的未来成为建筑的需求。

因此，从按部就班的规划到整

体化规划的这条道路应以整体建筑设计方法为基础，并朝**生命周期工程**的方向进行拓展。生命周期工程意味着整体化设计和专业咨询知识，永远以对某个建筑的整个生命周期的影响为考量来评估某个概念设计或规划决策。为此，这一长期的认证就要求以可持续的方式使用所有资源（图A24）。

本书作者将生命周期工程视为一种整体的做法，可在施工中实现最高的可持续性水平。同时，结合整体规划或设计的积极因素、现代规划和计算工具的多重可能性、在运营过程中的持续优化，以及自然降解过程中采用负责任的材料处理做法（图A25）。综上所述，绿色建筑既要尽可能少地减少对自然的影响，同时又要满足使用者的需求。

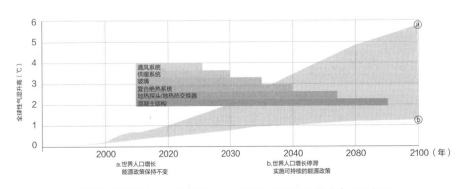

图A23 在全球温度水平可能上升的时间范围内，当代建筑构件的预期寿命（见彩页）

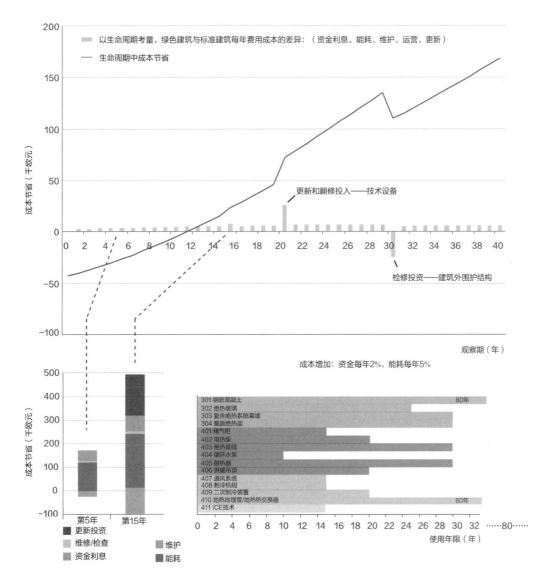

图A24 节约成本的绿色建筑vs标准建筑——详细观察建筑生命周期（见彩页）

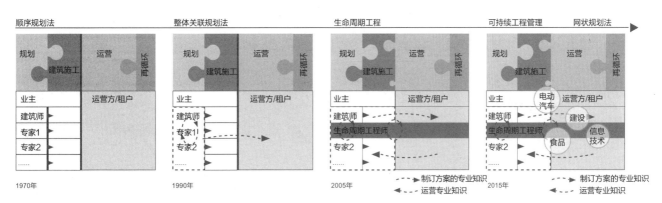

图A25 规划设计方法的改进，从顺序法到整体关联法（见彩页）

绿色建筑的要求

C D

以需求为导向的设计

用途决定设计构思

无论是住宅楼、写字楼、学校、休闲娱乐设施还是工业建筑，除了所在地的气候因素外，建筑的预期用途在节能建筑的设计方面也起着十分重要的作用。使用要求通常与期望的舒适度有关，可通过室内温度（最高/低）、室内湿度和照度等指标得以体现。此外，同时还要达到预期的室内环境，满足时间性的要求，考虑夜间降低室温。通常，对写字楼提出这一要求仅是出于节能考虑，因为写字楼夜间无使用者。但对于住宅楼，也可以是出于舒适度考虑，如儿童房，特别是也用作玩乐房的儿童房，白天应保证足够的室温，而夜间室内则应保持凉爽舒适，适合睡眠。在建筑及设施的设计中就应当考虑在只消耗必要能源的情况下满足这一要求。

表B1.1列出了不同用途的建筑物及其特点和要求。

不同用途的建筑物及其特点和要求 表B1.1

适用范围	用途及特点	要求	需要	建筑及设施功能
住房	适当的人员密度、玩乐、吃喝、居住、清洁、看电视、爱好、派对	温度舒适度高，如果局部（如阅读角）达到也可满足；不同室温（白天/夜间），空气质量良好	辐射和对流热平衡均衡，系统灵活	受热面，户外空气按需增加，照明按需提供
写字楼	普通数量的人员，专注工作	温度舒适度高，室温及湿度尽可能恒温恒湿保持舒适，夜间降温以利于节能，运行后立即快速升温，空气质量优良	辐射和对流热平衡均衡，系统灵活，户外空气供给充足，无气流	受热和冷却面，户外空气供给充足。由于运行时间长，余热回收高效，照明充足
学校	人员密度大、专注学习、休息、学校运营	空气质量优良，各区域温度舒适度高，休息期间短时关闭	大量的户外气流，短期关闭，高效的供热储备	高效的通风理念，各区域提供最优化的供热，充足的照明，节能散热
商品交易会	人员密度大，热源密度大，运行时间短，用途灵活	空气质量良好，无气流，温度舒适度良好，表层导向的冷荷载高，制热迅速	表面气流量大，表面冷却性能高	局部分区通风，仅协调用户区，迅速制热
工业	热量及热源区密度不同，活动水平不同	工作区空气质量良好，温度舒适度高，主要取决于人的活动水平；局部可调整	户外气流充足；如果户外无气流，则局部需进行热平衡调节	局部分区通风，保证工作区充分通风，分区通风也用于有效地将能源区运出人口密集区，局部可采用抽吸能源区、受热和冷却面来实现热平衡

舒适度与健康的室内气候间的关系

建筑是人体的第三层皮肤，也是影响健康与生活品质的重要因素。只有拥有高度的舒适感，人们才能高效地工作。高度的舒适感可以提升创造性思维，也让我们的身体重焕活力。人的高效工作体现在日常工作状况和人际关系两个方面。当然，人的幸福感和生物节律会受不同类型和不同程度的因素影响。有些可通过物理计量，如气温或室内噪声水平。还有一些因素具有生物学特性，如年龄和健康状况、受教育水平的背景差异。就温度舒适度而言，从事何种室内活动，以及活动中的着装也会造成很大影响。中等程度的舒适标准甚至还包括，如双人办公室中的某个员工是否受欢迎。还有一些影响因素必须经过很长时间才能感受到，如放射性物质（例如胶粘剂）

室内舒适度影响因素		表B1.2
因素	**条件**	
周围物体表面温度	服装	营养吸收
气温	活动强度	民族影响
相对湿度	个体控制设备的可能性	年龄
空气流动	适应与调节	性别
气压	日节律与年节律	身体状况
空气成分	房间使用	建筑施工
电磁耐受度	社会心理因素	
声学影响		
视觉影响		

以及越来越引起关注的电磁辐射（表B1.2）。

人体主观温度舒适度感受由体内的热量流动决定。为维持温度平衡，体内产生的热量必须完全散发到周围环境中。无论身处何种环境，从事何种活动，人体器官均可维持相对恒定，但有小幅波动的内部温度。在恶劣的气候条件下，为了调节体温适应环境，人体的调节机制会出现过载，造成机能缓慢或

急剧下降。图B1.1和图B1.2中的红外图像显示的分别是在轻微和较大活动量时人体的状态，以及皮肤表面的温度分布状况。两种情况下的差异均表明：只有根据具体情况选择适当的环境温度或着装才能实现理想的温度舒适度。例如，当皮肤表面温度不超过34℃，且环境温度略低于26℃时，可以很大程度地避免大量出汗（大量蒸发）引起的不适。

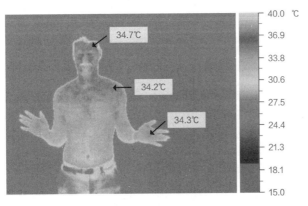

图B1.1　环境温度26℃下从事低强度活动时人体皮肤表面温度（见彩页）

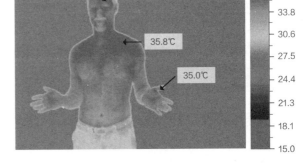

图B1.2　环境温度26℃下从事高强度活动时人体皮肤表面温度（见彩页）

舒适度与工作效率之间的关系

红外图像也清晰地显示出，人体体表最高温度分布在头部区域，最低温度分布在离心脏最远的足部区域。由此可推断，只要将房间外围护结构的内表面温度调节至适应人体的需求，就可以实现温度舒适度。供暖房间的屋面如果太热，就会阻碍头部的散热，迅速引发头疼。同样，冰冷的地板会使得脚底加速散热，从而增加人体体表的温差（图B1.3）。

近年来，特别是在工业国家，由于全球竞争的加剧，对人们工作表现水平和工作效率的要求都在不断提高。业主和租户也意识到，想要保持一定的生产力水平，室内的舒适度是决定性因素。例如，如果某公司的员工在不良室内环境持续工作时间达到总工作时间的10%，那么每年每个员工的工作水平就有200h或25d出现或多或少的下降。对于每日费率为500—2000欧元的服务型企业，这意味着每年在每个员工身上的损失达12500—50000欧

元。按目前普通写字楼的总建筑面积（BGF）计算，每年每平方米建筑面积的损失达500—2000欧元。而冷却系统的安装及运行费平均下来每年每平方米建筑面积仅需15—25欧元，相比之下，这是个很小的金额。图 B1.4不同的研究成果表明员工生理和心理工作能力与室温之间的关系。如图所示，室温在25℃—26℃以上时，工作效能有所下降，在28℃—29℃以上，工作效能显著下降。

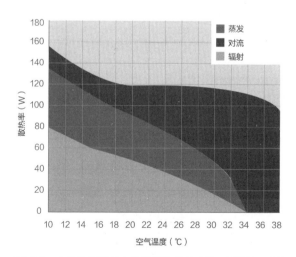

图B1.3 人体散热率与空气温度的关系（从34℃开始，人体只能通过蒸发（出汗）散热，因为人体皮肤的表面温度也是34℃）（见彩页）

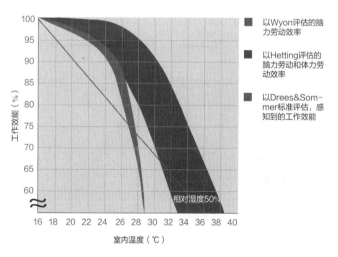

图B1.4 人的工作效能与室温的关系（见彩页）

室内人体感知温度

位于哥本哈根的丹麦大学的Fanger教授研究了如何在室内不同温度条件下对人体舒适感进行评估。评估的基础是影响人体热平衡的重要因素：活动类型、服装、空气和辐射温度、气流速度和空气湿度。一旦确定上述因素，即可通过计算前瞻性和主观性热感受对研究结果进行解释。结果表明，由于存在个体差异性，无法让所有人都满意。一项由1300名研究对象参与的研究表明，至少5%的研究对象会感觉到室内环境的不舒适。关于热感受，目前国际和欧洲适用的标准明确了三类温度舒适度：A类，

最高舒适度（非常舒适），约6%的人认为不舒适；B类，中度舒适（舒适），约10%的人认为不舒适；C类（可接受），约15%的人认为不舒适。

温度是主观温度舒适度的决定因素。因心情、逗留时间和场所不同，同一个体对相同情况会产生不同感受。当阳光直射人体，如在私人卧室放松时，会感觉十分舒适。但在有压力的情况下，同样的热源就会让人感觉不舒适。人通过附近的气温、物体的表面温度以及直接的阳光照射来感知温度。这种感知的温度就是所谓的有效温度。

如果在室内逗留时间较长，采用的标准为平均有效温度，不含阳光直射。简单说，这就是平均值，一般由室内表面温度和室温综合形成。表面温度也就是辐射温度。辐射温度和气温之间的关系可通过幕墙系统的保温优势、建筑体量或通过使用技术设施来改变。图B1.5和图B1.6中分别为冬季和夏季的舒适度标准。冬季室内体感温度在22℃，夏季在25℃时，可达到最佳舒适度。根据户外环境、构件材料的物理属性以及所用技术体系类型的不同，室内的不同表面也会呈现出不同的温度。需要注意的是，

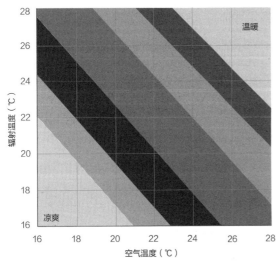

图B1.5　冬季的舒适室温，适合季节的着装（薄毛衣），较高的物体表面温度能平衡较低的空气温度（见彩页）

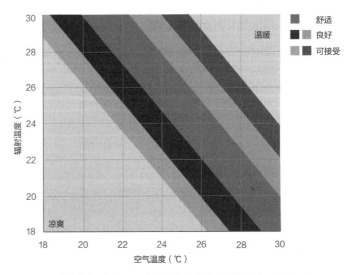

图B1.6　夏季的舒适室温，适合季节的着装（短袖衫），较低的物体表面温度能平衡较高的空气温度（见彩页）

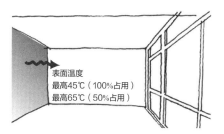

图B1.7 温暖墙面的温度舒适度范围（见彩页）

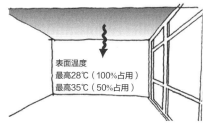

图B1.8 温暖屋顶内表面的温度舒适度范围（为将头部区域的温度恒定在34℃，屋顶内表面温度必须维持在35℃）（见彩页）

图B1.9 穿鞋时温暖地面的温度舒适度范围（见彩页）

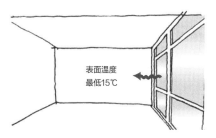

图B1.10 凉爽窗口区域的温度舒适度范围（当幕墙内表面温度低于15℃时会出现不舒适的不对称辐射，也就是应避免冷空气下沉）（见彩页）

图B1.11 凉爽屋顶的温度舒适度范围（夏季只要凉爽的屋顶内表面温度不超过14℃，就可以避免室内不对称辐射带来的极端不适）（见彩页）

图B1.12 穿鞋时凉爽地面的温度舒适度范围（见彩页）

这些表面的温度与室温相差不应过大。进一步说，它们应尽可能紧密协调，因为温度舒适度会受局部表面温度的影响。如果做不到这一点，则会产生所谓的不对称辐射。图B1.7—图B1.11为依据经验研究确定的冬夏季最大建议温差。但在规划阶段，不应采用这些极限的临界值。从概念阶段开始，应尽量控制缩小表面温差，这样以后就不需要对依据经验确定的舒适限值的有效性再进行讨论。由于地面与人体直接接触，因此，必须确定地面热舒适度范围内的最高和最低温度值。但温度值取决于地表面的蓄热蓄冷系数、鞋的保温性能以及与地面接触的时间（图B1.9和图B1.12）。如果接触时间较短（交通区域），则其可接受的温度范围（12℃—32℃）远大于驻留区域（21℃—29℃）。

除表面温差，尽量缩小头顶和脚底区域的温差对于局部温度舒适度也很关键。头顶区凉爽，脚底区温暖没什么问题，但若头顶区温度高于脚底区温度，就会感觉不舒适。在人多纷杂的区域，头顶和脚底之间的最大温差应保持在2K以内。

中庭的人体感知温度

普通用房的评价标准仅有极少部分可适用于中庭和大厅，因为中庭和大厅区域通常是交通区域，只是偶尔用来举办活动（图B1.13）。因此，对这些场所的室内温度设计，更需要对比室外有效温度。而室外有效温度受冬夏季温差、风速和光照的影响极大。图B1.14为影响生理有效温度（PET）的因素：除已知的气温、表面温度和空气速度的影响之外，还应考虑阳光直射与产生的有效温度之间的关系。因

此，在绿色建筑的大厅和中庭设计中，可完全通过工程技术方法与自然资源条件来实现全年大部分时间室内气候优于室外气候的目标。冬季，外部区域的体感温度（取决于风速和阳光的影响）可低于或者高于外部空气温度5—10K。图B1.15显示的是户外空气为-5℃时外部区域的体感温度范围。这里显示的是室外空气温度变化时中庭的体感温度。在无供暖、但采用的外立面结构密封保温性能良好的条件下，中

庭体感温度可达5℃。若有大量阳光直射，中庭内的体感温度可迅速升至15℃—20℃，令人感觉十分舒适。但这会对中庭周边的功能用房带来不良影响：因为对于这些房间来说，直接接触的环境气候与相关的温度波动在一定范围内受限。

夏季，绝大部分中庭会形成温度分层，温度沿屋顶方向逐渐上升。为使中庭内的环境维持一定的舒适度，中庭内的体感温度必须明显低于室外的体感温度，才能保证走进中庭时总能感受到温差。图B1.16为不同情况下，且室外温度在30℃时，室外区域和中庭处的体感温度。阳光直射且无风的情况下，有效温度为45℃；中庭底部区域的温度降低了10K，如采取其他措施，如利用植物或遮阳篷，有效温度可再降低5K。这一方法表明，如果中庭温度比附近功能用房高，用户也是可以接受的。但在设计阶段需注意，必须确保所采用的工程措施确实能实现规定的体感温度。如果通风活页过小或玻璃质量不佳，则会导致夏季中庭内的体感温度接近甚至高于户外温度。在此情形下，就无法真正使用中庭。此外，在设计中庭时，还有一点很重要，就是要为中庭内的常设工位提

图B1.13 德国汉堡Deichtor中心，建筑师：德国汉堡BRT建筑师事务所（Bothe Richter Tehera）

供能满足温度需求的微气候。为满足这一要求，在绝大多数情况下，中庭内的工位需设计为盒式空间，盒式空间内采用与之适应的室内气候技术以达到所需温度。

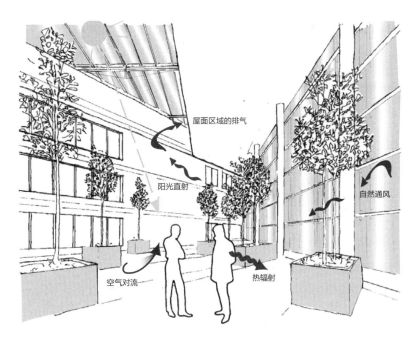

图B1.14 中庭内温度舒适度影响的量化（除通过对流和长波红外辐射进行热交换以外，还需考虑阳光直射对人体的影响及与体感温度的关系）（见彩页）

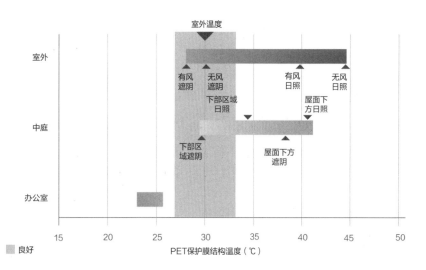

图B1.15 冬季室外气温为-5℃时，中庭的舒适气候与户外区域和配备采暖的人员使用区域（如办公室）的对比（见彩页）

图B1.16 夏季户外气温30℃时，中庭的舒适气候与室外区域和配备冷气的人员使用区域（如办公室）的对比（见彩页）

室内湿度

当室内温度处于正常值，人体的活动水平较低且室内空气相对湿度为30%—70%时，室内湿度的高低对于人们对温度的感知度和温度舒适度的影响通常甚微。如果相对湿度升高10%，感知温度就会相应升高0.3K。当室内温度升高，且人体的活动水平也较高时，空气湿度的影响就会增加。原因是人体主要通过蒸发（出汗）来排出热量，而由于湿度增加造成散热困难甚至无法散热时，感知温度上升，令人有不舒适感。

即使在正常室温下，长时间极低或极高的湿度也会对健康有不利影响。相对湿度低于30%会导致脱水，眼部和呼吸道黏膜刺激；而相对湿度超过70%，则会产生凝结和发霉的现象。后一种情况除了对健康有害之外，还会破坏建筑。为控制好室内湿度，应根据室内湿度的高低来决定是否需要采取额外的技术措施。

图B1.17和图B1.18为在欧洲不同气候区域，给空气除湿和加湿所需的时间。如果对湿度平衡的要求

不高，如室内最低相对湿度只需超过35%，至少在中欧地区，便不需要主动除湿。平均而言，在这些地区，只有不到15%的使用时间户外

空气会非常干燥。但在仅由通风单元实现通风的密闭建筑中，需提供充分的湿度来源。也就是说，要采取被动措施，如通过自动通风单

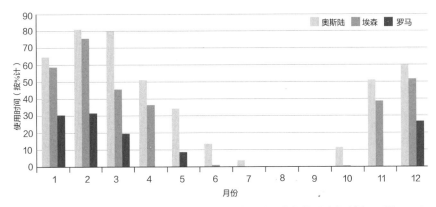

图B1.17 需对室内新风进行加湿以达到35%的室内相对湿度的使用时段（周一至周五，上午8点至下午6点）的百分比数量（见彩页）

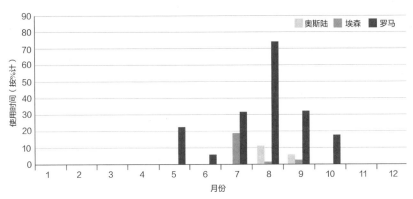

图B1.18 需对室内新风进行加湿以达到60%的室内相对湿度的使用时段（周一至周五，上午8点至下午6点）的百分比数量（见彩页）

元的旋转轮*回收湿气。但在北欧地区，户外经常出现干冷空气，所以需要对室内空气进行加湿。中欧和南欧地区夏季空气通常闷热潮湿（图B1.19，图B1.20）。如这种情况不多，就不需要对房间进行机械除湿。在某些情况下，可通过室内材料吸湿。但如果湿热的户外天气持续时间较长，建议至少对机械制冷的部分入户空气进行除湿。

由于除湿耗能高，因此，对于绿色建筑而言，不建议对户外空气采用耗能高的降温除湿方法，应通过吸湿材料等来干燥空气。这些过程与太阳能制冷过程等共同发挥作用，特别对户外空气湿度大的地区，有显著的节能与二氧化碳减排潜力。

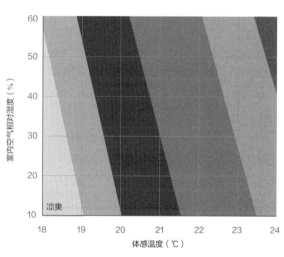

图B1.19　冬季相对湿度对室内体感温度的影响（见彩页）

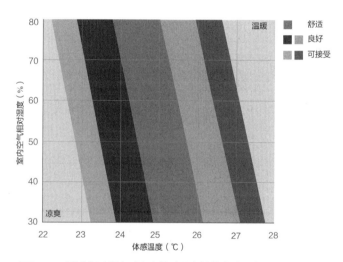

图B1.20　夏季相对湿度对室内体感温度的影响（见彩页）

---

* 旋转轮：一种能够有效地排除工程环境空气中有机废气的设备。——译者注

风速及危害

当人体的能量转换非常低时，易因局部热而感到不适，这种情况主要出现在需要久坐的工作人员中。活动量加大后，如步行或从事其他身体活动时，对局部热的感觉不明显，就不易出现不适。因此，在选择技术和工程措施之前，判断通风对温度舒适度的影响时一定要先考虑以上情况。

对于办公室、住宅楼、学校和会议室等环境中的久坐人群，气流是导致局部不适的最主要因素。过度散热和气流可通过寒冷表面（如保温性能差的墙壁或高大的玻璃幕墙）的冷空气温度沉降被动产生，也可通过机械和自然通风系统主动产生。两者的效果是一样的，但高速气流和由此产生的大量传热会导致人体局部降温。在不同的气流速度、波动（湍流）和气温下，人体或多或少地接受空气流动。这意味着，冬季的空气流动因为气流寒冷，可以很快让人感觉不适。而夏季微热的户外空气通过风口时，空气流动主动协助人体的散热，可以让人感觉非常舒适。当用户自己手动产生空气流动（例如开窗）或对舒适度没有更高要求时（例如中庭），更易接受空气流动。

图B1.21和图B1.22说明了实现平稳和湍流通风的三种不同舒适度类别的临界值。普通房间要采用最高类别，门口或交通区域因其属于临时使用性质，采用最低类别就可以提供充分的舒适度。但是，人员密集的房间和接待处需要单独考虑，因为这些地方常有人抱怨不适。如果出现这种情况，建议在这些区域创造独立的局部微气候环境。

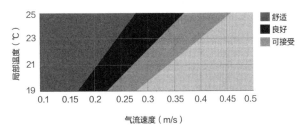

图B1.21 不同气温下，平流时（湍流度：10%）的舒适气流速度（见彩页）

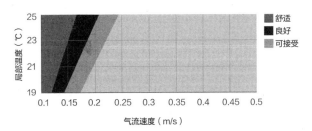

图B1.22 不同气温下，湍流时（湍流度：50%）的舒适气流速度（见彩页）

着装和活动量

人的着装对温度舒适度有很大影响。如果不考虑当时的具体情况或使用者的心情，就无法对舒适度下一个通用的定义，在冬日里，当一个人穿着暖和的毛衣坐在自家的客厅里，沐浴在温暖的阳光下时，会让人备感舒适。但在有压力的情况下，同样的环境，同样的体感温度却会让人焦躁。不同的活动量也是如此：久坐族比经常走动的人对空气流动和温度波动体感更敏感。因此，在建筑设计过程中，必须考虑着装和活动量对局部舒适度的影响，用途不同，要求也不同。

图B1.23为夏季着装对室内体感温度的影响。在普通房间，根据建筑布局，通常认为冬季用户穿着长裤长袖。也就是室温为22℃感觉最舒适。在夏季，室温在25℃—26℃时，只有穿短袖才感觉最舒适。如全年需穿西装系领带，则室内温度要降低2.5℃才能实现同等水平的舒适度。

在健身房或中庭等区域，用户的活动量显著大于人多久坐的区域，因而温度舒适度明显要低些。根据不同的着装，在站立活动或轻微运动时，室温为15℃—18℃时会感觉相当舒适（图B1.24、图B1.25）。

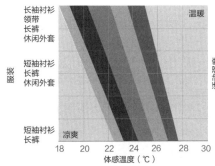

图B1.23 夏季服装对温度舒适度的影响（见彩页）

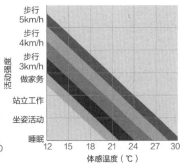

图B1.24 穿西装时活动水平对温度舒适度的影响（见彩页）

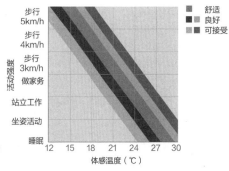

图B1.25 穿夏季运动服时活动量对温度舒适度的影响（短袖衫和短裤）（见彩页）

视觉舒适度

视觉舒适度由自然采光和人工照明共同构成。通常，这两种照明方式可分开设计，因为人工照明主要用于应对无自然采光或自然采光不足的环境。但在绿色建筑设计中，通过融合两种光源和（或）控制与调节两者之间的互动，从而在白天的日照和夜晚的人工照明之间形成柔和的过渡。

人工照明环境下的视觉舒适度主要基于以下因素：

- 水平和垂直方向的照度；
- 室内照明分布的均衡度；
- 无直接或间接反射眩光；
- 光向、阴影；
- 色彩还原及照明色调。

照明路径主要由灯的光束方向和光束强度决定。间接照明的优势在于高度的均衡性且不易刺眼。直接照明的优势在于低耗电、高对比度和按需调节。图B1.26和图B1.27为直接照明和间接照明下的房间观感。在工作面要达到与直接照明同样效果的500lx照度，间接照明的唯一方法就是使用双倍电力。这虽然实现了室内照明的均衡度，但因为没有阴影而显得单调。倘若房间只有直接照明，会造成房间内竖直方向的照度太低，限制对房间的认知，使用户无法舒适地沟通，且工作面的照度也不均衡等问题。通常，只有综合使用两种照明方式才能实现既经济又优良的视觉效果。每项工作都需要不同的照度水平。需要一定专注度的工作的最低照度限值为300lx。图B1.28归纳了欧洲的最低照明要求。办公室的实际测试数值表明，在自然采光的情况

图B1.26　直接光照下的房间效果图

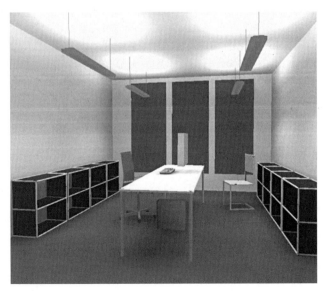

图B1.27　间接光照下的房间效果图

下，300lx的照度感觉是舒适的。尽管在实际操作中已证明是可行的，但人工照明标准中并不包含这些内容。

室内主要照明是由表面区域的反射特性、灯光色彩和光源的色彩还原度决定的。现代高品质的光源可以让房间内形成与日光类似的轻松氛围。可选择的照明体色彩有米白色、中性白和日光白。通常办公室用户感觉米白和中性白比较舒适，500lx的日光白比较冷，不舒适，只有在高照度水平下，这种光色才能被接受。灯的色彩还原度是指其尽可能逼真地再现人和物体的色彩的能力。有良好色彩还原度的光源应至少有$Ra=80$的显色指数，或者最好是$Ra=90$及以上。

在自然采光条件下，不考虑使用人工照明时，对视觉舒适度的评估更为复杂（图B1.29至图B1.31）。因为不仅需要考虑静态情况，还需考虑整年中明亮度的改变。房间形状、附近的阻挡、所选幕墙的照明技术优势都是室内采光质量的决定性因素。但这三个因素与建筑和热工方面的要求是相互关联的，因此只能通过综合的方式达到最佳的照度。良好的采光质量需要：

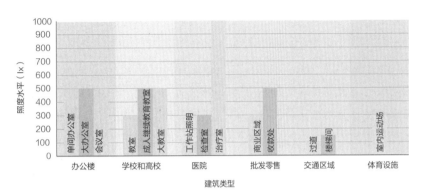

图B1.28 依据欧洲标准的各类照明照度水平（见彩页）

- 在冬季和夏季，与室外亮度相比，室内亮度达到一定的临界值（采光系数和阳光系数）；
- 室内自然光照分布均衡；
- 室内亮度随室外亮度而改变，可体验到日夜交替的节律（尤其适用于非北向房间，因为北向房间一年中仅部分时间有阳光）；
- 在拥有充分遮阳的前提下，同时还能与室外建立联系；
- 防止眩光（远近处的对比），尤其是工作场所的显示器；
- 在使用时段内，大部分照明采用自然采光，不采用人工照明（日间自动采光）。

合理设计外立面，最大化地利用自然采光潜能，同时也考虑遮阳并限制眩光，这是建筑设计中难度最大的挑战。因为在一整天的过程中，阳光和天空状况极易发生变化（图B1.32）。水平照度读数可从0—120000lx，而阳光亮度可达到$10^9cd/m^2$。在配有显示器的工作间里，照度达到300lx就足够了，窗户表面的亮度不应超过$1500cd/m^2$。这意味着只要工位在夏天有0.3%的自然采光、冬天有6%的自然采光，就能实现充分的光照。主要的困难在于也要把天空照度同时降低到3%—13%，并把阳光照度降低到0.0002%。

采光系数和阳光系数决定了室内采光质量，同时也确定了工作面照度与户外亮度的关系。采光系数是由阴天天空计算，用于评估不考虑遮阳保护装置或系统情况下的房间采光情况。但阳光系数，是基于有遮阳的向阳房间而进行计算的，用于评估遮阳保护条件下的采光情况。这一点对于全面比较各种天气条件下有自然采光引导或没有自然采光引导系统的幕墙的区别是十分重要的。

"亮度"这一测量变量可被认为是眼睛接收的光亮，不同的亮度会形成对比。这个对比十分重要，因为只有通过对比，眼睛才能辨别物体。但如果对比太强烈就会产生眩光，伤害人体器官。为了使显示器有舒适充足的光线，工作区和近处的对比度不能超过3：1，工作区和远处的对比不能超过10：1。近处是指与主视线方向同心，环绕主视线方向四周，光束角度呈30°的区域。远处的开角是近处的两倍。研究表明，远处和近处对比度高，用户也能接受。这是因为自然采光在人们心理上有积极的影响，窗外即使亮度高也不会觉得厌烦。现代的显示器通常不反光，且自称亮度水平维持在100—400cd/m²。图B1.33和图B1.34为对亮度分布的评估以及光照在远处和近处的对比。

与人工照明相反的是：高度均衡的单侧采光更难实现。照度均等的定义是：房间指定区域的最小照度水平和中等照度水平的比例。就人工照明而言，该比例应大于0.6。但对于自然采光，该数值极少能实现，或者只有通过降低整体照度水平才能达到（图B1.35，图B1.36）。因此，对自然采光均等的评估不能按人工照明的标准进行，而应考虑实际可行的数值。这样做的目的是为了获得超过0.125的平均读数。而造成这种影响的主要因素是室内使用的材料的尺寸和反射等级。

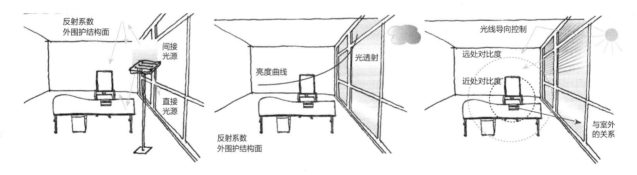

图B1.29　人工照明条件下的影响因素　　图B1.30　自然采光条件下（冬季）的影响因素　　图B1.31　自然采光条件下（夏季）的影响因素

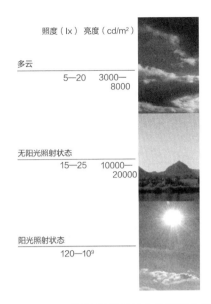

照度（lx）亮度（cd/m²）

多云
5—20　3000—8000

无阳光照射状态
15—25　10000—20000

阳光照射状态
120—10⁹

图B1.32　不同情况下的天空光照率和光亮度（见彩页）

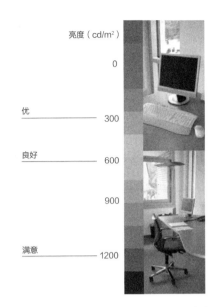

亮度（cd/m²）

0

优　300

良好　600

900

满意　1200

图B1.33　工作区附近（办公桌）光亮分布下的近处对比（见彩页）

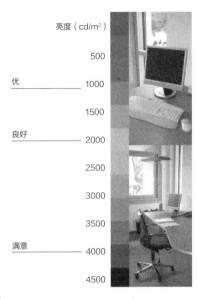

亮度（cd/m²）

500

优　1000

1500

良好　2000

2500

3000

3500

满意　4000

4500

图B1.34　工作区周边（窗、墙内侧）光亮分布下的远处对比（见彩页）

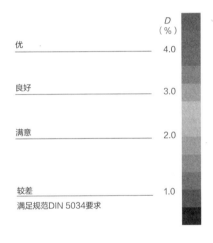

D（%）

优　4.0

良好　3.0

满意　2.0

较差　1.0

满足规范DIN 5034要求

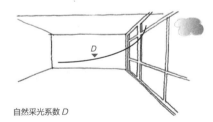

自然采光系数 D

图B1.35　根据自然采光系数D对房间认证（自然采光系数是85cm高处的照度与多云天气户外亮度之间的比值。通常采用的参数是在空间进深一半处的读数，距玻璃幕墙最多3m）（见彩页）

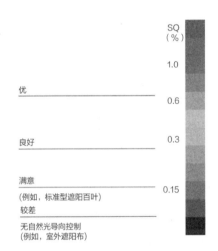

SQ（%）

优　1.0
0.6

良好　0.3

满意　0.15
（例如，标准型遮阳百叶）

较差
无自然光导向控制
（例如，室外遮阳布）

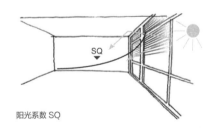

阳光系数 SQ

图B1.36　根据阳光系数SQ对房间认证（采光系数是85cm高处的照度与晴天幕墙的户外亮度之间的比值。幕墙采用指定的遮阳保护装置进行遮阳，以计算室内剩余的自然亮度。通常采用的参数是在房间一半进深处的读数，距离玻璃幕墙最多为3m）（见彩页）

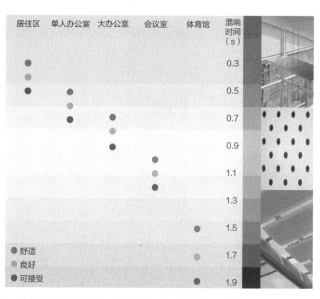

	居住区	单人办公室	大办公室	会议室	体育馆	混响时间(s)
						0.3
						0.5
						0.7
						0.9
						1.1
						1.3
						1.5
● 舒适						1.7
● 良好						
● 可接受						1.9

图B1.38　不同类型用途混响时间测量值（见彩页）

声学设计

我们通常只是下意识地感受到声音的影响。然而，身心的舒适有时候很大程度上取决于我们所听到的声音的音量和类型这两个因素。我们不可能通过捂住耳朵来完全避免噪声的影响；至少，我们的潜意识会因为噪声而"焦虑不安"。并非只有持久的高级别噪声才会真正扰乱我们的神经，大幅波动或有冲力的声音也可能是非常有害的。在一栋建筑内部，噪声常常包括有"信息内容"、别人的只言片语、大声打电话、同事的谈话、邻居争吵等。在设计阶段，我们对"健康妨碍"和"健康伤害"作了区分。确定真正危害人们健康的限值除了取决于外部噪声的强度之外，还取决于人遭受噪声的时间长短。一般来说，85 dB（A）左右的噪声级只

有在工业建筑和休闲娱乐场所才会出现。

那些影响注意力和工作绩效并且还妨碍我们沟通或打断休息的外部噪声源主要是由交通（来往车辆）引起的。在此，我们对持久噪声级（道路）和短期噪声级（飞机、火车、等待红绿灯的汽车）作了区分。如果是均衡噪声源，则可采取建筑构造方面的应对措施，如采用双层幕墙或噪声防护罩。短期噪声级上限所引起的紧张程度取决于噪声的频率，而频率一般更难以进行评估。因为在温和的户外温度条件下，大多数人都喜欢通过开窗对房间进行通风，人们需要根据户外噪声影响来考虑两种不同的环境：关窗和开窗。另外，出于节能考虑，在一年中那些允许自然通风且不明显妨碍热舒适性的时段，也应首选自然通风。这可以减少技术系统的

运行时间，也减少了能源消耗量。窗户的设置决定了不同的室内噪声水平。然而，具有决定性作用的干扰因素究竟有多高，该干扰因素在室内的持续能否被人们所接受？实践显示：为了通过窗户实现自然通风，住户常常更愿意接受来自外部的更高程度的噪声干扰。相比之下，来自通风机组的较低噪声级并未获得同样程度的接受。图B1.39显示了不同用途情况下对于室内噪声级的评估。

室内噪声源来自人员、技术设备或其他装置。在此，我们要区分是需要完全消除噪声还是只需要让人听不清楚对话内容。例如，人们对那些只是临时逗留的环境（餐馆、百货商店）往往能接受比卧室和会议室更高的噪声级。分区出租的区域，无论是居住用途还是办公用途，都需要高度隔声。在

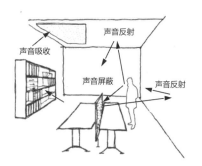

图B1.37　影响混响时间和听觉舒适度的因素

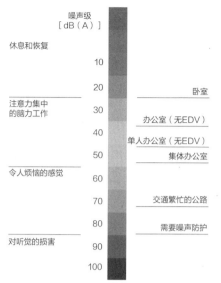

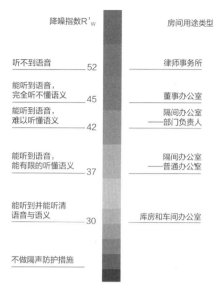

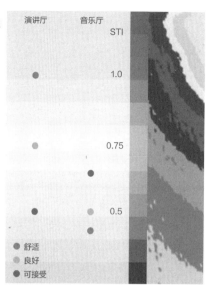

图B1.39 基于活动和用途的室内噪声级分类（见彩页）

图B1.40 根据用途对办公区域的隔墙进行的分类（见彩页）

图B1.41 不同用途区域语义理解程度的测量值（见彩页）

公寓房间或整个出租区域内，对隔声品质的要求也大不相同，这很大程度上取决于这些区域的功能需求（图B1.40）。

当个别应用区域的噪声干扰被减少到最低程度，且语义的理解度又得到提升时，可实现高水平的听觉舒适度。然而，所选用的材料应具备不同的性质。对于像玻璃、金属和混凝土等材料，可通过有效隔声的饰面层（如悬吊式吊顶）来减少室内回声。这种做法虽然能实现令人愉悦的室内声学环境，却在很大程度上削弱了钢筋混凝土吊顶蓄热蓄冷的作用。这表明，如果只优化个别的影响因素，对于实现舒适、高能效建筑这一整体目标是明显不利的。

回声时间，又称为混响时间，是对室内声音的物理测量值，它明显受到室内表面区域的声音吸收或反射特性以及室内体积的影响。除了声音分布的均匀性以外，它是评估室内音质的一个最具影响力的测量值。对于沟通要求较高的区域，需实现最小的混响时间，以便集中精力工作。另一方面，在听音乐时，混响时间越长则效果越好（图B1.37和图B1.38）。小型到中型房间的计算通常处于中间第三频率的125—400Hz的频率范围。

由于复杂的房间形状或声学的高要求，室内声学效果的详细测量值的计算作为对混响时间计算的必要补充，通常包括：

- 语音传输指数（*STI*）；
- 辅音清晰度损失率（AL_{COMS}）；
- 主要功能用房内噪声级的均等性。

语音传输指数和辅音清晰度损失率是确定语义的理解程度以及音乐演奏的声学完整性的主要测量值（图B1.41）。为使音乐厅或观众席内的所有观众能享受相同的舒适度，需尽可能实现均匀的声级分布。这主要通过选择适当的空间形状和室内表面材料来实现。在现代模拟技术的帮助下，通过跟踪声音射线路径并计算声音分布，在早期设计阶段即可对这些标准进行评估。因此，为了实现整体的应用优化，在设计阶段对室内声学、温度舒适度以及视觉舒适性进行同步优化非常重要。

空气质量

空气对于人类来说生命攸关。空气质量不仅仅决定着我们在家、在学校或工作场所、在医院或在娱乐时的舒适度，还直接影响我们的健康。因此，确保合乎要求的空气质量是建筑设计中一个重要的考虑因素。对空气质量的要求一般与房间用途和人员逗留时间相关。对于气密性很高的建筑（如绿色建筑或被动式节能房屋），由于对通风、供暖和供冷的需求较少，必须进行精心设计，避免使用"经验值"。所需的换气率不仅取决于人员的密度，还取决于户外空气质量以及根据户外空气质量所采用的通风系统，此外还要考虑建筑内部所使用的建筑材料的类型。

人们常常将各种不适和疾病归咎于"恶劣的空气质量"，如眼、鼻、呼吸道不适或者偶尔还有皮肤发炎、头疼、疲倦、不适感、晕眩和注意力不集中问题。然而，这些症状的原因是多重的，既可存在于心理因素（压力、工作过重）中，也可存在于生理测量数值中。除了风量不足和通风系统的清洁问题外，还有其他因素，如建筑材料释放的有害物质和强烈刺激气味、令人不适的室内环境（温度过高、湿度过低或过高、令人厌烦的持续噪声干扰、工作场所显示屏产生的眩光）等。

户外的污染源

建筑周边的户外空气可被来往车辆、供暖设施、工业及商业等活动产生的污染物污染。主要污染物为：

- 悬浮物，如灰尘或细粉尘（PM10，柴油发动机油烟）；
- 气体污染物（一氧化碳CO、二氧化碳CO_2、二氧化硫SO_2、氮氧化物NOx和其他挥发性有机化合物VOC，例如溶剂和苯）；
- 霉菌和花粉。

臭氧是一种活性很强的物质，因此对于室内而言，户外的空气臭氧含量通常不对其产生影响，且因为其活性，臭氧进入室内之后其浓度水平就快速下降。因此，采用自

户外空气污染年平均浓度水平实例 表B1.3

位置说明	浓度水平					
	CO_2（ppm）	CO（mg/m³）	NO_2（μg/m³）	SO_2（μg/m³）	PM总量（mg/m³）	PM_{10}（μg/m³）
乡村地区，不存在大的排放源	350	<1	5—35	<5	<0.1	<20
小城镇	375	1—3	15—40	5—15	0.1—0.3	10—30
受污染的市中心区域	400	2—6	30—80	10—50	0.2—1.0	20—50

然通风还是机械通风的方案主要取决于建筑所在的位置和空气污染程度。在设计阶段，必须根据技术的可行性、户外空气质量、开窗式自然通风、户外空气的过滤和清洁等来考虑通风系统的配置（表B1.3）。

室内空气质量

室内所需的换气量主要取决于房间内的人员数量、他们所从事活动的种类（例如烹饪）以及材料与电器所产生的污染物种类。人体的排放也会对室内空气质量产生影响，这取决于人员的室内移动的活跃度，这类污染通过检测二氧化碳的浓度水平就可以确定（图B1.42）。实践证明：只要空气中不存在大量的含尘有害物，那么二氧化碳浓度就是一个很有效的指标。随着二氧化碳的增加，体内氧气的输送率会降低，导致头疼和工作效率的降低，甚至会有晕迷的感觉。

建筑材料和室内家具设施排放的有害物

除了人员密度以外，材料也是室内空气污染物的来源，这里主要

指室内装修材料。建筑材料的排放物导致室内空气的污染物水平升高（图B1.43）。因此，为确保室内空气质量，在选择通风系统之前，需制订防止空气污染的设计方案，不采用对空气质量有负面影响的材料。

除使用低排放或无排放的装修材料和家具外，还需要一个适合的、经过验证的清洁方案。建筑清洁公司通常会自己决定清洁剂的种类和数量，却忽略了空气质量和生态的因素。然而，标准的做

法是只采用生物可降解材料（根据经合组织OECD的建议）。只要仔细挑选产品，避免采用溶解剂及酸性物质含量在5%以上的产品。正常情况下，完全不需要使用含杀虫剂、磷酸盐和视觉增亮剂成分的产品。在使用选定的清洁剂之前，应由建筑生物学专家对清洁剂的成分进行测试，确定不含有害健康的成分，且规定精确用量。以免因定期使用不必要的污染性的清洁剂，而导致低污染排放的房间环境受到污染。

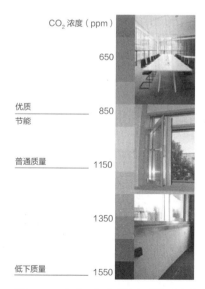

图B1.42 室内二氧化碳浓度数值（见彩页）

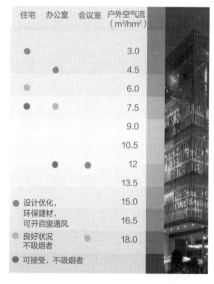

图B1.43 与不同用途的物体表面相关的户外空气流速的卫生要求（见彩页）

具有法律效力的关于室内有害物质排放的极限值和标准值极少。技术规则只对那些接触危险物质的工位规定了有害物质的最高限值（MAK）。因此，由德国联邦环保总局室内空气质量委员会组成的一个工作组与由德国各州最高卫生部门组成的工作组合作制订了两个标准值：RW Ⅰ（标准值一）是根据现有的认识水平，即便终生暴露接触也不会损害健康的浓度水平标准值。该数值在改造项目中可作为上限值。如有可能，改造项目的排放值应低于此值（表B1.4）。标准值二（RW Ⅱ）是一个针对在室内逗留时间较长的敏感人群健康产生危险的

浓度水平临界值，须立即采取行动。

由于室内空气中存在众多的有机化合物，且在化合物的浓度水平并未达到临界值时，人们已经开始抱怨其对健康的有害影响。因此，对于挥发性有机化合物（TVOC）的浓度水平还制订了一些标准值。在TVOC浓度为10—25mg/m³的室内环境中，人员逗留时间不宜过长。对于较长时间的逗留，浓度水平应该为1—3mg/m³，并且不能超过该值。良好空气质量的目标值应低于0.3mg/m³的TVOC浓度水平。

为保证卫生标准所必需的换气要求

为了降低室内污染物浓度，必

须尽可能引进干净的户外空气。新风可通过窗户自然通风或机械通风系统来实现。即如果仅仅根据二氧化碳浓度水平来测量污染，假设室内空气只存在二氧化碳的浓度问题，则每人每小时至少需要20m³的户外新风，这样才能保证室内二氧化碳浓度水平不超过1500ppm的卫生临界值。如果将建筑构件排放的有害物质也加以考虑，则二氧化碳浓度水平的空气就不符合新鲜和卫生的标准。图B1.43列出了推荐的与物体表面相关的户外空气流速，条件是：房间充分通风、采用低排放装修材料和各种节能措施。

室内空气污染物浓度水平的参考值　　　　表B1.4

化合物	最大值RW Ⅱ（mg/m³）[1]	目标值RW Ⅰ（mg/m³）[2]
甲苯	3	0.3
氮氧化物	0.35（1/2h）0.06（1周）	—
一氧化碳	60（1/2h）15（8h）	6（1/2h）1.5（8h）
五氯苯酚	1μg/m³	0.1μg/m³
二氯甲烷	2（24h）	0.2
苯乙烯	0.3	0.03
汞（金属性汞–蒸气）	0.35μg/m³	0.035μg/m³

1）如超出此范围值，则应立即采取措施；
2）装修目标值。

电磁耐受度

人类自起源以来就暴露于来自太空的自然电磁辐射之中。光和热都属于高频率的电磁辐射。但是，除了直射阳光之外，自然存在的辐射水平是相当低的。然而，随着科技进步，更多的辐射源随之而来，并对人类造成影响。图B1.44显示的是常见的辐射源，根据其频率范围和对人类的影响进行排列。紫外线和X射线等高频辐射具有电离效应，已被证实对身体细胞有损害。其他频率范围则被证实会对人体有热和刺激作用：电磁场，例如由通信媒体技术设备发出的电磁场所产生的电磁辐射可以为人体所吸收；这些辐射会引起人体组织升温，且根据其作用强度和持续时间，还会导致诸如高血压等健康损害。此外，短期影响和长期影响的生物效应至今还不为人所知。然而，少数实验和研究显示，处于通信媒体技术设备频率范围内的高水平电磁辐射确实可能对睡眠模式、大脑工作效率、免疫系统以及神经和细胞系统具有负面影响。可以确定的是，随着通信媒体的快速增长，人类的电磁荷载量也随之增加了。

在目前进行的长期和短期研究得到科学的结论之前，功能用房以及建筑本身都应在设计中考虑电磁

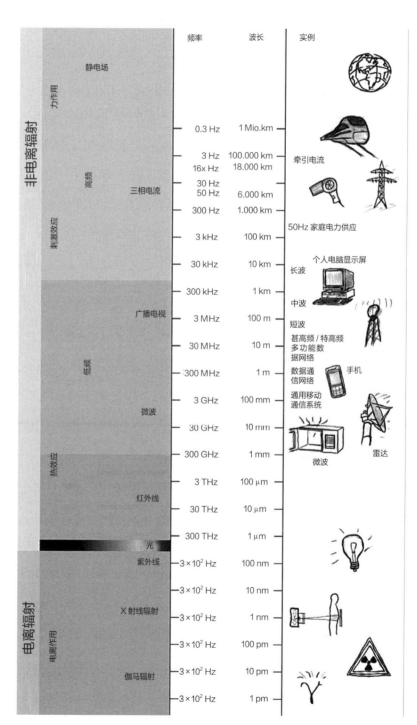

图B1.44 不同辐射源及其相应频率范围一览表

各国电磁辐射临界值   表B1.5

德国	10—400MHz	$2W/m^2$
	400—2000MHz	$2—10W/m^2$
	2000—300000MHz	最高$9.8W/m^2$
	移动电话C网	$2.3W/m^2$
	移动电话D网	$4.4W/m^2$
	移动电话E网	$9W/m^2$
其他国家（移动通信）	澳大利亚/新西兰	$2W/m^2$
	意大利	$0.1W/m^2$
	波兰	$0.1W/m^2$
	捷克	$0.24W/m^2$
	俄罗斯	$0.02W/m^2$
	奥地利萨尔茨堡州（推荐值）	$0.001W/m^2$
	瑞士（预防值）	ICNIRP（国际非电离辐射防护委员会）临界值的1/10

辐射的"预防"：遵照目前的临界值和国际专家机构的建议，并对具有高辐射荷载的特别区域进行详细分析。人体组织因电磁辐射而引起升温的重要因素有：频率范围、场强度、与辐射源的距离以及辐射暴露时间长度。辐射强度可以用W/m^2测量，输出功率大致是直接随距离而减少。这就意味着距离较远、容量较高的发射源（手机天线）可能比在身体附近的小型发射源（手机）的伤害性更低。耳边的手机所产生的辐射荷载要比距离身体1m的地方高100倍。有关移动电话通信临界值的国际准则已纳入《德国电子烟雾法规》（表B1.5）。然而，国际的建议值与其他部分国家的实际应用相比，有时要高10—100倍。临界值范围的波动如此之大，说明了大面积的人群对于有害辐射的生物效应的相关知识缺乏了解。

对绿色建筑而言，从预防的角度出发，项目伊始就应该提出减少电磁辐射荷载的设计构思，并将住户的电话系统和手机等工作工具考虑在内。移动终端设备的辐射发射特性目前通过比吸收率（SAR）进行定义，其单位为每千克体重瓦特。例如，操作一台具有2W/kg SAR读数，且对人体具有直接辐射影响的设备，会导致体温升高大约0.5℃。目前，科学家们正利用研究模型，对不同年龄群人体内部的辐射穿透深度和SAR分布水平进行研究。最先进的手机，其SAR值也得控制在2W/kg以下。不过，为了对辐射预防达成共识，BMU所建议的安全临界值为0.6W/kg。

个性化的室内气候调节

人类是根据各自的性格、性别、心理和身体状况而有着不同感受和需求的个体。建筑对于人类来说，一方面是作为抵御外部恶劣天气影响的保护壳，另一方面则是人们塑造生活的一个平台。对于绿色建筑而言，一方面应在对室内环境的人工控制和自动调节之间实现恰当的平衡，另一方面可在保证舒适度的前提下，实现最优化的个性化能耗调整。

室内温度的可调节性——根据所处气候带的不同，采用供热或供冷方式调节，或是同时采用这两种方式。温度的调节还取决于户外温度，因为这决定了设备使用的频率。这也是对建筑进行综合经济考量的决定性因素之一。

对于绿色建筑而言，由于大面积的冬季保温和夏季隔热作用，室内体感温度与空气温度相似。此外，无论是冬天还是夏天，白天和夜间最高室温之间的差异通常都不会高于6K。因此，为了满足个性化需求，将分区温度控制设置到2℃—3℃的范围就完全足够。

在户外年平均气温为0—20℃，同时户外湿度为中等的气候带时，**窗户通风**可节约机械通风和供冷所需的电力并提升热舒适水平。此外，住户在心理需求上也需要窗户。封闭的外立面让人们感觉自己受困且行动受限；而人与外界的联系不仅是通过透明的外立面所实现，更重要的是通过开窗这一具体动作，随后听到的户外声音，皮肤所感受到的户外空气而建立起来的。对租户所做的调查显示：在决定是否租用一栋建筑或其部分的时候，能否开窗是一个最重要的标准。这甚至对于沙特阿拉伯利雅得的法赫德国王国家图书馆项目也适用；用户极其重视可以打开的窗户，尽管在那里只有12月到次年1月的白天户外气温在20℃以下。

通透性和与外界的关联性都是一栋建筑让用户感觉舒适的重要特性。自然采光对人的舒适感有非常积极的影响。因此，根据用户具体要求，配置个性化的**防眩光装置**是必不可少的。当房间过度遮阳并因此导致与外界的联系受限时，**遮阳装置**应可进行独立调控。为了实现高能效的建筑运营，当设备不受住户控制时，额外的自动控制装置也是必不可少的。

照明应能根据人们的不同需求，像调节温度那样实现独立调控。但需确保人工照明在自然采光充裕的情况下会自动关闭，以节约能耗。况且，在这种情况下，人工照明并不能提升照度。

到目前为止，**室内的噪声级**仍然是通过开关门窗的方式来改变的。此外，也有相应的方案用于提升室内噪声级的总体质量，阻止大的室内空间内部声音的传播。遗憾的是，目前还没有一种解决方案能独立调控室内噪声级和综合的语言清晰度。对于办公建筑而言，未来解决方案的方向是高科技的吸声器，以达到既能利用开敞空间的优势、又能满足个性化需求的目的。目前，已出现了适用于多功能厅的吸声器。这种吸声器既能反射声音，又能吸收声音（取决于旋转角度），因此能满足不同的需要。

室内空气质量应可根据户外温度和户外气候条件通过开窗进行调节。只有在采用低排放装修材料，且设计方案规划了良好的空气流时，机械通风率才可降低到最低限度。即使如此，针对特殊情况的间歇性通风还是很重要的。有效的窗户通风取决于窗户的尺寸和类型。在外立面复杂的情况下，还应对窗户通风是否能够满足换气需要进行评估，因为在大多数情况下这也是总体设计方案的一个重要组成部分。

用户接受度

大多数建筑都具有为人类的工作、生活、放松和康复等服务的功能。生活在工业国家的普通人，一生有85%左右的时间在室内度过。因此，建筑可以看作是人类的第三层皮肤，允许根据用户的心理特质和文化渊源进行不同的设计。但其中也有相同之处，即在可接受的差异范围内保持室内的舒适水平，采用环保健康的材料。这里说的差异范围主要是受种族和国家地理差异的影响。对于较高的夏季室内温度，北方国家的人比全年气候温暖的国家的人更容易接受，因为在北部的最高室内温度与一年中少有的高温天数是同步的。而在最低温度时，情况正好相反：在北欧，冬季20℃的室内温度让人们觉得太低；而在南方国家，18℃的室内温度由于很少出现，因此更能为大部分人所接受。这些实例表明，设计师所定义的任何类型的舒适度只能看作是一种大多数人可接受的可能的舒适度，而由于个人偏好和文化原因总是会有例外的情况。

在欧洲，人们对于室内舒适水平的需求持续增长，这种需求也推高了对能源的需求。尤其是当建筑装备了高质量的空调控制系统时，情况更是如此。用户调查显示，只要室内温度不会偏离最佳水平太远，建筑构造经过优化且技术设备使用较少的建筑一般都很受住户认可。通常，这些类型的建筑都非常经济。它们会在居住时间的3%—5%的范围内刻意放弃对于最优室内环境的坚持，而又不忽视对舒适性的考虑。同时，这种类型的建筑可以更好地结合可再生能源资源，这意味着能源成本大大低于那些设施复杂的建筑。现代模拟技术已经可以精确地预测冬季和夏季室内环境的各种变化情况以及出现的频率。这意味着，只要对室内温度变化频率有一定的宽容度，我们可以在早期的设计阶段就确定经济的综合解决方案。根据我们的经验：需要满足以下前提要求：

- 房间具备上述调控选项和可开启窗户通风条件；
- 只在户外温度极高的情况下才会出现稍高的室内温度；
- 房间使用人员衣着可以配合

气候条件变更。如夏季，用户可以穿上短袖衬衫。

如果这些先决条件得到满足，那么，要保证所有功能性用房的室内温度最高为28℃。否则，工作效率就会大大降低。在这类边缘条件内，与那些在夏季保持持续较低室内温度的建筑相比，这类建筑更容易令用户满意（图B1.45）。

以下设施操作手册
– 窗户通风
– 边缘条激活装置
– 通风
– 遮阳
– 供冷和/或供暖吊顶

➤ 节能意识
➤ 节约成本
➤ 有利于提升舒适度
E 尤其是能由个性化控制的节能操作

通风

为了确保多功能区始终有外界新鲜空气输入，此处的通风系统为不间断运行模式。户外的新鲜空气通过空气通道进入多功能区，废气则被抽出

遮阳

遮阳（外部百叶）采用自动控制，也可通过窗户下方的开关进行手动调节

中庭通风

屋面和立面的可开启通风板能自动控制并根据气候条件进行调节

新鲜空气通过可开启通风板进入中庭。办公室和自助餐厅的门应保持常闭状态

屋面和外立面附近的办公室通风设备关闭。在此期间，主要采用窗户进行通风

从4月到10月，在太阳直接辐射期间，遮阳装置会自动降下

从11月到次年3月，户外温度降低到15℃以下时，遮阳装置不再自动降下，避免建筑内部的热损失

办公室的辅助性机械通风

所有办公室都与中央通风系统相连。在季节过渡期间，户外温度范围介于5℃—20℃之间，外立面附近的办公室通风设备关闭。在此期间，主要采用窗户进行通风

窗户通风 E

各办公室都装配有可打开的旋窗和外推上悬窗。在过渡性季节，为了实现通风，应定期开窗（每2h最少10min）。在冬季和夏季，则启用通风系统

冬季，如果白天有眩光才放下遮阳装置。这是因为在冬季，每一束太阳光线都可以用来减少采暖的能耗

温度舒适度

具备吊顶供热和供冷功能的会议室将采用吊顶供暖和（或）供冷。供热和供冷设施可通过位于相应房间内的操控装置进行调节。调节装置应设置到0，且应关闭窗户

E

边缘条激活（RSH）装置

办公室装有可调温的吊顶和地板以及可独立调温的边缘条激活（RSH）装置

可通过专门安装的开关，对供暖制冷板控温装置进行单独设置

 E

只有在窗户通风不能实现足够的供冷时才应激活供冷装置。当RSH激活时，每2h只应有5—10min的临时通风。当空间超过3h无人使用时，RSH就自动关闭，且调节应该设置在"0"挡位

图B1.45 斯图加特，Drees & Sommer公司大楼用户指南（见彩页）

B2

以负责任的态度对待资源

将能源基准作为设计目标值

绿色建筑的基本要求之一是负责任地对待现有资源。一方面通过营造高度舒适的室内环境和使用无害建筑材料为用户提供好的居住环境。另一方面，还应继续降低建筑的能耗和水耗。乍看起来，提高室内舒适度与降低能耗两者之间似乎相互矛盾。然而，应用建筑整体性的概念是可以实现这一目标的。

要达到目的就要设定目标。在设计阶段，可将能耗基准作为目标值，但这个目标值必须是高标准而且切实可行的。能耗基准取决于项目所在地的平均气温、平均使用率和技术设备的预期运行方式。通常以使用面积能耗（NGF）为基础设定。新的节能条例在德国和欧洲实施后，开始为每一栋建筑颁发能源证书。该认证会列出单个建筑的能源要求，即使外行也能据此比较各个建筑的优劣。该建筑能源认证程序参照汽车产业的做法：宣传册会在给定的路况和驾驶模式条件下，列出燃料的平均消耗量。在比较建筑时，比较对象应具有同样的使用条件且具有同等室内舒适度，在设定目标值时也应考虑上述两个因素（图B2.1）。再以汽车产业为例，一辆驱动功率不大且不带空调的中档车，其燃料消耗一定低于高档汽车。

图B2.1 能源证书对非住宅建筑的分类（见彩页）

降低能源消耗，实现节能，可再生能源的供给

打造高舒适节能建筑的三条基本标准是：通过建筑构造降低建筑的能源消耗；提高楼宇技术设备的节能效率；利用建筑的供暖、制冷和电力技术设备所产生的可再生能源。最晚在弗赖堡零能耗建筑（零能耗，即不使用来自外部的任何传统能源，如天然气和电力）问世后，人们开始认识到，即使在德国，只需通过对现有环境能源的利用就完全可以满足较高舒适度住宅的能源供给。对于业主来说置业通常也是一种投资，因此，对绿色建筑进行生命周期的经济性评估就很有意义。

从本质上来说，降低建筑的能源消耗意味着建筑的造型和外立面结构需满足使用要求和气候条件。在这种情况下，能源消耗取决于建筑朝向和造型、建材品质以及建筑通透组件和遮阳系统的使用数量和类型。节能不仅意味着要优化建筑内的各个系统和设备，还意味着将建筑作为一个总体节能系统进行塑造。

化石能源和可再生能源资源

煤炭、石油和天然气是重要的能源原材料，这类能源被称为所谓的一次能源[*]。过去几年能源市场的价格波动显示，当今新建建筑和改造项目在一定程度上摆脱对传统能源的依赖是明智的。

可再生能源分为两类：自然能资源和可再生原材料。自然能无处不在，其性能和可用储量因区域而异，主要包括太阳能、风能、地热、水能、户外空气等；而可再生原材料则源自动物和植物生物质。可再生原材料在生长期间，从大气中吸取一定数量的温室气体二氧化碳，并在后期焚化和产能期间释放同样数量的二氧化碳。这一产能形式不增加大气中二氧化碳的浓度，

因此也不会增加温室效应。不过，制造原材料以及将其运送到焚化设施所消耗的能源还未被认定为可再生一次能源。可再生原材料一般指木材（木屑、刨花）、产能植物（谷物和饲料作物）和沼气等可就地取材的原料。这意味着尽量减少使用能源密集型的运输线路，同时减少德国对石油、天然气等进口原材料的依赖。

可再生能源的优点是基本不会对环境造成压力，而且成本较低；缺点是能源输出水平较低或波动较大，需要大量的生产和储存场地，早期投入较高。图B2.2—图B2.4是各种能源的输出密度、能量产额和热值。只有极少数可再生能源可以

达到化石能源的产量水平。不过，要实现可再生能源的效率和经济性，建筑方案的制订需要遵守以下几点：

- 尽可能少地消耗能源；
- 供暖和制冷设备的运行温度与室内温度不能相差过大，以便能够有效利用自然能源，也就是说，供暖和制冷之间的温度范围应控制在16℃—35℃；
- 地块总面积与建筑体量的比例应当恰当，以确保太阳能和地热资源的高效利用。例如高层建筑，既不能利用自然通风和地热，也无法在屋面设置太阳能光伏板。

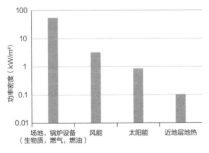

图B2.2　各类能源的功率密度

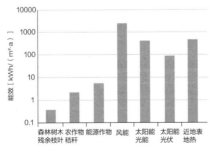

图B2.3　各类能源的能效

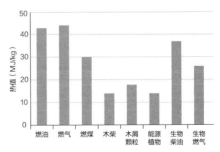

图B2.4　各类能源的热值

---

[*]　按能源的基本形式分类，能源可分为一次能源和二次能源，一次能源是指自然界中的以原有形式存在的能量资源，又称天然能源。——译者注

现代能耗基准——室内环境调节的一次能源消耗

在从能源学角度评估建筑及楼宇技术设备时，需要综合考虑的因素有供暖、制冷、照明以及直饮水加热等系统。**能源要求**指的是满足室内温度、湿度、照明等要求所需的能量，而**能源需求**指的是各现状系统要满足能源要求所需的能量。效益实现、分配和能源生产所需的能源统称为生产能源消耗或终端能源消耗。能源消耗指的是由能源公司（石油、天然气、木材、电力等）供应的能源使用量。与终端能源相关的，还有一次能源消耗，即所谓的一次能源预处理链，包括勘探、开采、采集、运输和转化，基本涵盖能源进入建筑内部生产系统前的整个路径。每个一次能源均分配一个一次能源系数，用于追踪从初始采集到建筑范围过程中产生的所有能源的相关需求（图B2.5）。关于这一点，各国因国情而异。例如俄罗斯在天然气运输方面的投入就远低于德国，因为德国所有的天然气都需要进口。此外，一次能源系数还考虑了引发温室效应的主要气体排放。不可再生资源载体如天然气，与能源植物或木材等可再生资源相比，其评估结果得分更低。不过，在德国，木材也要求采用不

同的能源系数，因为交付的木材还分为相对未处理的刨花板和压缩木屑产品。

各国用于发电的一次能源系数也因各个国家能源结构的不同而不同。例如，法国主要通过核电站发电，瑞典则利用水电站发电。此类能源产生形式的二氧化碳排放量很低，因此这些国家采用的一次能源系数也较低。在德国的专业发电厂中，30%—35%的电量产自煤炭、石油或天然气等100%的一次能源。由于越来越多的大型发电厂转而使用三联供电系统，德国供电的一次能源系数有望降低。为统一认证体系，整个欧洲采用同样的一次

能源系数：供暖1.1，供电2.7。

一次能源消耗由供暖、饮用水加热、制冷、通风和照明等能耗值构成。在中欧地区，绿色建筑的一次能源消耗目标值为65kWh/（m²·a）；写字楼的一次能源消耗目标值为80kWh/（m²·a）。酒店和商场由于人员密度较高和使用时间较长，目标值也高达160kWh/（m²·a）。上述目标值均相当于中欧地区针对非完全温控的新建建筑相关法规规定值的一半。在欧洲其他气候带，规定值与目标值之间的差别可达30%。图B2.6显示的是大致的情况。

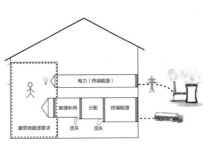

图B2.5 计算一次能源系数的能源供应链

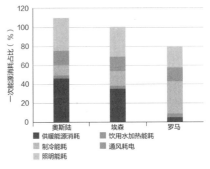

图B2.6 对比：欧洲不同地区用于温控设备的一次能源消耗比较（见彩页）

供暖的能源消耗

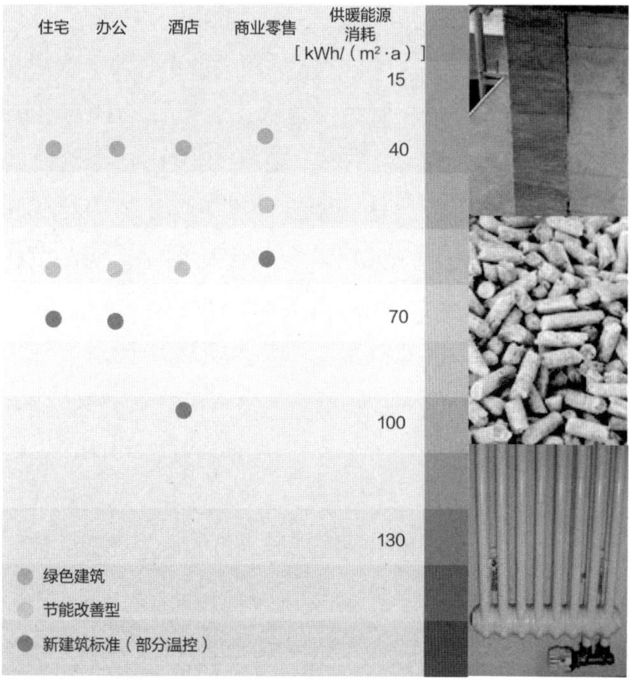
住宅
办公
酒店
商业零售
供暖能源
消耗
[kWh/(m²·a)]
15
40
70
100
130
绿色建筑
节能改善型
新建筑标准（部分温控）
图B2.7　中欧地区不同设施的供暖能源消耗参数（见彩页）

20世纪90年代前，无论是对住宅还是非住宅来说，供暖能源消耗一直是北欧和中欧建筑能耗的重要部分（图B2.7）。随着对新建建筑和改造项目不同保温规定的实施，通过提高建筑绝热水平、增加建筑气密度、通风系统余热回收等措施，可大幅降低供暖需求（图B2.8）。如今，低能耗建筑的供暖能源需求仅为现存的20世纪70年代建筑的20%—30%（图B2.9）。

绝热外围护结构除了减少建筑向外散发热量的基本功能外，还可通过提高绝热性能改善室内的温度舒适度。通过在冬季减少热空气流出，夏季增加热空气流出的措施，室内物体表面温度和室内空气温度逐渐接近，从而形成舒适、均匀的室内温度分布。在最初的被动式节能房屋设计里，甚至彻底放弃使用散热器，只是利用机械通风系统向室内提供系统的余热。这就意味着尽管室内热辐射极为舒适，也不再被采用。被动式节能房屋中采用最佳的绝热处理，并辅以热辐射散发构件，与单纯的被动式节能房屋相比，这种组合是最佳解决方案。

在长期寒冷干燥地区，户外空气需经加湿才能满足健康标准。而在加湿过程中，空气受到冷却，因此需要进行再次加热。在中欧地区，一般无须对进入室内的空气加湿。不过，建议在室内最低相对湿度达到35%时主动加湿。依据北欧和中欧地区的气候条件，加湿空气所需的热能约占总供暖能耗的

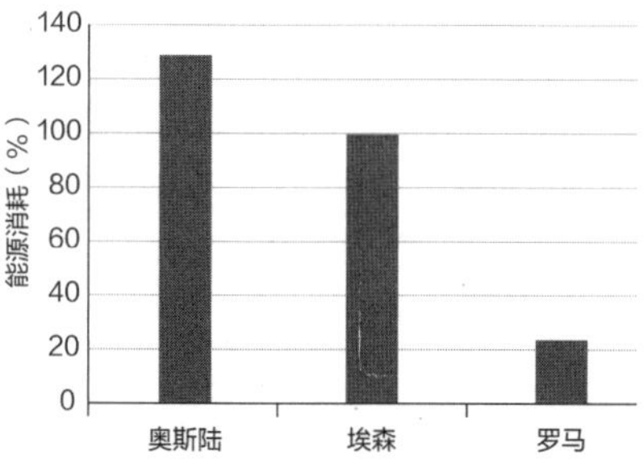
140
120
100
80
60
40
20
0
能源消耗（%）
奥斯陆
埃森
罗马
图B2.8　欧洲不同地区供暖能源消耗对比

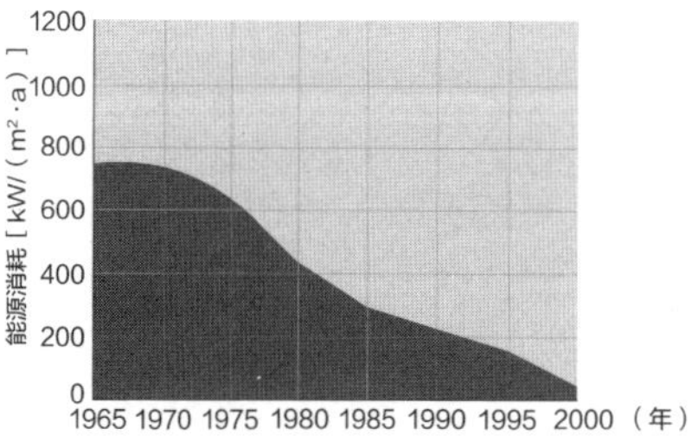
1200
1000
800
600
400
200
0
能源消耗 [kW/（m²·a）]
1965 1970 1975 1980 1985 1990 1995 2000（年）
图B2.9　德国写字楼供暖能源消耗历史数据

热水的能源消耗

10%—30%。为了应对加湿带来的高能源消耗，人们正在测试以自然方式调节室内湿度的新材料。

图B2.7为不同建筑类型的供暖能耗需求系数。中欧地区的节能建筑可利用可再生能源解决部分供暖能耗需求。根据绝热和通风系统的不同，室内温度每上升1K，供暖能耗需求上升5%—15%。在中欧地区各气候带内，该比例上下浮动约10%。以南欧地区为例，空气调节所需的供暖能耗需求就比较低，尤其是在绝热措施良好的情况下。与之相反，北欧的供暖能耗需求比中欧高约50%。

在现有住宅建筑和非住宅建筑中，大部分热能用于室内供暖。随着工程绝热和节能系统技术的提高，新建建筑和改建建筑的供暖能耗需求不断减少，然而，饮用水加热的能耗需求却保持不变。按照现行标准进行绝热设计的建筑，加热饮用水的能源消耗仅占总热能需求的20%。其中，热能输送损耗高达30%—40%。办公建筑的饮用水加热能源需求则相对较低，仅为5%（图B2.10）。

对于具有高绝热性能外围护结构的住宅或酒店建筑来说，加热饮用水的热能需求是很大部分能耗，因此不应忽视此类用途的能源消耗；特别是为预防军团杆菌*，所需的水加热温度高达60℃，这远高于供暖系统的运行温度（如地板供暖系统为35℃—40℃）。因此，建议在这些建筑内采取降低能源消耗的措施。在写字楼的大多数区域内，完全可以不做加热饮用水的设计；而对于住宅、酒店的厨房则有各种方案备选，如太阳能加热系统、节水器具、制冷余热利用、安装时间和温度控制装置等。

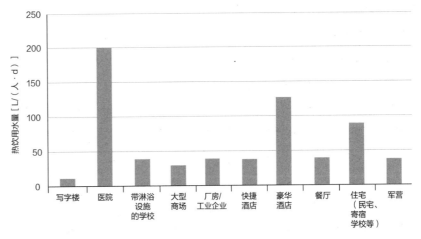

图B2.10　各类区域热饮用水量

---

* 军团杆菌（Legionella spp.）主要来自土壤和污水，由空气传播，自呼吸道侵入，临床表现类似肺炎，可通过热水杀菌。——译者注

制冷的能源消耗

过去的10—20年里，德国乃至整个欧洲的制冷能源消耗都在上升（图B2.12），主要原因有四个：首要原因，随着技术设备，尤其是写字楼和行政楼内的技术设备不断增加，同时与之相关联的电子数据处理（EDV）设备的余热也日益增加，这些余热需要借助主动或被动冷却技术散热。第二个原因，玻璃的绝热和透光性能有了很大改善，建筑师在设计中对玻璃的应用更为广泛，因而出现了玻璃建筑的趋势，其优点是通透性好，可充分利用自然采光，缺点是太阳辐射热增益升高，导致制冷荷载需求增加。第三个原因，目前建筑的趋势是朝着整体建筑绝热性和气密性更高的方向发展。建筑外围护结构的作用类似于一个保温瓶，无论户外温度如何，建筑内部始终保持温暖。对于德国和中欧地区的建筑来说，这意味着夏季夜间建筑的自然降温过程受阻，但冬季的供暖能源消耗需求也会减少。第四个原因，人们对于温度舒适度的期望在上升。当人们在乘坐带有空调设备的轿车、火车或飞机短途旅行之后，如果需要长时间地在一栋闷热的建筑内工作、购物或休闲，那是很难以接受的。此外，人们开始意识到，只有在舒适的室内条件下，人的工作效率才会提高。

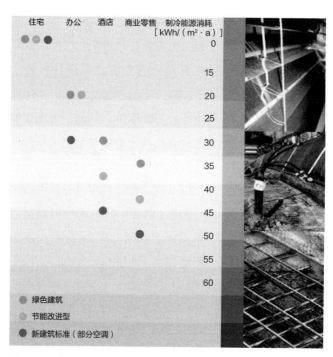

图B2.11　中欧地区不同设施的制冷能源消耗系数（见彩页）

适的室内条件下，人的工作效率才会提高。

中欧地区气候带内建筑的绝热性能提高后，也产生了很多明显的弊端。然而，建筑外围护结构良好的气密性和较高的绝热性能能改善室内舒适度并减少一次能源的利用。众所周知，保温瓶可在炎热的夏季长时间保持冷水的温度。如果将这一概念应用到建筑中，就意味着在酷暑时节，只要紧闭窗户，高绝热建筑外立面结构即可将热空气

隔绝在外。在中欧，仅通过利用天然能源就能满足制冷需求，因此不会产生大量的一次能源消耗。

图B2.11是不同类型建筑的制

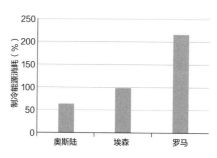

图B2.12　欧洲不同地区制冷能源消耗比较研究

通风设施的电耗

冷能源消耗系数。在住宅领域则不考虑大量制冷能源消耗，建筑物可通过夜间自然冷却降低温度。其次，室内短期较高的温度是可以接受的。对于非住宅建筑，考虑到气候条件和开窗后有入室盗窃的危险等因素，基本排除靠手动开窗实现夜间人工通风的可能性。在中欧地区，仅利用天然能源就能将节能建筑的制冷能耗需求降至最低。室内设定温度每降低1K，制冷能源消耗约增加10%。在中欧地区各气候带内，该比例上下浮动约15%。北欧地区遮阳良好的情况下，只有当室内存在较大热源时才会产生大量的制冷能源需求。而在南欧，当户外平均温度高于15℃时，其制冷的能源需求是中欧的3倍。

图B2.13　不同用途设施通风电力需求系数（见彩页）

通过通风保证建筑内的室内空气质量，最简单的方式是开窗。在风力、气压和温差等自然作用下会产生气流，空气流量因窗户的大小而异。在户外空气温度和质量、户外噪声等及通风方式允许的情况下，应首选自然通风。否则，应采用机械通风系统对户外空气进行过滤和调节（加热，降温，加湿/除湿）。此外，还应选择合适的回风余热回收系统，以减少供暖和制冷的能源需求。

为了让室内有足够的空气，通风系统的电耗是必不可少的。但电力消耗取决于以下因素：

- 户外空气置换率；
- 空气的利用方式以及与此相关联的通风设施对室内空气处理的等级要求；
- 管道的直径和长度（高速气流会造成较大的压力损耗）；
- 户外气候条件（部分关闭空调设备以利自然通风）；
- 所采用通风系统的类型（集中式、半集中式或分散式）。

人工照明的用电需求

与水系统相比，完全使用空气传输热量冷量的方式有明显劣势。在同等能耗的情况下，水输送的热量是空气输送的4倍。出于这一原因，节能建筑内用空气输送热量和冷量的方式一般仅限于输入户外空气，这主要是为了满足卫生要求的规定。而决定卫生要求的主要因素包括空气质量、人员密度和建筑材料的有害气体排放等。在中欧地区，正常使用的房间在全年大部分时间无须机械通风，且不会影响室内气温舒适度。只要建筑结构和体量允许实现按照需求的通风控制，就能大大节省电力需求。由于开窗通风方式简单易行，应将其作为欧洲绿色建筑的标准之一。

图B2.13为各类设施送风时的用电需求系数。

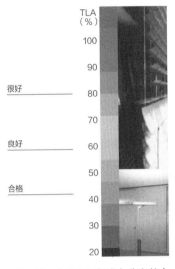

图B2.15 中欧地区标准办公室的全自然采光系数（见彩页）

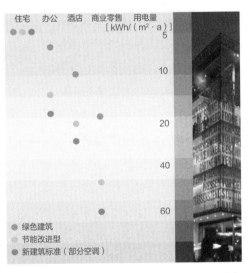

图B2.16 中欧地区不同设施人工照明的用电需求系数（见彩页）

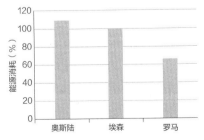

图B2.14 欧洲不同地区人工照明用电需求对比

人工照明的用电需求取决于人工照明的设计概念和自然采光情况（图B2.14）。计算预期人工照明需求时应考虑以下因素：相邻建筑是否遮挡采光、遮阳设备的控制设计、房间内的自然光照情况等。

住宅内的照明取决于住户，其比例只占用电总量的一小部分。但在写字楼内，人工照明占一次能源消耗的比例很大。要降低写字楼内人工照明的用电需求，需注意两个准则：准则一，缩短人工照明时间可降低用电需求。全自然采光是房间在大部分的工作时段内完全依靠自然光照明（图B2.15）。根据照度、研究时间和气候条件的不同，用电需求各异。在中欧地区，如能保证写字楼至少在60%的运行时段（周一至周五，8：00—18：00，额定照度500lx）内不使用人工照明，则用电需求会非常低。如图B1.35所示（参见B1章），当日照和光照均达到"很好"的程度时，电能消耗就能达到令人满意的水平。

未来的能源基准
——建筑生命周期内的一次能源消耗

实现高效人工照明的准则二：降低照明用电负载，通过利用高效光源和采用直接-间接照明的设计概念实现。如能遵守上述两个准则，就可降低办公照明的用电量。在此基础上采用需求控制系统可进一步降低用电需求：即不采用手动方式控制人工照明，而是利用自动调节设备将人工照明自动降低到所需亮度水平，并采用人体感应开关控制人工照明。图B2.16是写字楼人工照明用电需求的指导值。

对于新建项目和改造项目来说，楼宇技术设备的一次能源消耗应根据建筑用途保持在设定的临界值以下。将上述要求付诸实现是向正确方向迈出的一大步，但这还远远不够。对可持续性节能建筑的能源评价应考虑所有的能量流，包括制造、更新和维护建筑材料的能源消耗以及用户使用家电的用电需求。只有另外制定标准限制能量流总量，才能促使建设过程中涉及的各方另辟蹊径，提供创新的节能方案。如今，生命周期成本管理已作为一项管理工具频频出现在大型企业的商业计划书上。如果从一开始就将所有预期费用考虑在内，就能避免短期行为。对于建筑行业的一次能源消耗也是如此。我们同样需要看到建筑的整个生命周期。如果建造时采用最好的绝热材料，而制造这些绝热材料所消耗的能源远高于最终所能节约的能源，那么这种做法的意义何在？近年来能源领域的发展已经表明，节能产品也能实现经济化生产，如今欠缺的只是市场需求。

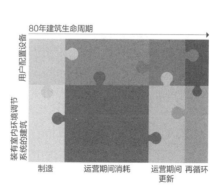

图B2.17　建筑生命周期内的一次能源消耗分布（未来，欧洲将只对室内环境调节系统的能源消耗进行规范）（见彩页）

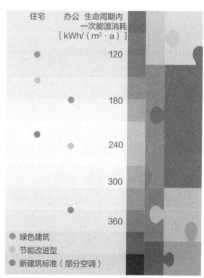

图B2.18　中欧地区不同用途建筑生命周期内一次能源消耗近似系数（见彩页）

建筑材料一次能源消耗累计

建筑材料从生产到使用整个过程所耗费的能源都影响建筑的总能源需求。在使用过程中，建筑材料会释放出一些物质，导致通风需求增加。此外，建筑材料需要定期清洁、维护和更新，这也会产生能源消耗。建筑材料在制造和运输阶段就已经开始消耗能源，这意味着建筑的能源消耗在很大程度上受施工和建材类型的影响。当建筑生命周期结束后，建筑材料的拆除和处理还将消耗能源。最终建筑能源耗值的高低取决于最初使用建材的可回收性，因此，讨论建筑材料的一次能源需求应当考虑到建筑生命周期的累计能耗（图B2.17）。

一般来说，按现代标准建造的建筑其累计能源消耗低于10%，节能需求并不迫切。但是，对于一次能源消耗逐年递减的建筑，其建筑材料在生产时消耗的能源比例所占的比重却持续增加而且将构成今后几年建筑能源总需求的一个重要因

素。图B2.19是办公建筑一次能源消耗总量的分布图。由于低能耗的施工方式和地热的采用，累计能源消耗与一次能源总需求（不考虑使用方家具设备）的比例约为20%，该比例远高于标准建筑的比例。这意味着我们必须对建筑业这一部分的能耗提出更高的要求，并注重新产品的开发。此外，这还意味着那些利用风能、太阳能和地热等可再生能源的产品正面临越来越多的考验。因此，能源消耗分摊的时间长短成为选择产品的决定性因素。太

阳能光伏系统在中欧地区南向最优区域的投资回收期为2—8年，视具体的制造商而有所不同。然而，产品的这一特性本应是消费者购买时的重要考虑因素，但是他们却未能予以重视。

优化累计能源需求有两种方法，一是选用寿命长的建筑材料；二是采用可再生自然资源制造的建筑材料。图B2.20是建筑材料对建筑生命周期内一次能源需求的影响。

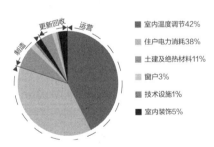

图B2.19　办公建筑的一次能源消耗分布（见彩页）

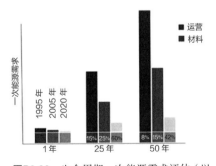

图B2.20　生命周期一次能源需求评估（以德国标准办公楼能耗计算）（见彩页）

与用途相关的一次能源消耗

现代写字楼内与电子数据处理（EDV）设备和服务器相关的能源消耗约占一次能源总需求的25%—40%（不考虑建筑材料）。而在节能建筑内，这一比例为60%，因此在这方面有着极大的改进空间。在设计建筑时，建筑师已将EDV设备的余热考虑在内，但并未对标准运用的最大用电需求临界值加以规定。鉴于余热对制冷系统以及能源成本的巨大影响，绿色建筑内必须使用节能设备。图B2.21和图B2.22为不同设备的电力连接和消耗值变化区间。可以看出，节能

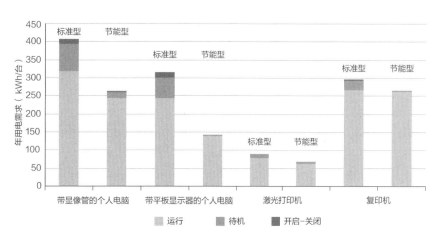

图B2.22　工作设备用电需求（与标准设备相比，使用节能设备可将用电需求降低多达50%）（见彩页）

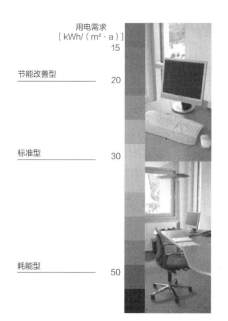

图B2.21　办公室工作设备用电需求（见彩页）

设备的能源消耗仅为标准设备的一半。目前，带有大型服务器的建筑都设计有供暖制冷系统，可利用其余热进行节能制冷。所以，楼宇技术设备和用户设备之间的界限越来越模糊。

未来的能源参数考虑到建筑整个生命周期内的一次能源消耗，包括建筑材料和用户端设备的耗能。对于这些参数，我们的经验有限。但笔者认为，从整体上考量绿色建筑的能源消耗十分必要。图B2.18为住宅和写字楼的部分推荐值，可作为中欧地区绿色建筑设计建造的目标值。

用水需求

饮用水的主要用户是居民用户、小型工商企业和工业厂家。目前，德国的日饮用水消耗量为125 L/（人·d），较1975年减少了20%。这一方面是因为水价的上涨，1971—1991年间涨幅达50%，另一方面是因为人们的环保意识越来越强。由于未污染的饮用水越来越稀缺，我们不得不在所有领域，尤其是对居民用户采取进一步的节约用水措施（图B2.23）。

非住宅建筑的饮用水消耗量很大程度上取决于建筑用途，酒店、医院和养老院等用于盥洗和餐饮的用水需求量较大，而写字楼的用水需求主要来自清洁作业（外立面和普通清洁）。饮用水消耗量大也导致供热能耗大，并将增加废水系统和污水设施的负担。不过，通过改变用水习惯、安装节水器具、使用自然可再生能源（雨水和中水）等措施，可将用水量减少50%。

如只对有严重污渍的衣物采用预洗涤模式，而其他衣物采用正常洗衣模式，则可省水20%。

饮用水需求

普通家庭的饮用水中有68%用于盥洗和冲水式坐便器，19%用于清洗衣服和盘子，其余的供饮用、烹饪和花园灌溉清洁（图B2.24）。

用水习惯

如果将盆浴改为淋浴，则可减少35%的洗浴用水。如果刷牙者在刷牙时水龙头不是开着长流水，则可节约75%的刷牙用水。洗衣时，

节水器具和技术

安装和使用节水器具可大量节约用水。主要节水措施包括：

* 冲水式坐便器水箱安装节水开关；
* 安装节水龙头（可调节龙头）和淋浴器；
* 使用节水的洗衣机及洗碗机；
* 公共场所：安装红外线感应龙头；
* 行政大楼的热水供应仅限厨房和睡眠区；
* 使用真空小便斗。

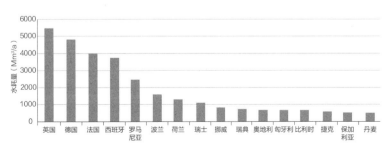

图B2.23　欧洲各国用水量对比

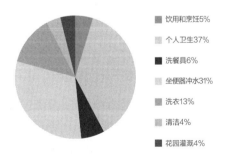

图B2.24　家庭用水类型分布（见彩页）

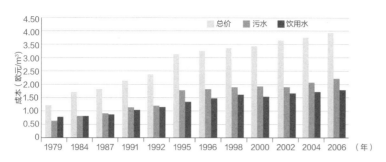

图B2.25 德国过去30*年的饮用水成本和废水处理成本（见彩页）

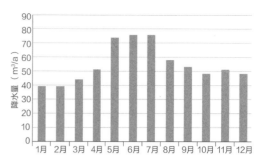

图B2.26 中欧地区典型降水量

另外，现有建筑如能及时检修管网，避免龙头滴水和厕所长流水等问题，也可实现节约用水（图B2.25）。

雨水利用

经常性的雨水利用可将饮用水的总消耗量减少将近一半。雨水可用于坐便器冲水、盥洗、清洁、花园灌溉等。雨水利用需设置雨水池和第二套管道系统。雨水属于软性水，因此，用雨水洗衣时不需要太多洗衣粉。雨水富含矿物质，非常适合灌溉花园，且与普通饮用水相比，植物能更好地吸收雨水。另外，雨水利用可减少排水系统的压

力。雨水池可作为雨量高峰时的缓冲调节，因此，在大多数的新建住宅区也开始要求设置雨水池（图B2.26，图B2.27）。

中水利用

中水指来自淋浴、浴缸、洗手池、洗衣机等未经排泄物污染的生活废水，不包括高度污染的厨余废水。中水只含中等浓度的肥皂残余和护肤品。平均约产生60L/（人·d）中水。这些中水经处理后可重新使用。其水质条件，虽不足以达到饮用水标准，但可用于坐便器冲水、灌溉、清洁等，这意味着饮用水实际上实现了二次利用。

中水处理一般通过生物和机械处理完成。首先对颗粒物进行过滤；其次采用好氧菌生物处理法对中水进行净化处理；最后用紫外线照射消毒。相关处理设施均可在市场上购买（图B2.28）。随着用水量的增加，绿色建筑中将优先采取各种节水措施。

图B2.27 位于柏林Potsdamer广场的雨水收集设施

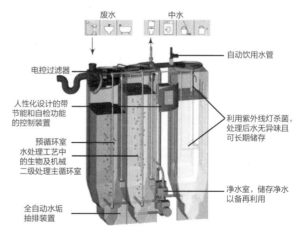

图B2.28 中水利用原理

* 根据图片提供的数据所得。——译者注

绿色建筑的建造和运营优化

C　　　　D

建筑

气候

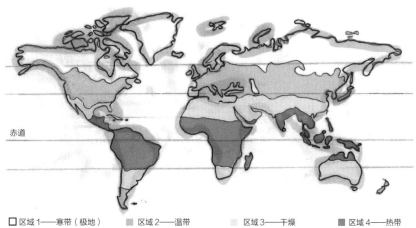

图C1.1　全球气候带分类（见彩页）　□区域1——寒带（极地）　■区域2——温带　■区域3——干燥　■区域4——热带

赤道

除了建筑的用途之外，低能耗建筑的开发、设计和建造还需要考虑的一个重要因素是当地的气候条件。数百年以来，根据不同的气候条件，人类不断发展出适应当地气候条件的房屋造型。这些房屋不但节约能源和资源，还能为居住者提供足够的舒适性。在相当长的一段时间内，由此形成的建筑造型和设计可以说是为了适应当地的气候条件和使用习惯而量身定制的。

除了四种全球气候带（图C1.1），即"寒带（极地）气候""温带气候""炎热干燥气候""炎热湿润气候"以外，人们还需要考虑区域性气候条件和本地性气候条件。其中最重要的影响因素是户外温度和湿度、阳光照射，不同季节与日夜之间的风速和变化水平。雨水除了可用于隔热降温，降雨量大小对屋面造型还有显著影响。

气候适应性建筑实例

德国黑森林地区的房屋是当地气候条件如何影响该地区建筑的典型实例。黑森林地区气候的特征是不同季节的气候变化明显，冬天寒冷，有大量降雪，常常刮风。因此，建筑通常会采用高绝热性能的外墙和大小适中的窗户。当地传统的单层玻璃窗基本上不具有绝热效果，但可以以两扇单层玻璃窗组合成双层箱形窗的形式来抵御户外的寒冷。同时，双层窗的设计还能够提高建筑在冬天防风能力（图C1.3）。长长的斜尖屋面在下雪期间可防止屋面的积雪超载，同时在漫长的冬季提供充足、干燥的仓储空间。

黑森林地区的夏季，太阳高照，非常温暖。此时不需要双层箱式窗的结构，因此外层窗户可以卸除。建筑采用自然通风，同时适度的窗户大小加上仓储式屋面结构，可防止室内温度过高。悬挑屋面和阳台自身就具有良好的遮阳效果，能为户外工作提供舒适凉爽的场所。

另一种著名的适应气候的建筑

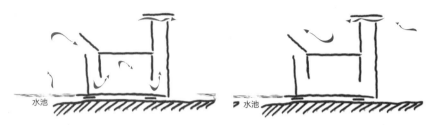

图C1.2　凉风的风塔效应（风先通过水面降温，再通过这些开口而引入建筑内部暖风的风塔效应：暖风从建筑上部离开，从而防止增加室内温度）

结构是阿拉伯地区的风塔，阿拉伯语读作"Badgir"。风塔的设计使得凉爽的空气能够进入建筑，起到降温的作用，并且让温暖的气流根据风向穿过建筑（图C1.2）。风塔通常建在建筑顶部，位于四边或两边，呈对角布置。风塔的外轮廓通常为3m×3m，高度约7m。通过顶部开口，风塔能够利用各个方向的气流，将风引入位于其底部的建筑形成穿堂风。风塔还能够作为烟囱使用：从底部房间产生的温暖气流，

在压力差的作用下向背风侧的风塔口排出。通过这种烟囱效应，即便是在风速很低的情况下，风塔也能够起到自然通风的作用。由于阿拉伯地区独特的温差变化，风塔成为该地区的特色。在阿拉伯地区，夏季白天温度范围为32℃—49℃，而到晚上则降到20℃。冬季，白天户外温度为20℃—35℃，而夜间降到9℃。不过风塔只在一天中的一定时间内有效，且在季节变更时间段内工作效果更好。由于当地季节之

间的极端温差，住宅建筑有多重用途，通常被分隔成两层。底层作为冬季主要居住空间，而上层则作为夏季的主要居住空间。此外，屋面平台在炎热的夏季晚上还可以用来乘凉睡觉。因此，一栋建筑可以布置三个或更多的风塔，每个风塔为一个卧室送风降温。

外层窗户，夏季可以卸除
- 提高通风效率
- 令进入室内的空气更凉爽

小窗
- 降低温度损失
- 减少日光照射

箱式窗
- 降低传热系数 U 值
- 降低风的影响

护窗板
- 夏季良好的隔热效果
- 隔绝日光照射

图C1.3　典型黑森林地区建筑的双层窗户设计

城市发展与基础设施

对农业用地的侵占：今天，新的开发项目通常会要求就该项目对环境的直接影响和对农业用地的占用情况提出评估报告，包括其对微观和宏观气候的影响（温度、风、空气污染）以及对周围动物和植物的影响。通过编制土地开发的长期规划，努力减少对农业用地的侵占。这些规划规定了对任何农业用地的侵占必须通过生态平衡措施进行补偿。比如，将受污染地块用于开发建设是一种积极的举措。通过施工过程中的"反污染"措施，可以实现积极的环境影响。这一类的补偿性规定具有很重要的意义，但在德国既没有成为新开发项目的强制措施，也没有被广泛应用。

交通基础设施对于能耗需求有很大影响，额外产生的交通量会增加能耗需求。这种需求尚未纳入建筑的基本能源平衡当中。除了能源消耗，还包括来自汽车的污染荷载。考虑到这些综合的生态方面的问题，建设用地应尽可能地靠近现有的公共交通设施（公交线路，铁路，自行车道）。从可持续发展的角度来看，城市空间建筑密度增加并非坏事，甚至是值得推荐的：首先是生态方面的原因，其次是可以减少侵占农业用地。从这个观点来看，在写字楼和商业设施提供足够的自行泊车架和设计淋浴及换洗设施可同样被看作是有利于节能的措施。此外，如果能够提供太阳能发电的充电设备，企业甚至应该鼓励员工使用电动汽车上下班。如果能够提供这种设施，也就应鼓励员工使用节约能源的交通工具上下班。LEED能源标签在此就是一个好的开始。

无论建筑的造型和采用的设计概念如何，**建设用地的位置和规模**都是保持较低水平的基本能源消耗的重要考虑因素。

建设用地首先是位置、交通便利、市场价值、所需的地块和建筑面积以及投资成本等特征定义的。对于许多建设项目来说，由于城市规划的限制条件，在位置上并没有其他选择。不过，如果在一个开发项目的建设用地尚未确定且有多个选择的情况下，一次能源消耗和环境压力等因素就应该成为决策过程中的重要因素。

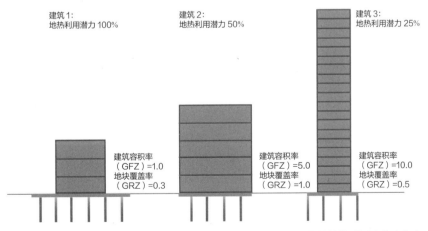

建筑 1：
地热利用潜力 100%

建筑 2：
地热利用潜力 50%

建筑 3：
地热利用潜力 25%

建筑容积率
（GFZ）=1.0
地块覆盖率
（GRZ）=0.3

建筑容积率
（GFZ）=5.0
地块覆盖率
（GRZ）=1.0

建筑容积率
（GFZ）=10.0
地块覆盖率
（GRZ）=0.5

图C1.4 不同地块覆盖率和建筑容积率下使用地热的潜力（此处指的是指采用地热为住宅和写字楼楼宇提供供暖和制冷的可能占比）

建筑容积率指标体现了地上总建筑面积和用地面积之间的比值，是衡量建筑密度的指标和表示可使用屋面和地块面积的指标。这些指标让我们能够了解，能源需求在多大程度上能使阳光或土壤等自然资源得到满足。以下是适用的经验值：

• 只有当地块有足够面积放置各类型地面热交换器时，才可以集成地布置埋管达到200m深的近地表地热系统设施。其中，住宅楼的建筑面积应比地块面积大3—5倍，而写字楼则应在3—6倍为宜。如能达到这一指标，在北欧和中欧的节能建筑中，地热可满足建筑供暖和制冷能源需求的较大部分（图C1.4）。

• 如果采用太阳能供暖，则需要足够大的屋面面积以设置太阳能光伏板。建筑立面安装太阳能光伏板仅在有限的情况下可行，因为大多数房间都需要阳光，而且太阳光对建筑外立面的照射在最佳情况下也只能达到70%的效率。对于节能型建筑来说，可以使用太阳能来满足饮用水加热的大部分能源需求，出于这一考虑，建筑的层数最好为10—20层（图C1.5及图C1.6）。

• 使用太阳能发电时，住宅建筑高度最好为3—5层，办公建筑为2—4层。也就是说，如果较大比例的房间空调系统、居家和电子设备的电力需求可通过光伏发电系统来满足。这一经验值适用于位于北欧和中欧的建筑，因为这些地方没有可能在楼宇安装足够的光伏设备。而在南欧，太阳光照较强，但同时对太阳能发电或太阳能制冷的需求也更高。因为在南欧地区，地热也只能非常有限地用于制冷，所以，适用于欧洲中部的光伏发电设施供电的经验值也同样适用于南欧。

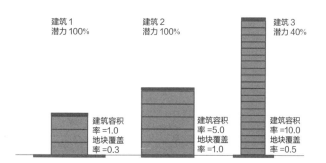

图C1.5 不同屋面面积和建筑容积率下使用太阳能的潜力（此处指的是采用太阳能为住宅提供饮用水加热的可能覆盖比例）

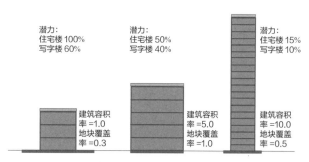

图C1.6 不同屋面面积和建筑容积率下使用光伏太阳能的潜力（此处指的是采用太阳能满足住宅和写字楼电力需求的可能占比）

建筑造型和朝向

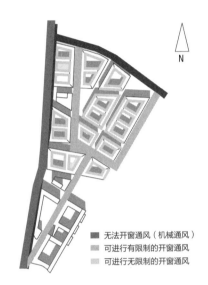

■ 无法开窗通风（机械通风）
■ 可进行有限制的开窗通风
□ 可进行无限制的开窗通风

图C1.7 城市开发项目能源分析示例（户外噪声区划分为有限可开启窗通风区和无可开启窗户通风区。购物商场等功能设施应设置在噪声集中的区域，从而为住宅和写字楼的设置留出足够余地，将其设置在能最大程度利用自然能源的区域）（见彩页）

由于太阳光线照射的角度不同，一栋建筑的朝向，特别是其透明表面的朝向，对建筑的能耗有较大的影响。建筑外立面结构部分的窗户，既能绝热又能被动提供热量。窗户正确的朝向和面积的大小取决于户外气候及房间的用途。而对于写字楼的房间来说，由于工作场所用的电子显示屏（通常都装有遮阳及防眩光装置）的缘故，所以利用太阳能的增热效果不如住宅楼。在住宅环境下，由于人们穿着的衣物和从事的活动与在办公室环境下不同，所以可接受更高的室内温度。另一个区别则是：在办公室环境下，充足的自然采光对大多数房间非常重要；而在住宅环境下，房间可根据用途来布置。如卧室可以布置在北向的位置且尽量远离噪声源；而客厅则最好布置在南向的位置，从而尽可能最大限度地利用太阳能增热。

图C1.7反映了从能源正确使用的角度布置使用功能的城市规划理念。购物商场和休闲用途的建筑，由于人口密度大，需要更复杂的通风设施，通常布置在靠近繁忙道路的地方。住宅和写字楼则相反，通常布置在更安静的区域，从而尽可能充分利用自然通风。图C1.8反映了在同等使用面积的情况下哪种平面布局的建筑更有利。封闭式结构是最不利的解决方案，由于外立面的强效遮阳效应，因此利用被动式太阳能的可能性是最低的。强效遮阳的另一个后果是人工照明所需的电力大大增加。人工照明的增加不仅导致电费的增加，更意味着高能耗要求，同时还降低了心理健康水平。除了房间太阳能供给的不利因素外，还需要考虑内庭通风率的恶化，内庭的通风率取决于其高度。这也导致了机械通风系统运行时间的延长。在不考虑建筑方案的情况下，仅仅通过优化对建筑结构的要求就能降低楼宇温控设备10%—20%的能源消耗（图C1.9a）。

外立面完全封闭100%   外立面朝东开口108%   外立面朝南开口111%

图C1.8 城市开发框架下基本建筑形式的能源分析示例（在同等使用面积的情况下，太阳辐射在不同建筑形式的外立面上产生的能量增益各不相同）

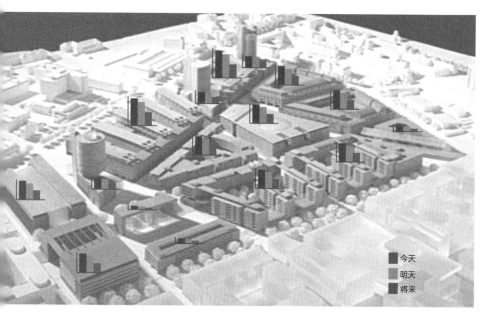

今天
明天
将来

图C1.9a 德国斯图加特城市开发项目的能源分析示例（见彩页）

光和自然通风（至少在部分时间）方面的潜力更大，这应当是一种优势。

除了从城市发展规划角度考虑减少能耗之外，对绿色建筑需要从整个街区的角度进行全方位审视。因此，还需要制订一个平衡各种经济因素的方案，在这一方案里需要平衡环境因素，符合当地情况的用途等因素。"全方位审视"的概念在这里指的不仅是项目，同时也应贯穿于整个过程。

以下领域需给予特别注意：
- 机动性（流动性）；
- 社会组织结构及城市日常供给；
- 多种功能用途的混合；
- 环保和水资源管理；
- 居住质量及公共活动空间；
- 城市气氛；
- 建筑物等设施的生命周期费用。

柏林的波茨坦广场就是一个典型的例子，在规划20年后的2011年被DGNB授予城市规划银级证书。它拥有欧洲最大的雨水收集系统。整个广场通过地下区域提供后勤服务，货物和食物由电动汽车分配。

建筑结构越紧凑，就越能节约能源。这一说法仅部分适用于非住宅建筑，而且是那些绝热效果较差的非住宅建筑。目前，建筑绝热效果正成为绿色建筑的要求，而伴随绝热效果的提升导致的一种趋势是外立面面积越来越独立于体形系数。如果只考虑供暖的能源消耗，那么从热损失的角度来说在确保使用面积的前提下将热量散发面积减少到最小当然是绝对正确的一种方案。然而，考虑到制冷所需的能源和通风及照明所需的电力需求，那么这种方法对于高度绝热的建筑而言，也有显而易见的能源方面的问题。只考虑最大限度减少供暖的能源需求无法实现整体的能源优化，这一启示非常重要。这是因为，比如在德国，目前的能耗评估都是以供暖能耗与使用面积所占比例来衡量的（图C1.10）。因此，即便是在北欧和中欧这样的寒冷地区，未来的绿色建筑设计也不应该仅仅朝着建筑紧凑型的方向发展，而应着眼于建筑运行的所有能源消耗要素的最优化。紧凑度较低的建筑在采

公共交通和机动个人运输按模式比例划分为80：20。在项目施工期间，通过铁路和轮船运送建筑材料来实施建筑物流节能，每天可减少约42000卡车运输每公里消耗的能源。所有这些措施都是迄今为止新区发展的典范。该项目中实现的其他节能措施详见图C1.9b所示。

图C1.9b 可持续发展城市片区的多种属性（选自案例"波茨坦广场"）

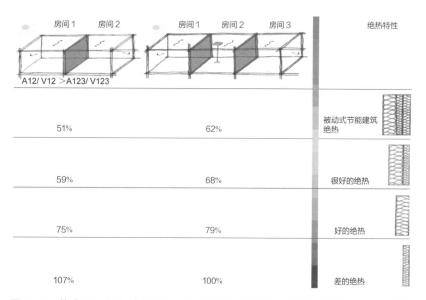

图C1.10 外墙面积（A）/房间容积（V）比例对不同绝热性能的外围护结构区域的房间空调系统基本能源要求的影响（见彩页）

建筑外围护结构

绝热和建筑气密性

建筑立面构成户外气候条件和室内气候的界面。长年住人的房间室内气温变化通常在4—8K这样窄的范围内浮动；而户外气温，根据所处的地理位置，能够呈现高达80K这样的温度变化。例如，在美国芝加哥，冬季户外温度达到-40℃并不罕见，而夏季则可能上升至+40℃。

在北欧和中欧地区，需要绝热的主要原因是这里漫长的冬季。在20世纪80年代，最小绝热强度值主要用于防止建筑外围护结构的物理损害。其目的是将构件的露点尽可能地移到靠近外部的位置，从而避免在室内表面形成水汽凝结。潮湿的内墙势必会造成墙壁发霉，并对室内空气质量和人体健康造成严重影响。根据中欧和北欧现行的绝热强度，只要外围护结构正确施工，就不会发生房间室内水汽凝结的问题。如今，绝热强度的评价正向以下标准转变：供暖的能源消耗，通过提高室内物体表面温度从而达到温度舒适度，建筑外围护结构系统和楼宇技术设备的整体经济性。

不过，良好的绝热不仅对于具有漫长而寒冷的户外气候的国家有重要意义，对于其他气候地区也具有重要意义。在南欧地区，大量建筑并未采用任何供暖设施，因此可接受的室内舒适度，只能通过提高绝热效果而实现。而对于中东地区一些户外温度高达50℃的国家来说，温度梯度（户外/室内温度，25—30K）和德国几乎一样，只不过室内和户外的关系正好反过来。建筑不是向外散热，而是从户外吸收热量。为了保持温度舒适度，中东地区的建筑需要的不是供暖而是降温。当然，也有一些气候带，由于大陆性或户外气候原因，并不需要很好的绝热效果。例如，在中部非洲地区，昼夜、冬夏户外温差都不大，处于10℃—30℃的区间。不过这些地区也需要一定的绝热措施，特别是考虑到由于湿度带来的损害（户外湿度非常大）和隔声的需要（如果户外噪声较大的话）。

可调节的绝热措施 设计出可调整的绝热措施一直是节能建筑领域的目标之一。20世纪90年代，双层幕墙的部分位置安装了电动窗扇，可以关闭建筑的空气入口，在太阳光照射期间，阻止建筑散热，从而形成"冬季花园效应"（图C1.11）。当外部温度较高时，则可以打开窗扇，从而避免室内温度过高。另一项调节夏季和冬季绝热效果的措施是采用覆箔形式的透明薄膜，在室内吊顶以不同距离层层覆膜，从而在薄膜之间形成不同的空气缓冲带。各层薄膜共同形成良好的绝热效果。图C1.12和图C1.13以一座透明的客户服务中心作为研究对象，反映了绝热薄膜的示例。冬季，底层可移动的薄膜将使用空间封闭在一定的高度，从而在建筑外围护结构区域和使用空间之间形成了一个缓冲带，缓冲带中自然升高的温度降低了使用空间和外界的温差，同时保持了建筑构造的透明度。使用区域需要供暖的空气容积减少了，从而更加节能。夏季，所有薄膜恢复到建筑造型的位置。这意味着，一方面，各层薄膜在很大程度上隔绝了太阳的热量；另一方面，客户服

图C1.11　客户服务中心竞赛项目设计的户外和室内效果图（建筑设计：杜塞尔多夫，Petzinka Pink Technologische Architektur®）

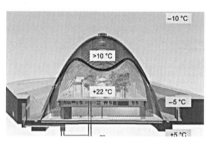

图C1.12　夏季室内运行温度（通过增加室内空间容积形成热分层效应，由此为空间下部带来舒适的温度）（见彩页）

图C1.13　冬季室内运行温度（通过减少供暖的客户中心室内空间容积，以降低供暖能耗，并在屋面区域形成节能缓冲区）（见彩页）

图C1.14　德国波鸿世纪大厅（建筑设计：杜塞尔多夫，Petzinka Pink Technologische Architektur®）

务中心的使用空间也扩大到原有规模，从而实现最佳的热分层效应，能将凉爽的进风引导到较低的空间区域，而温热空气则向上流动，并通过可控的通风窗盖，从屋面排出。通过热分层效应，可充分利用整个建筑高度：冷空气聚集在底部，热空气向顶部流动。这一做法可将制冷荷载保持在较低水平。

以需求为导向的绝热措施　从节能角度考虑，除了户外气候，建筑的使用方式也是适当绝热措施选择的决定性因素之一。通常，通过提高绝热效果减少建筑向外界散热和（或）阻止热量从外部进入建筑（当室内需要制冷时）是不错的想法。对于拥有大型室内热源和巨大的空间纵深的建筑类型（例如商场）而言，对于像中欧地区这样的气候来说，较差的绝热效果可能是有利的。这是因为大型的室内热源和较大的空间纵深要求建筑设备几乎不间断地为建筑制冷，但是在中欧地区，一年中绝大部分时间气候凉爽，太好的绝热效果反而会起到反作用。德国的建筑规范中有一条例外的规定专门针对这种情况。不过，为了避免潮湿带来的损害，无论何种情况都应遵循最小绝热值的规定。

图C1.15 改建后的德国波鸿世纪大厅（建筑设计：杜塞尔多夫，Petzinka Pink Technologische Architektur®）

德国波鸿世纪大厅的改建项目就采用了需求导向的绝热措施，并因此成为这一领域的杰出案例（图C1.14和图C1.15）。20世纪初，这三座独立的大厅是一座燃气电厂的厂房，并同时作为工业和商业展览空间；后来也曾用作仓库和车间。由于这三座厂房可用空间的体量巨大，并受到当地历史建筑保护法案的保护，因此其绝热措施只做到了避免结构损害的程度（图C1.16）；此外，还通过模拟计算，确定了在假设容纳2000名观众的情况下保持可接受的室内舒适度所需的户外气候条件的范围（图C1.17和图C1.18）。三个大厅完全采用自然通风，这对于如此规模的大厅而言极为创新。唯一的供暖系统是地板供暖，而供暖来源主要为邻近的工业厂房。自2003年起，波鸿世纪大厅每年在5月份至10月份举办鲁尔三年展。

优化外立面框架结构测量值

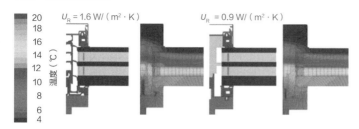

图C1.16 框架结构优化［通过采用优化措施，框架结构整体传热系数从1.6 W/（m² · K）降低到0.9W/（m² · K）］（见彩页）

高效能绝热外立面 窗户系统和单元式幕墙通过框架型材结合在一起。三层玻璃或高性能绝热面板如采用标准框架固定，则不能达到绿色建筑要求的节能特性。支柱和框架结构也必须达到高性能绝热的标准，否则就无法取得保持较高室内表面温度同时从结构上避免冷空气在立面上凝结的理想效果。除了单个构件的优化以外，还需要在规划阶段和实施阶段尽可能避免热桥效应。热桥效应不仅降低室内舒适度，还会导致更高的能源消耗。

对于建筑外立面结构而言，我们应辨别三种形式的热桥效应：第一种是几何热桥效应。由于房间容积形成巨大外墙面积，这种热桥效应会导致更大的热损耗（图C1.24）。几何热桥效应最容易辨别的形式是在建筑角部那些绝热和通风不足的房间里不断出现霉变。对于新建筑而言，几何热桥效应的负面影响通常可以通过充分的外墙绝热得以避免；对于既有建筑而言，外墙绝热通常也是对抗内墙表面凝结问题的有效手段。

热桥效应的第二种形式是与材料有关的热桥效应，通常发生在建筑外壳的连接部件（图C1.25）。随着绝热效果提高，未能进行良好规划或施工的连接部件会形成巨大的供暖能源消耗。这种情形可以在真空绝热环境中看到：真空绝热面板的单元目前通常最大尺寸为1.2m×1.0m。传热良好的面板接合处的面积比例，根据不同的面板设计，可占总面积的0.5%—10%。如果不在接缝处采取额外措施，则外墙的有效U值将为0.2W/（m² · K）而非真空绝热面板的U值为0.1W/（m² · K），绝热效能下降比例达到100%。对于使用传统绝热物质，同样建议采用极端温度绝热结构，尽可能避免热桥效应。任何未经热解耦的面板锚固件及地锚和支撑轨都会导致热损耗水平的升高。

热桥效应的第三种形式可以追溯到建筑构造（图C1.26）。这种情形大部分发生在规划阶段，如能够

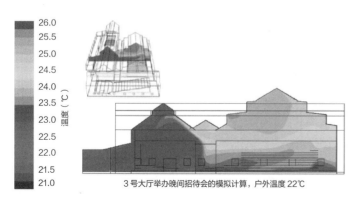

3号大厅举办晚间招待会的模拟计算，户外温度22℃

图C1.17 空气流动模拟结果（3号大厅举办晚间招待会时的室内温度安排；1号大厅未使用，因此将其作休息间隙的新鲜空气储存空间）（见彩页）

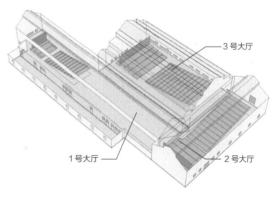

图C1.18 世纪大厅的三维模拟模型

尽早发现，便可通过变更材料或构造进行应对。这方面的典型例子就是穿过幕墙的悬挑阳台面板或钢制吊顶支架。这些热桥通过有时占极大比例的、传热良好且能连通户外的室内构件区域将大部分的热能传到户外。通常，这种现象只发生在这些邻近立面的构件表面冷却的连接处。因此，除了热损耗外，我们还需预防水汽凝结的损害。对于钢结构和钢筋混凝土结构来说，建筑材料技术为解决这些热桥效应的热解耦或绝热提供了许多解决方案；而要准确确定哪一种技术措施是最经济适用的，则可以通过热桥效应分析进行决策（图C1.19）。在进行热桥效应的计算时，可考虑数个热环境要求的备选方案，然后再确定最经济适用的。

改善建筑**气密性**，对于全部气候带的所有绿色建筑来说都是一个重要因素。在北欧地区和中欧地区，绝热效果不佳的建筑增加了整体供暖需求的能耗；而欧洲南部的国家则需将建筑内过多的热量排出。这种情况经常发生，因为室内的空调单元在室内形成了比户外更高的气压，这就意味着户外空气无法进入到室内。但如果不运行空调系统，情况会怎样？如果所在地区

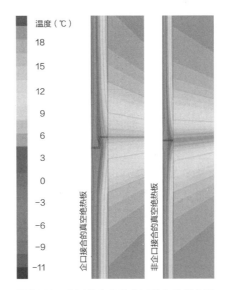

图C1.19 企口接合和非企口接合的真空绝热板的热桥效应计算（见彩页）

图C1.20 不同玻璃和窗户类型的整体传热系数U_W值（见彩页）

炎热潮湿，那么问题会更大，因为在建筑气密性不佳的情况下，空调设备需要不间断运转才能保持建筑的凉爽干燥。

对于气密性良好的建筑，其优点和缺点相伴而生：自然渗透越少，寒冷的季节里关键部位水汽凝结的风险越高（几何热桥效应）。为了避免这种情况，对于高度绝热和气密性良好的建筑，我们通常采用具有余热回收功能的机械通风。相比气密性差的建筑，这样能够节约大量能源。

图C1.20—图C1.23反映了建筑外立面结构区域各种结构件的绝热目标值（整体传热系数U_W）和建筑气密性（接缝透气性作为衡量气密性的测量值）。除了前文提及的特殊构造是特例情况外，其他情况下均应严格执行这些目标值，从而实现节约供暖能源消耗的目标。

U 值 [W/ (m² · K)]

未来的:
真空绝热玻璃 —— 0.05

—— 0.10

节能性能最优化 —— 0.20

标准:
12cm WLG 035 —— 0.35

避免结构损伤 —— 0.50

图C1.21 外墙的整体传热系数*U*值（见彩页）

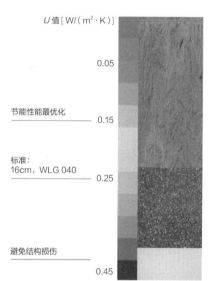

U 值 [W/ (m² · K)]

—— 0.05

节能性能最优化 —— 0.15

标准:
16cm，WLG 040 —— 0.25

避免结构损伤 —— 0.45

图C1.22 屋面的整体传热系数*U*的参数（见彩页）

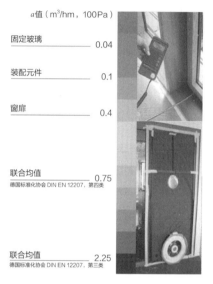

a 值（m³/hm，100Pa）

固定玻璃 —— 0.04

装配元件 —— 0.1

窗扉 —— 0.4

联合均值 —— 0.75
德国标准化协会 DIN EN 12207，第四类

联合均值 —— 2.25
德国标准化协会 DIN EN 12207，第三类

图C1.23 不同立面接缝透气率*a*值（见彩页）

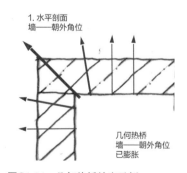

图C1.24 几何热桥效应示例

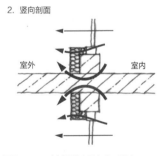

图C1.25 材料热桥效应示例

图C1.26 结构热桥效应示例

遮阳

图C1.27 法赫德国王国家图书馆，沙特阿拉伯利雅得（建筑设计：多特蒙德，盖博建筑师事务所）

　　对绿色建筑来说，良好的遮阳是建筑重要的设计构件，目的是为建筑物。抵御强烈的直射阳光，从而尽可能减少用于制冷的能源消耗和预期的制冷荷载。遮阳措施需要根据外墙玻璃的布置方式和种类而定，并可以通过固定或活动的构件而加以控制。除了考虑具体地理位置太阳的角度，对于设置在建筑外部的活动遮阳装置而言，我们在方案设计阶段还需要考虑风稳定性。外墙玻璃和遮阳措施对房间自然采光量的影响，与房间制冷所需能源和人工照明之间存在直接的比例关系。

　　遮阳措施的需求很大程度上与其使用位置和使用类型无关。当然，对不同的气候带和设计意图来说，也有不同的方法进行遮阳。不过，无论采取什么方法，都需要满足同样的有效遮阳要求。图C1.28反映了幕墙的有效总能源渗透率级别的遮阳目标值。有效总能源渗透率级别由外墙窗户区域的比例（室内比例）和玻璃与遮阳设施相加时的总能源渗透率级别构成。较小的窗户区域应采用遮阳效果较低的措施，例如透明遮光帘。较大的窗户区域则需在建筑外部设置更有效的遮阳装置。建筑内部的遮阳装置受热后，对制冷的能源消耗以及幕墙附近的局部作用温度会造成负面影响。在选择适当的遮阳系统时，特别是采取建筑内部遮阳措施时，结合相应的玻璃类型来计算总能源渗透率尤为重要。目前，许多生产厂家提供的数值都是针对建筑外部遮阳系统的。

　　气候炎热地区通常位于太阳迅速升高到天空的纬度区。在这些地

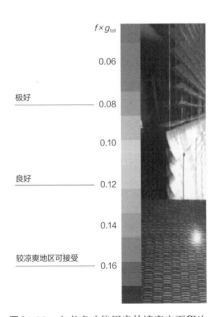

$f \times g_{tot}$

- 0.06
- 极好　　0.08
- 0.10
- 良好　　0.12
- 0.14
- 较凉爽地区可接受　　0.16

图C1.28 在考虑功能用房外墙窗户面积比例 f 的情形下，总能源渗透率参数 g_{tot}（总能源渗透率由建筑物的玻璃和遮阳装置的特征决定，再乘以窗户面积比例则可计算出功能用房的能耗参数。该参数在很大程度上决定了制冷的能耗及夏季室内的舒适度）（见彩页）

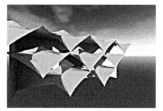 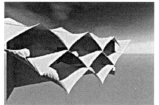 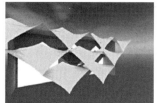 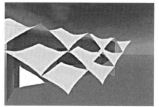

12月，上午7：00　　　　　　12月，上午9：00　　　　　　6月，上午6：00　　　　　　6月，上午7：00

图C1.29　帆状遮阳装置的遮阳程度视觉效果图（取决于季节和日照因素）

区，推荐采用固定的遮阳装置，因为在大多数情况下全年都需要遮阳。图C1.27所示是沙特阿拉伯法赫德国王国家图书馆的帆状遮阳装置。通过三维模拟计算，帆状的几何形状最能够获得太阳能增益最佳遮阳效果（图C1.29），同时能保证视野（图C1.30）。除了直接阳光辐射，通过幕墙或帆状结构反射的散射太阳光也需予以考虑。

在**强风地区**，通常有三种方式可实现充足的夏季隔热效果：第一种是建筑外部的固定遮阳装置，通常采用屋面凸出的形式。不过这种方式只能为南方太阳高照的国家提供充分的遮阳，且只有在阳光直射的情况下才可发挥作用。在中欧地区，还需在南向设置额外的遮阳措施。第二种是安装悬挑玻璃结构，作为防风遮阳挡板，以双层幕墙为典型代表。第三种是采用活动的防风装置。这些装置可采用多种材料，如木制、铝质甚至彩釉玻璃。如需要在遮阳玻璃后的室内安装遮阳板，在中欧地区，通常会导致过高的有效总能源渗透率级别，除非外墙玻璃区域比例非常低，仅有30%—40%。不过，这又会大幅降低日光照射率，除了产生不好的心理影响外，还会增加人工照明所需的能源消耗。只有在北欧的一些地区，温暖而日照充分的日子比较少，从节约能源的角度，可以采用较大的玻璃幕墙，同时在建筑内部安装遮阳系统。

在翻新和改造列入文物**保护**的建筑物外墙时，通常在处理夏季隔热的问题上会遇到建筑设计和能源消耗之间的冲突。出于美观考虑，

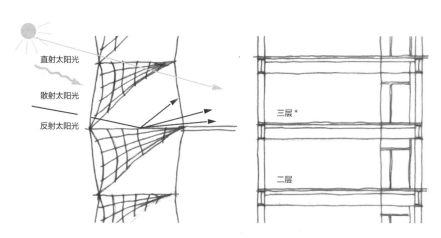

图C1.30　计算入射太阳光的模拟模型（取决于帆状结构的几何形状和太阳的位置）

---

*　德国建筑的首层叫首层，1层指的是中国的二层，2层指的是中国的三层，以此类推。——译者注

加装外部遮阳装置通常不可行。然而，改建后的室内环境又必须保持舒适的温度。与新建写字楼不同，老旧的办公楼通常蓄热蓄冷能力很低（例如吊顶的厚度不到15cm）。因此，制冷能源消耗飙升。图C1.31反映了汉堡 Kaiserhof 写字楼的情况：属于文物保护的建筑外墙当时几乎要整个重建，但最后还是只在底部进行了唯一一处加建。活板窗背后安装了活动的遮阳装置，同时具有防眩光效果。在活板窗之后一定距离的位置，安装了推拉玻璃窗，用户可在任何时候推拉窗户。冬季，活板窗上部打开，形成自然通风；夏季，两边活板窗都打开。室内可推拉的玻璃窗则仍然由用户根据户外气候（风、太阳、温度）自主开关。夏季可打开活板窗，一直保持遮阳装置的自然通风，这意味着室内制冷荷载始终保持较低水平。晚上，活板窗也可以提供很好的夜间通风（图C1.32）。

图C1.31　汉堡的Kaiserhof办公塔楼（建筑设计：汉堡，Winking 教授建筑师事务所）

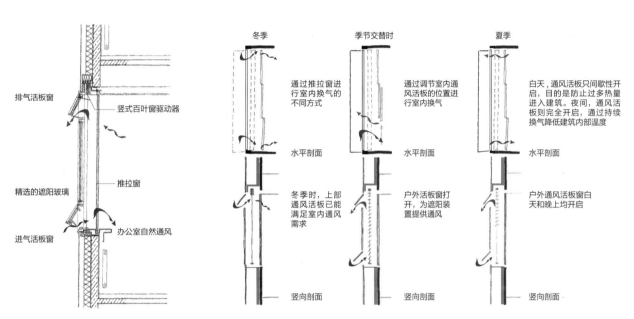

图C1.32 Kaiserhof写字楼的外墙和通风概念设计

当然，遮阳装置也是幕墙和建筑的**设计元素**。在大部分中欧地区只需要在夏季进行遮阳；但在欧洲南部国家，则全年都需要。因此，遮阳保护装置也是建筑外部造型的一个重要因素。绿色建筑的判定标准不仅是设计，还必须证明其节能；但在另一方面，建筑也需要销售和租赁出去，因此设计的美观性毋庸置疑是需要考虑的因素。

图C1.33反映了另一种遮阳保护设计方案。建筑外部的活动百叶窗采用独立铝条板构成；在夏季太阳高挂时，百叶窗升高，在建筑南侧提供良好的遮阳效果；当太阳位置较低时，活动百叶窗自动降下。铝条板的间距和倾斜角度通过模拟技术，根据能源和采光量以及建筑朝向预先设定。

能够折射自然光的遮阳装置。室外百叶是效率最高的遮阳装置之一，能够满足节能、采光量、可见度和灵活性的所有要求。如果采用标准的室外百叶，只需稍作改动，就能达到高度防风、通透、自然采光和遮阳的效果。凹形打孔竖式百叶制成的百叶窗便是一个很好的例子，能实现极好的自然采光和朝外的视野。

另一种形式的室外百叶是将室外百叶的百叶上部折叠，与下部形成不同的角度。这种形式既经济又能保证良好的自然采光。还有一种更好的自然采光形式，即结合幕墙上部区域的采光系统和幕墙其他部位的室外百叶（图C1.34）进行采光。不过，如果采用这种形式，则需确定采光控制装置能在夏季实现良好的防眩光效果（图C1.35）。

图C1.33　慕尼黑Campeon写字楼的折叠式百叶（建筑设计：Maier Neuberger Projekte GmbH 项目有限责任公司）

图C1.34　具有遮蔽自然光功能的百叶

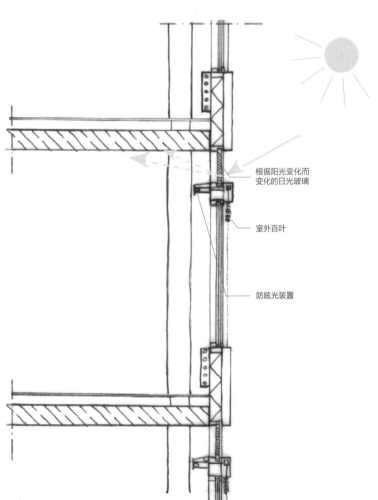

根据阳光变化而变化的日光玻璃

室外百叶

防眩光装置

图C1.35　杜塞尔多夫VDI写字楼的外墙剖面（外墙上部区域采用固定的日光控制系统，外墙下部通过室外百叶提供有效遮阳并保持防眩光）

防眩光

图C1.36　在无遮阳装置的情况下，防眩光装置的透光率T_L（透光率从根本上决定了窗户区域的光照分布以及视觉舒适度）（见彩页）

视觉效果图——办公室工位

伪彩色图像——亮度分布

图C1.37　通过自然光模拟模式进行亮度检查（由于外部遮阳装置的遮光作用，办公区域远场亮度目标值低于1500cd/m²）（见彩页）

配备电脑的办公场所必须设置足够的防眩光保护，以降低近场和远场光亮度。防眩光保护能够防止显示器之间的互相干扰以及光线过于耀眼。在这方面，所有的眩光源都需要纳入考虑：照射办公室玻璃及其邻近区域的太阳光、天空的可见部分、防眩光装置的光亮以及孔洞、狭缝（开缝）等防眩光保护设计导致的光亮度大幅差异等。防眩光保护的透光率以及开缝共同决定了整个房间的可预见光照。图C1.36反映了为实现配备电脑的办公区域的温度舒适度而需要达到的防眩光装置的透光率目标值。我们假设防眩光装置安装在隔热玻璃后的位置，且不设置建筑外遮阳。

如果防眩光保护导致透光率低，则防止了对比度过高；但是，按照一般规律，这在很大程度上不仅限制了自然采光和窗户的使用，而且限制了有利于心理健康的与外界的视觉接触。为了避免这种后果，总体上有两种可行的解决方案：

第一种，利用原有的外遮阳装置来进行防眩光保护，这只需要最低程度的室内防眩光保护，前提条件是遮阳装置能保证充足的透光。并非所有的遮阳措施都能满足这一前提条件。此外，还需要确认当地风的情况，为了安全起见，需确定室外遮阳装置需要被拉起的频率。光照分布，如图C1.37所示，是可以比较精确地、提前通过自然采光模拟进行计算的。

第二种方案是反转防眩光装置的运动方向，采用从下到上的运动方向。根据建筑结构和家具的情况，可在保证房间通过建筑外墙上部区域进行自然采光的情况下，提供充分的防眩光保护。D章的"码头区"项目就是这方面的例子。

如果防眩光保护装置不是出于工作场所显示屏的考虑，则可以采用更为通透的设计，如内设由玻璃围合而成的多功能大厅。

自然采光的应用

是否有足够的日光，首先取决于建筑物的形式，其次由外立面设计决定。遮蔽阳光的阴影可来自建筑本身或邻近建筑。在建筑设计中，必须注意为功能区提供充足的采光。图C1.38反映了与遮蔽物保持足够距离的一些导则。这些因素表明，如果内庭太狭窄或者凸出构件太大，损失的采光率可能达到30%—50%。对于玻璃屋面的中庭来说，就算只是单层玻璃的玻璃屋面，也会导致采光率减少30%—40%。除了玻璃本身，屋架结构的遮蔽及屋面的污染程度较高都是造成采光率减少的原因（图C1.39）。

图C1.41反映了玻璃屋面对室内中央空间自然采光影响的指导值。此图中，考虑了玻璃的透光率和污染程度，以及建筑相互遮挡带来的影响。

对于有人使用的功能用房而言，其外立面设计考虑采光量的最重要的因素是玻璃窗户面积占比，窗槛高度以及玻璃和遮阳系统的透光率特性。由于在绝大多数地区桌面以上都需要自然采光，外立面下部区域的玻璃对提高房间光亮度只有极小的影响。当窗户区域占外墙的比例为60%—70%，且外墙玻璃正确安装的情况下，房间本身内部的自然采光最佳。当窗户的窗槛高度降到最低（图C1.40）时，可实现最佳的采光效果。通过外立面上部区域照射到房间内的自然光，即使没有来自吊顶、地板和内墙的反射，就能够达到房间最纵深的区域。如果采光率由于窗槛高度的升高而减小，则只能通过提高房间界面（包括地板）的反射性来进行补偿。但在大多数情况下，这种补偿不太可能。因为，一般来说，吊顶通常会设计得较为明亮，因此达不到非常高的反射率。地板的材料和颜色通常由其他标准决定，比如卫生和清洁的考虑，这也意味着设计中能够采取的措施非常有限。

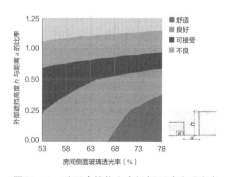

图C1.38 对面建筑物和房间侧面玻璃透光率对房间内部光照水平的影响（见彩页）

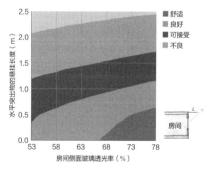

图C1.39 户外水平突出物和房间侧面玻璃透光率对房间内部的光照水平的影响（边缘条件：地板反射20%；内墙反射50%；吊顶反射70%；外立面反射20%；室内净高3m；梁高度0.2m）（见彩页）

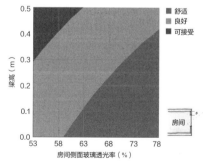

图C1.40 梁高与房间侧墙玻璃透光率对房间内部光照水平的影响（边界条件：地板反射20%；内墙反射50%；吊顶反射70%；外立面反射20%；房间净高3m）（见彩页）

玻璃的透光率特性以及遮阳装置，都对房间内部的明亮程度具有直接影响。例如，遮阳层总是降低透光率。中性涂层具有光谱效应，意味着允许太阳光谱的绝大多数部分穿透，而部分光谱，比如紫外线和长波红外线则被反射或吸收。上文各图反映了透光率对自然采光效果的影响。不具有光谱效应的遮阳玻璃窗因其不符合欧洲绿色建筑的要求，因此不予考虑。

尽管玻璃的透光率几乎是均衡的，但对遮阳系统来说就是可变的了。这通常用于自然采光系统。自然采光最简单的方式是通过室外百叶窗。在所谓的"切断"模式下，散射太阳光能够进入房间，而不会导致过热。如果上部板条水平布置，而下部板条竖向布置，则大部分日光能够从外立面上部区域照射到房间深处。如果房间进深过长（超过5m），那么只能通过采用高反射度的外部板条和导光吊顶。采用这些措施可以获得较高的视觉舒适度，因为即便单向自然照明的房间也能够获得平均的光亮度。通过

标准板条的日光跟踪，根据太阳光的方向，全年各种天气情况下都能得到基本相似的效果。从图C1.42可以看到，遮阳系统的质量（透光率和控制方面）可以与标准室外百叶窗（无自然光折射的自动运转系统）相比。达到"令人满意"级别

的标准室外百叶窗是节能而舒适的系统，具有一定程度的自然采光功能，并能通过垂挂控制系统非常有效地运作；尽管这也取决于现状的遮挡情况和遮阳措施，但也能够保证房间最大限度地利用自然采光。

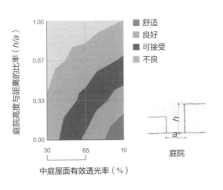

图C1.41 建筑物外围护结构和屋面有效透光率对房间内部采光程度的影响［中庭玻璃屋面有效透光率由屋面玻璃占比（80%—90%）、污染因素（85%—95%）和屋面玻璃透光率（60%—90%）决定；边界条件：地板反射20%、内壁反射50%、吊顶反射70%、外立面反射20%、室内净高3m、梁高度0.2m、办公室玻璃的透光率73%］（见彩页）

图C1.42 基于现有日光折射系统之上的遮阳系统分类（见彩页）

噪声防护

图C1.43　德国Neudorfer Tors大楼立面特写（建筑设计：奥伯豪森，Rasbach建筑师事务所）

隔声防护规划设计的首要任务是为独立的建筑构件进行隔声设计。这适用于建筑外围护结构（从外部进行隔声）及内墙和吊顶（从内部进行隔声）。根据对节能建筑的规定，建筑构件必须同时拥有几项功能：当房间需要通过可开启窗扇通风时，面向交通繁忙道路的外立面必须具有降噪声功能。

双层外立面　在20世纪90年代的德国，许多建筑采用了双层外立面，事实上，出于技术或能耗的考虑，不是任何地点、任何建筑都需要双层外立面的。过去几年中，随

着人们越来越注重建筑生命周期成本与室内舒适度，现在只在必要时才会建造双层外立面。就新建筑而言，双层外立面只不过有两个好处罢了：降低风对遮阳装置和窗户通风装置的影响；降低声音穿透水平。图C1.45展示了通过调整外墙玻璃的比例改善隔声效果。出于内侧立面通风的需要，外侧立面开窗面积至少为立面面积的7.5%—10%，内侧安装了封闭窗户的室内可能减少4—7dB的噪声，而同一位置的可倾斜开启窗户最高可减少10dB。在户外噪声级平均值为65—75dB（A）的区域，为了确保室内声级为可接受的50—55dB（A），安装双层外立面才有意义。自然地，需要精确测量一天中户外噪声级的变化，因为如果出现频繁的高噪声峰值，外挂的立面将无法有效吸收这些噪声。上述数值仅仅用于对噪声防护的要求及所采取措施的正确性进行初步检查。

隔声与窗户通风——避免过热，在对杜伊斯堡的Neudorfer Tors大楼立面进行概念化设计时，采取了一种与众不同的方式，旨在通过工程构造方法（图C1.43），将噪声等级至少降低5dB。由于双层立面通常会导致物理温度过高，因此必

须避免这些现象。解决方法就是建造一个由两组分离的结构构件组成的立面：较大部分的立面区域为典型的双层立面，立面间隙装有内侧通风的防晒装置，但是房间没有对外开窗。根据房间的灵活性，在这些区域之间布置了环状的吸声肋板，肋板后是方便开窗的位置。肋板的下部穿孔，上部光滑，使雨水通过。这些肋板垂直重叠排放，目的是全年防晒（图C1.44）。空气噪声防护测量显示，无论窗口大小，噪声都可减少6dB。这就为用户带来一项极大的好处：可以像往常一

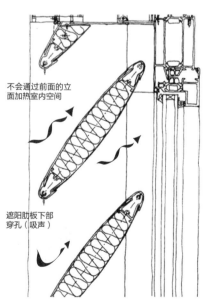

不会通过前面的立面加热室内空间

遮阳肋板下部穿孔（吸声）

图C1.44　外立面上遮阳肋板的细部

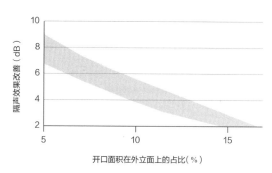

图C1.45 开口面积占比和立面走廊吸声程度对双层立面隔声的影响

图C1.46 德国杜塞尔多夫翻新的柏林人大道写字楼效果图（建筑设计：杜塞尔多夫市，Bartels und Graffenberger建筑师事务所）

样开窗，只需要考虑风的影响因素来决定是倾斜开窗进行持续通风还是完全打开进行短暂通风。

隔声与窗户通风——混合立面 杜塞尔多夫的柏林大道写字楼是一栋20世纪50年代建成的建筑，坐落在一条交通繁忙的大路旁（图C1.46）。客户希望用创新理念翻新这栋建筑，既拥有双层立面的长处，同时又尽可能回避其短处。在建筑师和客户的共同努力下，一个混合立面建成了，立面的结构严格遵循现有建筑的中心到中心的网格形式，每隔一条立面轴线安装隔声玻璃，即使是最小的办公空间也拥有两种不同的窗户通风选择。在隔声玻璃的区域，在外立面空腔内安装了一个遮阳装置，空腔通过进气槽通风。部分废气通过立面上部的一条小排气槽排出，但是大部分废气是通过支柱附近的通气管向上、向外自然排放出去的（图C1.47）。这种设计有如下好处：

- 在传统可开启窗通风加上一个

外部遮阳装置区域，用户可以采用临时通风的方式与户外空气直接接触，同时可避免过热的户外空气进入室内。

- 在设置额外安装的隔声玻璃区域，用户实际上可以在全年大部分时间里通过可开启

窗通风，且不会受噪声影响。由于在支柱附近安装了通气竖管，外层立面的开窗面积可以减少，这既提高了隔声水平，同时又保持了高水准的通风。

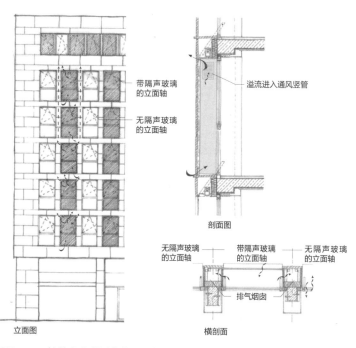

图C1.47 柏林人大道写字楼通风与隔声设计（外立面的立面图、剖面图和横剖面图）（见彩页）

外立面结构质量

过去数十年里，外立面设计已经发生了很大变化。今天，节能建筑的立面设计除了满足结构的要求外，还需要为室内舒适度提供最佳的条件（图C1.48）。因此，必须将所有跟能源相关的部分，例如：

- 绝热，遮阳，防眩光，隔声；
- 自然采光；
- 自然通风及气密性；组合成一个整体。其目标是，用优化后的建筑方案将技术设施的能耗降至最低。

但是，考虑到建筑生命周期的费用，还需要解决以下问题：

- 防雨及防风的密闭性；
- 清洁方案；
- 消防设施；
- 雨水排水；
- 运作可靠性。

立面是建筑最重要的组成部分之一，因此，立面设计方案必须从一开始就应满足室内气候和使用的要求。而在能源需求方面，可以通过建筑热模拟、流体模拟或实验室试验得出所需数据。在深入规划的过程中，根据需要，立面甚至可以最大按照1∶1的比例进行详细设计（图C1.49）。然后，为了测试方案效果，对于较大的建筑项目常会制作一个立面样本件，以便对立面进行评估。与其他的建筑组件不同，外立面一旦投入使用，单独的立面构件既无法测量，也不能改变或优化。因此，在外立面生产及安装之前，必须通过实验室试验对其所有重要的特性进行测试。这些特性包括：

- 防雨水渗透性；
- 构件的气密性；
- 对气候变化的适应性；
- 可活动构件的稳定性（长时间测试，15000h）；
- 防晒玻璃的总能量透射度。

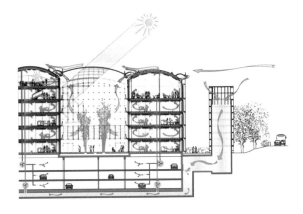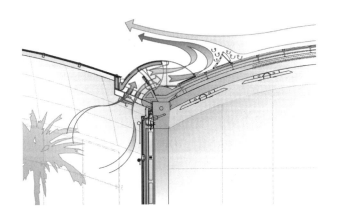

图C1.48 德国法兰克福汉莎航空中心的中庭自然通风理念（建筑设计：杜塞尔多夫，Ingenhoven建筑师事务所）（见彩页）

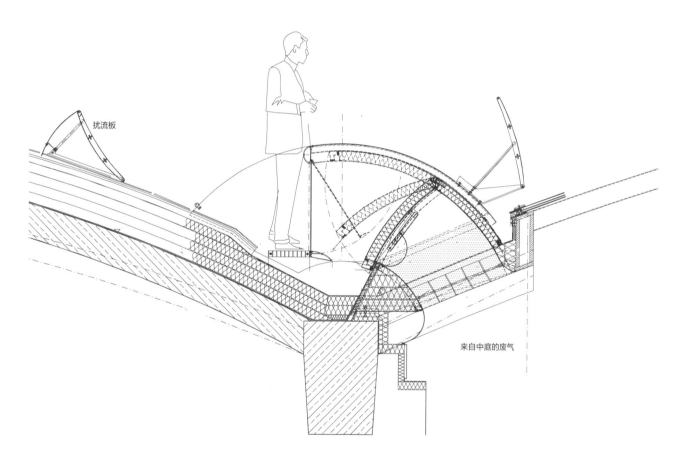

扰流板

来自中庭的废气

 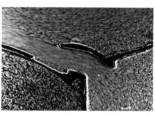 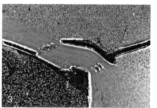 

图C1.49 该组图片显示的是法兰克福汉莎航空中心中庭用于自然散热的排风活板的细部图（该排风活板系为本项目特制。在安装之前，通过水槽模型试验对其进行了空气动力学优化试验。优化各阶段情况详见图1—图4。可以看到，通过使用特殊形状的排风管，排风系统内的空气湍流减弱，提高了排风系统的能效。在屋面结构中，通过在距离屋面开口2m处设置一块扰流板，确保气流以符合空气动力学的方式排出，从而实现比传统的屋面排风孔更高的通风效率）

建筑材料及室内布置

无论用户是否意识到这些影响，**建筑材料的有害气体排放**对用户的健康舒适感有着决定性的作用。通常而言，所使用的材料应当无气味并符合以下环保建筑的上限标准：

- 挥发性有机化合物（TVOC）的总排放率：小于0.2mg/（m²·h）；
- 甲醛排放：小于0.05mg/（m²·h）；
- 氨排放：小于0.03mg/（m²·h）；
- 致癌物排放（国际癌症研究机构）：小于0.005mg/（m²·h）。

由于建筑一旦建成，便很难改变室内空气成分（只能通过窗户通风提高换气率），因此在设计和施工阶段就应当使用低排放或零排放的材料。然而，这说易行难：一方面，许多供应商并不了解其提供的产品的排放量或者毒理学性质；另一方面，如果在组装时使用了未申报的辅助剂（合成树脂稀释、底漆），或是在最终的清洗过程中使用了错误的清洗剂，那么之前所有的环保措施都将被抵消。

仅仅在几年前，大部分有害气体还主要是由墙漆和地毯排放的。但今天的市场上已经有许多针对这种材料的不含溶剂和低排放的产品，因此它们几乎不会对室内空气产生任何影响。相反，我们现在应当注意那些到目前为止不被注意的材料：

- 金属涂层，例如导轨、门框等上使用的氧化铁清漆和特效漆；
- 金属箔粘接及重新接合的底漆；
- 用于地毯边缘条和小面积地板覆盖物的万能胶；
- 组件受损粉末涂层用的修补漆；
- 技术设备用的隔热材料及消防设备组件。

这一列表可以无限延长，因为在每一个建筑工程中，使用多少意想不到的辅助建材，就会有多少意外。因此，这使得尽可能早地记录所有的材料和辅助材料比预期的所有完成交易都更重要。在市场上销售之前，需要由供应商全面申报并配备安全证书。只有这样才能允许排放。同样重要的是监控建筑工地的活动，以确保用的的确是那些申报过的产品而不是库存产品。《建筑生态学》是一本有用的建筑项目总负责工作指南（图C1.50）。

图C1.50　建筑涂层与涂料要求（来源于Drees&Sommer公司，摘录自建筑项目总负责工作指南《建筑生态学》）

建筑

图C1.51　位于德国柏林的北莱茵-威斯特法伦州代表处大楼（建筑设计：杜塞尔多夫市，Petzinka Pink Technologische Architektur®）

　　从**一次能源消耗的角度**对一个建设项目的可持续性进行评估时，一方面要考量建材和结构设计的生命周期，另一方面还需要考虑整栋建筑的生命周期。大面积地使用可再生的木材作为建筑材料的一个案例是位于柏林的北莱茵-威斯特法伦州的代表处大楼（图C1.51）。

　　选择材料时，也需要考虑材料特性和其他能源之间的相互作用。例如，如果采用当地产木材作为支撑结构，便可以节省大量用于生产混凝土或钢的能源。然而，由于木材的蓄热蓄冷能力小于混凝土，每年用于制冷的能源消耗更多。从能源综合消耗的角度看整个建筑的生命周期，对能源消耗的影响其实是负面的。图C1.52展示了如何将木材的蓄热蓄冷能力调节至混凝土的水平。对于木材支撑结构，可用PCM涂层的石膏板作为衬底。PCM

（相变材料）是一种新型的建筑材料，通过改变其聚集状态存储热量。例如，1—1.5cm厚的纯PCM分层吊顶便可达到与约20cm厚钢筋混凝土同等的蓄热蓄冷能力。通过这种方式，可节省在建筑生命周期中所消耗的一次能源的3%—5%。

　　与深受气候影响的建筑外部用材不同，室内用材可更多地使用可再生原材料产品。例如，可以继续采用当地产木材制造多种板材和建筑构件。此外，还可以使用可再生的原材料替代多种含有矿物油的物质和纤维绝缘材料。尽管木纤维、羊毛、麻或亚麻绝缘材料在整个市场并不流行——考虑到其高昂的价格，也不太可能流行——使用自然及（或）可再生纤维材料进行隔声绝热，实现良好的室内声学效果给建筑商提供了多种选择的可能性。用于吊顶的吸声板，或者地面

砂浆底层下的撞击噪声绝缘材料都是很好的例子。

　　原油价格的不断上涨，使得替换材料和涂料中的矿物油具有了吸引力。在合成树脂涂料和沥青密封剂中用植物油替换矿物油的产品在市场上已经取得成功。通常情况下，如果普通建筑使用同等的技术标准评价常规产品，而绿色建筑上必须使用可再生原料制成的建筑材料。

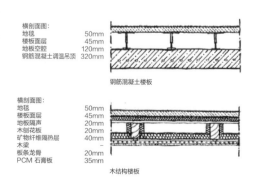

图C1.52　对木质和混凝土吊顶进行近似蓄热蓄冷能力和隔声质量的吊顶的比较

室内声学设计

图C1.53　Burda传媒公园内景图（建筑设计：杜塞尔多夫，Ingenhoven建筑师事务所）

当代室内声学设计的特点是其多样性及对整体方案的适应性。但是，即使是最好的声学设计方案也常常要受节能措施的制约，忽视声学要求会严重影响室内整体舒适度，故必须找到整体的解决方案，该方案应当包括房间舒适度的所有要求并确保达到节能目标。

为实现良好的室内声学效果，房间内需要设置建筑吸声降噪构件，其面积大小和吸声能力依用途而定。图C1.55显示的是根据各种规定及我们的经验每一使用单元的推荐吸声面积。根据这些数值，可以实现从最佳到可接受的各种级别室内声学环境。

在较高的频率范围（约从800Hz起）中，铺设地毯通常就足以满足吸声的要求。在相同的频率范围内，使用吸声石膏板也可有助于吸声。但是，同时使用这两种材料并不会达到额外的效果。而真正的问题在于中低频率的噪声。为了隔离此类噪声，吸声板需要设置5—10cm厚。而对于墙面面积较小的大房间，由于其中大量的吊顶空间用于提高房间的蓄热蓄冷能力，要保证室内声学舒适度相当困难。这种情况下，解决方案通常需要利用吸声设备，如使用家具进行吸声。例如，侧壁穿孔的餐边柜，门穿孔的衣柜和橱柜，或干脆是带活动扣环的开放式架子，都具有吸声性能，从而达到所需的舒适度。然而，如果设计时不充分利用这些潜力，就不可能开发出最佳的整体解决方案。现在或未来，如果不具备双重功能将不会被节能建筑的室内陈设采用（图C1.53）。

确切地说，声学效果自然也受到住户在房间内部何处以及如何摆放吸声物品的影响，根据具体的要

图C1.54　德国奥芬堡Burda传媒公园（建筑设计：杜塞尔多夫，Ingenhoven建筑师事务所）

求以及房间几何形状的复杂程度，采取简单或复杂的方法进行计算和设计。例如，接待大厅和大堂就通常用上述方法来实现功能需要。然而，语言清晰度与说话者和听众的位置息息相关。通过使用3D模拟模型，可以确定、认证房间里每一个点的语言清晰度的参数，甚至可以听到语音。无论是同一房间作不同用途而有不同的声学要求，还是更常见的情况，即建筑设

计对房间内的声音分布产生显著的影响（图C1.56），此类模拟模型都是有意义的。尤其是在第二种情况下，根据预期的语言清晰度和室内音质要求，可以在早期对替代性材料和室内陈设进行调查评价。如果大厅中有任何地方无法听到扩音器的声音，或者音乐厅中产生烦人的回声，妨碍听众享受音乐，都可能会造成声学舒适度的极大损失，相比之下，精确计算声音分布的工作

量根本不值一提。通过此类声学模拟模型也可以确定扩音器广播的质量，这是很重要的，尤其是在发生紧急情况或需要撤离时，即使空间很大，也必须确保每一个人都能听清楚扩音器所广播的内容。

对于节能建筑而言，高蓄热蓄冷能力是非常重要的。高蓄热蓄冷能力能保持室内气候平衡，也可减少散热的能源消耗。在大多数情况下，由于大面积的吊顶都被用于提

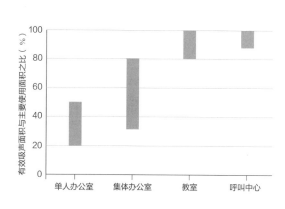

图C1.55　不同用途建筑的有效吸声面积参数

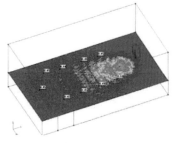

模拟1：安装隔声吊顶，只有当直接面对交流时才会有良好的语言清晰度

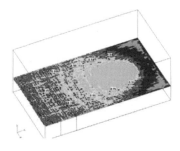

模拟2：吸声吊顶，语言清晰度能在演讲厅内平均分布

图C1.56　吸声模拟效果（讲堂左侧的图像为安装了混凝土吊顶的音量读数，右侧为隔声吊顶的读数）（见彩页）

图C1.57　有效吸声家具的例子：桌面显示器（左）；穿孔的餐边柜（中）；微钻孔门（右）

高建筑的蓄热蓄冷能力，所以必须在不同区域实施室内声学措施。试想一下，如果我们用吸声材料覆盖大面积的吊顶，房间将损失大部分蓄热蓄冷能力。这个问题在人员密集同时又有高集中度的要求房间中尤为常见，典型的例子是集体办公室和开放式办公室（图C1.58）。除了吊顶，其他可用的构件在下面的例子中展示。

例如，图C1.53和图C1.54所示Burda传媒公园，房间里都配备了主动式蓄热蓄冷吊顶，且吊顶非常高。使用吊灯，配合吸声板，作为吸声设备。这取得了非常好的室内声学效果。随后在该公司测得的数据可以确认所作的预测。跨越4层的庞大房间中，混响时间读数为0.6—1s。这符合会议室及办公室的要求。

家具是良好的消声设备。精心挑选的家具，配合地毯的使用，可获得理想的混响时间。甚至一个小小的桌面显示器也可使声音从源头衰减，中频及高频率范围噪声的吸声面积为1—1.5m^2。例如一个独立式门穿孔的餐边柜，靠墙放置时，吸声面积可达2.5—3m^2。如果经过表面处理，例如狭缝和微钻孔（图C1.57），几乎每个垂直家具表面均可以作为一个吸声器。数据表明，从隔声方面仔细选择家具，对提高声学舒适度十分有效。

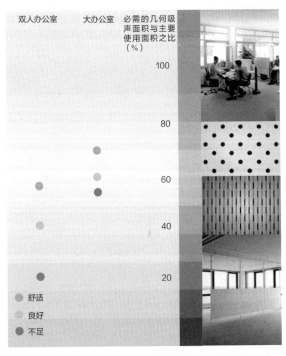

图C1.58　办公室内达到良好声学舒适度必需的吸声面积（见彩页）

智能材料

智能材料或智慧型材料是资源节约型建筑的开发施工或整体方案的主要因素之一。其目标在于从智能材料的活力和自适应品质出发，改善或完全开发其特性。在接下来的章节中，我们会讨论几个产品例子，这些产品有些已经上市，有些则即将上市。

PCM（相变材料）是石蜡或盐水混合物，能够在一定的温度下改变其状态。这些材料受热并达临界值时，便从固体变成液体。这意味着，达到一定的温度时，它们便成了蓄热体（图C1.59）。可以通过组合材料设置临界值，从而能够广泛应用。往石膏板、石膏或轻质吊顶中添加PCM，1—6cm厚的吊顶（取决于PCM的比例）与约20cm厚的钢筋混凝土吊顶的蓄热蓄冷特性相当。这意味着，即使是轻质结构，轻质吊顶也可以拥有大的蓄热蓄冷能力。图C1.60描绘了建筑模拟的结果。在轻质吊顶的房间内，操作运行温度比钢筋混凝土吊顶和混合PCM的轻质吊顶的房间高3℃。

真空立面如能满足以下条件，建筑外立面结构将具有进一步开发节能的巨大潜力：将建筑与户外气候完全隔离开来，从而保证立面内表面的温度全年保持在舒适水平。市面上很早以前就已经有几种真空绝热产品，这些产品主要用作特殊用途或翻新工程中。除了良好的绝热特性，真空立面的另一大优点是它们并不占用很大的空间：1cm厚的真空绝热立面可替代7cm厚的矿

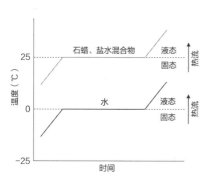

图C1.59 PCM功能的简单描述

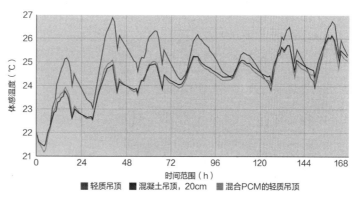

图C1.60 不同吊顶的室内体感温度轨迹（来自建筑模拟）（见彩页）

98

图C1.61　北极熊的皮毛收集太阳光，然后充当透明的保温材料，将热量保存在体内；海豚能够以最小的能量需求快速游动，因为它们皮肤的微观结构可将摩擦减至最小

物纤维绝热立面。这也是最近真空绝热玻璃进军欧洲市场的原因。真空绝热玻璃的绝热值比充氩的三层玻璃高35%。正如前述，相比之下，真空玻璃至少薄25mm且要轻得多。但是，真空立面有一个致命的缺点，那也是为什么它没有被广泛使用的原因，即其制造成本比传统产品高得多。

矿物涂层　在欧洲，选择性涂层现在成为无色太阳防护玻璃的标准。其目的是为了让能产生可见光的太阳辐射波长通过，且阻止其他无助于产生光，只产生热的波长。此功能也可应用到防晒遮阳帘上，但并不是为了防止辐射透射，而是作为反射的过滤器。如果在铝遮阳条上涂上此类涂层，则可以通过调整遮阳条的位置，获得更好的能见度。这是由于即使遮阳条打开得更宽，房间接收的太阳辐射热也很少，也就是说，遮阳更有效。

低辐射膜特性　每个个体或物体都通过对流或辐射放出热量。如果低辐射膜减少了发射到室内的辐射，则建筑的表面温度降低。这些涂层特别适合大厅和工业建筑的屋面，因为当阳光照射到屋面时，屋面的温度会大大上升，并将热量传递到其下的使用空间中。通过在玻璃表面或薄膜表面使用涂层，可以降低室内功能区域的温度，无须额外的机械制冷。

自洁玻璃　与传统玻璃相比，自洁玻璃的不同之处在于污垢很难附着，且大部分污垢通常会被雨水冲掉。这样可以防止污垢变得顽固，便于清洗。自洁玻璃制造商的目的是大大降低用于清洗外立面的成本。有三种工艺可使玻璃具备自清洁性能（图C1.62至图C1.64）。

表面疏水的氟或硅氧烷基涂层　这一过程通常称为"纳米技术"，指的是在不同类型的表面上涂覆氟或硅氧烷基材料。第二种是在现有的表面上添加一个新的表面（通常是光滑的）。氟或硅氧烷基材料与基底紧紧粘结，具有防水和防污垢的功能。纳米涂层可以粘到各种表面上，例如油漆表面。这意味着它们可以应用到许多不同类型的表面上，但如果工作环境有侵蚀性，则其寿命有限。

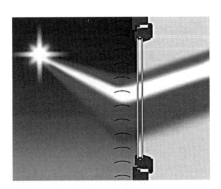

图C1.62　真空玻璃样板（见彩页）

图C1.63　选择性反射涂层遮光玻璃样板（由Warema Renkhoff有限责任公司开发）（见彩页）

图C1.64　反射涂层遮光玻璃功能的简单图示（见彩页）

二氧化钛 此种热处理玻璃涂层具有双重活性，并通过结合两种特性以实现自清洁功能。在玻璃外侧面上涂覆二氧化钛可降低其表面张力（亲水性），从而防止液滴形成。水在表面上扩散，生成薄水膜，流走时带走污垢。通过光催化处理可增强这些自洁性能（图C1.65）。二氧化钛涂层吸收紫外线，产生氧气。在此过程中，有机污垢结块溶解，附着到表面的污垢减少。

表面疏水的硅化合物 硅原子（玻璃的典型构成物质）是专门用于玻璃的涂层，可应用到新制造或现有玻璃上。通过光处理，在冷光的照射下，硅与玻璃进行化学结合并被密封。玻璃的表面结构保持不变。根据制造商的资料，新的密封层具有防水和防污垢的功能，且寿命极长。

仿生材料和仿生表面设计 在过去的几年里，仿生学已成为一个独立的科学领域。向大自然学习现已成为各行各业的方针。在建造行业中，主要是设计师在设计屋面的支撑结构时可以从新的方法中受益。例如，他们可以从树叶或蝴蝶翅膀的排列中获得灵感。在节能系统的应用上，大自然是取之不尽的宝库。具体到立面上，大自然提供了许多新奇、创新的概念（图C1.66）。例如，已经出现一些结构工程设计，是根据两栖动物皮肤微结构原理开发呼吸式建筑外立面结构。这些结构能够适应不断变化的气候条件而不损失任何能量。

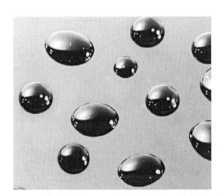

图C1.65 涂覆硅化合物涂层的自洁玻璃，表面可让水滴滚落

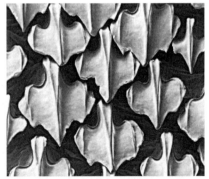

图C1.66 鲨鱼皮肤的微观结构图，这可为设计新型节能外立面提供灵感

自然资源

绿色建筑建设的一个重要目标是尽可能多地使用自然资源。能多大程度上实现此目标要取决于气候条件和建筑的用途。对于中欧的气候来说，我们制订了利用被动自然资源的规则：

规则1：对温度舒适度要求越高，对绝热和遮阳的要求也越高。

对温度舒适度的要求，通常而言，通过冬季最低室温和夏季最高室温表示。例如，在办公室中，冬季最低室温范围为20℃—22℃，夏季最高室温为25℃—27℃。这里的室温指的是内墙表面温度和空气温度的综合温度。这意味着，在冬季也间接要求较高的内墙温度，而这样的要求只有良好的绝热性能才能满足。同样地，在夏季如要满足舒适室温的需求，也有最低墙面温度的要求，反过来，只有通过高效的遮阳设施才能实现这些要求。

规则2：开发被动式能源太阳能。

用工程技术手段进一步降低供暖需求的最简单方式是利用太阳辐射热。此方式在住宅楼中最有效，

图C1.67　杜塞尔多夫城门大楼（建筑设计：杜塞尔多夫，Petzinka Pink Technologische Architektur®）

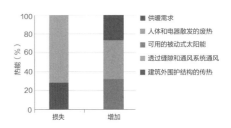

图C1.69 典型的住宅建筑（被动式能源房屋）的热平衡（见彩页）

因为每栋住宅楼通常都有一个较暖的区域（客厅）和一个较冷的区域（卧室）。如果建筑分区和朝向正确，则朝南的玻璃窗能够捕获大量的太阳辐射热。如果是砖混结构，便能最大限度地储存此类热量，阴天时可供建筑使用。其他用途的建筑也可以探索被动式太阳能利用。例如，酒店、医院和养老院在热需求方面与住宅楼非常相似。在办公和教学楼内，由于人们工作时需要使用显示器，需要遮阳，故平日无法广泛利用太阳能得热，而周末时则常常"充满"阳光。通常情况下，应当尽量不要将太阳能得热直接应用到功能房间，而是引到相邻的缓冲空间，例如中庭或可闭合的双层立面。图C1.67展示了杜塞尔多夫城门大楼的一面可闭合的双层立面。在此立面测得的数据显示，绝热效率提升了20%；这与约5%的室内空气调节所需的一次能源相当。此外，杜塞尔多夫城门大楼全封闭外立面还有一些其他的特性，遇到强风天气时，它可承受外立面双倍面积的静荷载，而且在内壁不供暖的情况下也能提高室内物体表面温度（图C1.68）。由于上述原因，在用作住宅的被动式房屋中，太阳能占建筑整体能源消耗的比例

更高，因为热量的使用效率更高。根据房屋朝向，这一比例可占到整体热损失的30%，占室内空气调节所需的一次能源比例的20%。如此高的比例表明，如果不利用太阳能，在中欧地区，被动式房屋不可能满足15kWh/（$m^2 \cdot a$）的年最低供暖需求（图C1.69）。

规则3：利用建筑结构蓄热蓄冷。

建筑的蓄热蓄冷能力显著影响室内气候和室内空气调节能源需求。极端的例子是轻质材料制成的

集装箱式建筑与厚实墙壁围成的古老城堡和要塞。对于轻型建筑，室内温度的波动几乎与户外温度的变动同时发生；而当户外温度发生变化时，大型建筑内部温度的变化要滞后很久或根本不发生。砖混结构建筑的优点在于能够平稳稳温，因为室内的热能不仅要加热室内的空气，还要加热建筑围护结构。因此，大型建筑的室内温度上升速度比轻型建筑慢一些。但是，这也有一些缺点：例如室内取暖，必须有外部能量进入，而且室内实际升温也需要更长的时间。这是由于建筑本身也需要加热。考虑到北欧和

图C1.68 杜塞尔多夫城门大楼双层外立面图

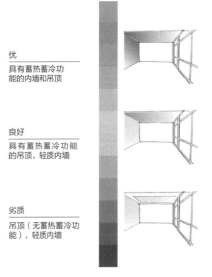

图C1.70 关于使用房间蓄热蓄冷功能的墙和吊顶布置设计（见彩页）

图C1.71 日本东京积水写字楼（建筑设计：东京鹿岛建设设计部）

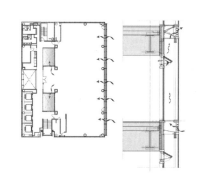

图C1.72 积水写字楼的自然通风设计方案（平面图和剖面图）

图C1.73 积水写字楼的自然通风设计方案（剖面图）

中欧的普遍气候，某一建筑物的蓄热蓄冷能力对于被动式室内散热或降低散热所需的能源消耗是非常有效的。夏季夜间温度通常较低，这可以用作一种自然的能源势能，将白天进入室内的热量引到户外。这意味着，在接下来的白天，建筑物又回到凉爽的状态，可再次吸收当天进入室内的热量。然而，该建筑必须有大量构件，效果才明显。图C1.70逐项列举了房间的蓄热蓄冷能力值。这清楚地表明，如果要使室温波动等级保持稳定，起码要保证吊顶的蓄热蓄冷能力。此外，我们还要考虑到大量的构件只需要拥有10—15cm深的蓄热蓄冷能力，因为通常在一天之内不需要更多的蓄热蓄冷量。

规则4：充分利用自然通风潜力。

在中欧地区，将户外空气用于通风和降温的潜力是巨大的。如果利用得当，每年可以替代70%以上的机械通风，且不影响舒适度。根据建筑设计方案、用户的操作方式及对舒适度的要求，甚至可能全年都只采用自然通风。由于夏季户外温度通常较低，这也蕴藏了降低制冷能源消耗的高潜力。不过在中欧炎热的夏季，降温也很困难。夜间温度一般也不低于22℃。

为了将自然的力量转化为可用的能源，设计方案必须适应不断变化的户外空气条件，如温度、风速和风向等。现在，建筑通过机械控制通风元件，其开口尺寸可根据当时的户外条件而定，或者通过手动操作外立面上不同的、可调节的通风开口来解决这一问题。

除了欧洲，在亚洲，自然通风潜力也是建筑设计中的一个重要考量因素。例如在日本，虽然夏季的气候比欧洲更湿润，然而在季节过渡期间，自然通风和制冷的潜力可

达到25%—40%。图C1.71展示了位于东京的积水写字楼。之前，该建筑配备了常规的机械排风外立面，不允许自然通风。现在，设计了自然通风的双层立面（图C1.72）。这一设计在绝热外围护结构前安装一个遮阳装置，缓解了传达到室内的热量（图C1.74）。根据当地的气候，自然通风可以在夜间或在过渡期间应用。户外的空气可以经由机械操作的通风活板进入室内，通风活板以自然的方式驱动：在建筑的中部，设置两个大通风井，空气经由屋顶排出（图C1.73）。在屋顶排放口区域，风流引起持续的抽吸作用。风力产生的压力差，加上烟囱效应，使气流穿过建筑。为了确保每层都能获得等量的空气，根据楼层和不同高度，办公室区域通向通风井的通风口需设置成不同的尺寸。各个开口的气压平衡可使用模拟技术计算得到。

另一个有效自然通风概念的

例子是德国纽伦堡Zirndorf的室内乐园（图C1.77）。该乐园是一个全玻璃大厅，也就是说，必须非常仔细地分析热荷载和冷荷载。当涉及确定最佳的室内气候时，一般的计算程序不足以胜任此类型建筑。在这种情况下，以下标准对于确定室内加热和冷却元件的尺寸和排列很重要：立面和屋顶上的冷空气下降，通风损失在高风速、使用区域的操作温度和热能浮力作用下经由连接处发生（图C1.75）。如此详细的分析，需要对建筑的热动力学行为涉及系统技术和自然通风理念的部分进行模拟计算（图C1.76）。

在设计之初，对不同的玻璃进行分析，目标是在最为合理的投资及运营支出下，实现最小制冷荷载、最小冷池和最小供暖荷载的综合效应。双层防晒玻璃立面结合三层防晒玻璃屋顶的效果最好。自然通风开口分布在整个外墙，首先是为了保证室内和户外空气能够很好地混合，其次是为了应对不同的天气条件。例如，如果户外温度为20℃—25℃，一阵轻柔的横向风可

图C1.74　积水写字楼双层立面的内景图

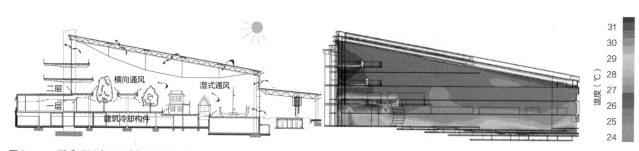

图C1.75　夏季通风布置（剖面图）（见彩页）

图C1.76　三维流体模拟（冬季运行模式下温度和气流速度的分布）（见彩页）

使坐在室内的人感到舒适。当风速更高或户外温度更低时，同样类型的风可能会让人感到不舒服，因此需要避免。在直接邻近立面的功能空间，户外空气供给是经由基本通风，气流分层和余热回收效应提供的。使用通风活板实现目标通风，将在建筑里产生的温度分层保持在稳定的水平。此外，大片的吊顶区域利用内有循环水的盘管提高建筑的蓄热蓄冷能力。

游乐园自2005年年底起开放。只有外部自然气候条件无法满足室内空气要求时，建筑的空调设施才会启用。例如，当游客人数的数量增加导致户外空气换气量不足或室内温度过高时，才开始运行通风系统。不过，任何时候，室内降温方式主要（超过60%的部分）还是通过立面活板将热风排出。

图C1.77　德国纽伦堡Zirndorf的室内乐园（建筑设计：Architekturbüro Jörg Spengler）

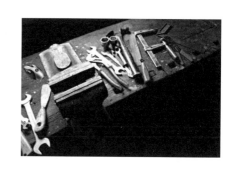

现代化规划设计工具

最先进的规划设计工具是电子数据处理（EDV）程序，这类程序可以对建筑的物理过程进行非常详尽的计算。通常而言，传统的计算程序，即基于简化的计算步骤（规范和标准）开发的计算程序，与更为复杂的模拟程序是有区别的。虽然传统的计算程序通常容易使用，却只提供简单的结果。这些结果通常是由简化的数学模型得出的，可以用来确定最高和最低气温设置或室内热荷载和（或）冷荷载。倘若涉及现实生活和不同条件下某一建筑的室内温度舒适度和操作行为，或在早期规划阶段确定能效时，这并不能提供可靠的信息。设计理念以及达到可持续性的预期水平的办法正是在规划初期制定的。现代的

模拟方法可能尚未完全取代过去简单的计算程序，但在初步设计阶段已经占有压倒性优势且现代的方法在整个规划过程中有效性更高。对建筑及外立面结构进行评估和优化，必须利用各种模拟程序，因为仅使用一种程序无法获得所有需要的数据。

使用最广泛的模拟方法是用于计算热行为（建筑热模拟）的方法，这一方法根据某一房间的平均值确定其温度舒适度。计算原理是确定该房间的整体能量平衡，在此基础上确定室内空气和墙表面的温度（图C1.78—图C1.80）。然后便可以获得房间的热行为和能源消耗的详细结果——因为不同的玻璃涂层和立面结构，轻质与重质建

材，不同程度的用户干扰（开窗/关窗，开灯/关灯），或者当地的气候波动都会对结果产生影响。除了确定舒适度外，还可以非常实际地确定加热和冷却的能量需求。另外，评估人工照明的用电需求，只有结合额外的日光模拟试验才能确定。由于此程序将自然能源潜力的动力学，例如太阳辐射、自然通风、风的影响、地热和（或）地冷，纳入考量，所以此方法是构建节能建筑的第一步。根据用户的需求修改建设理念，根据当地的气候条件优化立面设计，以及开发利用自然能源的潜力都有助于构建这样一个室内气候理念：高室内舒适度（或者至少是可以接受的）以及低建筑能源要求。通过全年的模拟，便可以展

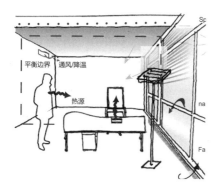

图C1.78　建筑模拟程序的平衡原理（见彩页）

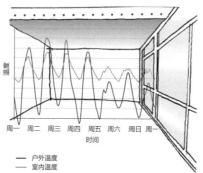

图C1.79　室内热系数模拟案例结果（温度变化轨迹）（见彩页）

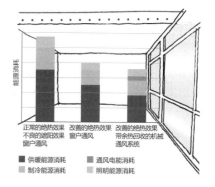

图C1.80　空间的热行为模拟案例结果（温度变化频率）（见彩页）

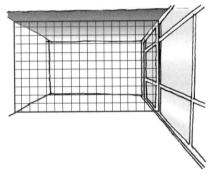

图C1.81 CFD模拟程序的平衡原理（见彩页）

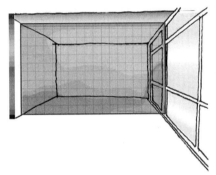

图C1.82 流体模拟范例（温度流）（见彩页）

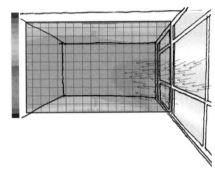

图C1.83 流体模拟结果范例（气流速度和流体方向）（见彩页）

示一年中室温、加热和散热行为是如何发生的（发生的频率），从而构建出最佳的建筑整体化设计。此外，还可以获得关于该建筑运营时的重要思考：什么时候需要加热？什么时候需要降温？过渡期间热荷载和冷荷载会带来什么结果？仅靠简单的计算程序无法回答这些问题。建筑、其立面结构和室内气候按照最佳及最节能的方式互相调整适应之后，开发绿色建筑的第二步就是设计能源供给系统。此步骤可借助建筑和系统模拟程序完成。

房间各个点的温度舒适性可能有差异。室内靠近热的或冷的物体表面的温度可能与平均室温相差几度。平均室内空气温度和操作温度可以通过热模拟程序以时间依赖的方式来确定，而流体模拟可以协助认证一定时间点的当地室内气候（图C1.81—图C1.83）。流体模拟，也称为CFD（计算流体动力学）模拟，将房间细分为众多的小部分。根据模拟的目的和房间的大小，可能需要将房间细分，最小可为400万份。根据各自的边界条件，每一小份都能达到能源和物质的平衡。结果会展示温度、气流速度和物质流（例如二氧化碳）的分布。由于这些程序的计算能力强大，计算时间很长，一般情况下，这些程序只能应用于计算一种设置或几个时间

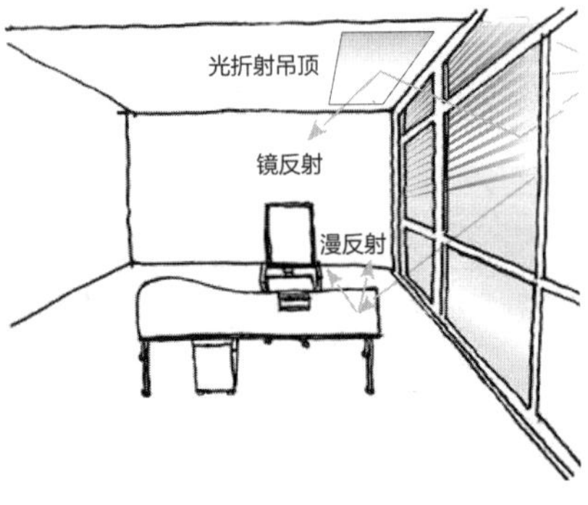

图C1.84 日光模拟程序的平衡原理（见彩页）

图C1.85 日光模拟结果范例（见彩页）

图C1.86 借助日光模拟程序数据生成房间效果图

图C1.87 斯图加特Drees & Sommer Gebaüde OWP 11大楼内部空间照片

间隔的数据，但不用于确定数周或数月内的动态过程。

除了室内的纯日光模拟，日光程序也可用于确定相邻的建筑物或防晒装置在立面上的遮光面积。与只允许一种可视化阴影设计的当代CAD程序相比，这种方法允许计算遮光比例和太阳能辐射。

借助日光模拟程序（图C1.84和图C1.85），可以确定自然光利用的几个因素。此种计算方法一共有三种不同的天空模型：阴天，有太阳的晴天和无太阳的晴天。这些程序可以确定在不同天气条件下，房间内某些点的照度水平和内墙面的亮度。这反过来有利于探索优化玻璃表面的排列方法和尺寸，或者建筑材料的光度特性，如透光率和光反射率。更进一步，所获得的数据也可以生成照片式逼真的效果图，对决策过程有帮助（图C1.86和图C1.87）。

建筑技术设备

福利传递（Nutzenübergabe）

室内环境技术系统和外立面之间的界面，是绿色建筑的重要界面之一。它是温度舒适度、用户满意度的决定性因素，且在很大程度上也是一栋建筑是否节能的决定性因素。因此，确定适用该特定界面的正确方法应极为慎重。

我们需基于用户对其直接环境的需求来构思方案。与流行观点相反的是，紧邻区域表面的温度、空气温度、空气流速、照度水平和光密度等因素，也能让人们很清晰地感知到该界面的存在。因此，规划工程师首先就会按照建筑用地的盛行气候条件以及拟采用外立面的特性，采用平衡法来验证温度舒适度需求和照明需求。

规划工程师们会发现：中欧地区的住宅和办公建筑存在着"在冬季无法实现热平衡"的问题。这意味着：来自太阳的天然、被动的能量和热增益，以及通过建筑使用而产生的内部热源，不足以满足用户对温度舒适度的需求。这方面的不足，反过来会促使人们限定供暖系统特性，以最终满足温度舒适度需求。通过建筑外立面结构的改变，即可按某一特定值来优化供暖系统的必要功能。这一点不仅适用于满足规定室内温度水平所需的热荷载，还可用于测定当地物体表面温度对温度舒适度的影响。然后，由规划工程师负责决定是否可通过提高绝热标准或借助于针对性的供暖系统，来防止表面温度变得过低。

此方法可适用于采用了室内气候控制技术并配备了供暖、制冷、通风和照明设备的任何区域。因此，必须明确说明用户全年的需求，并以此定义所需系统的特性。

系统技术采用的供暖、制冷、送风和照明的方式，能按照用户的使用时间和地点，让室内温度、空气流速、照度和亮度以实际有利的方式来传递，即被称为**福利传递**。

热舒适性的需求涉及表面温度、空气温度，以及空气流速等因素，这一点不仅适用于供暖，也同样适用于制冷。欧洲中部地区的住宅和办公建筑的热平衡表明：当制冷荷载高、内部热源较多时，往往无法满足空气温度和表面温度要求，由此产生的多余热量可导致室内过热。规划工程师需与规划团队一起，经过分析确定是否可通过改善暑热防护装置或通过有效的室内制冷系统，来避免空气温度和表面温度上升。此外，还可根据现有需求，确定各通风区和照明区所需的系统特性。

供暖、制冷、通风和照明的结果及特性要求形成了室内气候系统的《规范手册》。实际上，舒适性不足会在最终运营期间造成更大的能源消耗。用户一般不能容忍舒适性方面的不足；相反，用户总会试图调节系统技术使用水平，以恢复室内环境的舒适性。

室内气候控制系统的概念和评估

在评估办公区的室内气候控制系统时，建议考虑工作场所的局部舒适性。舒适性不足会导致长期从事久坐工作的人员感到尤其不适，这意味着：该类人员对气流和冷空气下沉等舒适性不足的反应，相比处于移动状况的人员更为敏感。因此，需扩大舒适性水平的覆盖范围，并将工作温度纳入其中。从图C2.1中可看出，在评估给定房间的温度舒适度时，必须针对该房间的每一半空间进行单独评估。在本书中，半空间指使用者身体前后向或左右向可感知到的空间。仅当各半空间中有局部影响的舒适性不足可实现平衡，且两个半空间中的表面温度之间的差值不太大时，才能保证正常的温度舒适度。

为确保局部舒适性，最好能单独考虑并处理因对流热源而造成的舒适度不足的问题，例如因基于辐射的热源释放到冷表面上而导致的冷空气下沉现象。当然，也有可能以辐射的方式来排放对流热源，但这通常只能以增加能源消耗成本的方式来实现。图C2.2反映了办公室环境中的有效热源。

评估舒适性的一个重要边界条件是外立面的绝热水平，原因是外立面的内表面温度取决于该绝热水平。

如图C2.6所示，当外立面传热系数为1.4W/（m² · K）和（或）1.0W/（m² · K）时，外立面的内表面温降6K和（或）4K。因受外立面内侧温度的影响，外立面区域的室内空气

变凉，致使冷空气下沉，使用区域内的温度舒适度由此受到影响。如图C2.7所示，冷空气发生下沉时如温降低于6K，则最大空气流速可达到0.42m/s左右。不过，对于使用区而言，允许发生的空气流速仅为0.15—0.2m/s。在温降4K时发生冷空气下沉，仍可使空气流速达到0.35m/s。

在考虑舒适性不足时，所处区域内的空气流速未必很重要；反而是距离外立面大约1m处的空气流速较为关键。其中原因是，大多数人的工位一般是从距离外立面大约1m处开始设置。紧邻外立面的区域通常在任何情况下都不会被占用或加以利用，以确保可开窗的外立面上的旋转窗能正常工作。如图C2.8所

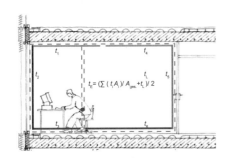

图C2.1 办公室内半空间的体感温度

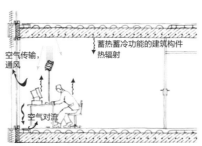

图C2.2 办公室内的对流热源和辐射热源

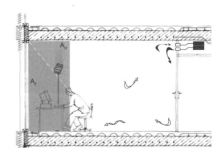

图C2.3 物体表面温度对人的热觉的影响

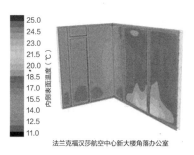
法兰克福汉莎航空中心新大楼角落办公室

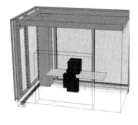

图C2.4 位于房屋角落办公室的气流模拟（德国法兰克福汉莎航空中心新大楼）（见彩页）

图C2.5 德国法兰克福汉莎航空中心（建筑设计Ingenhoven建筑师事务所）

示，距离外立面外表面1m处发生冷空气下沉时的空气流速在传热系数为1.0W/（m²·K）时约为0.2m/s；在传热系数为1.4W/（m²·K）时约为0.25m/s。

由此可见，在传热系数为1.0W/（m²·K）时，使用区内因冷空气下沉而导致的空气流速仍保持在最大允许值0.2m/s以下。如在立面的传热系数为1.4W/（m²·K）时无补偿加热，则使用区内的空气流速会非常高。

除了对流舒适性不足以外，此时我们还必须考虑辐射所导致的舒适性不足问题。如果各内表面区域

之间温差较小，则我们可简化需要考虑的事项，假定热辐射存在线性关系。

如图C2.3所示，坐在工位的人员朝外立面的冷区散发热量。为了实现舒适性，由此产生的热损失需通过同一侧室内的有效暖区实现平衡。如上所述，假如我们采用线性关系的简化视图，在某个给定半室的冷表面和有效表面的温降的乘积与加热面和有效热表面的温升的乘积相同时，即可实现辐射平衡。根据该公式，我们现在可以计算出为了满足舒适性需求所必须遵循的、从工位到外立面的距离L。在传热

系数为1.0W/（m²·K）时激活效应的、到外立面热小间距约为1.7m。对于传热1.4W/（m²·K）的外立面而最小间距约为2.6m。

图C2.4显示了德国法兰莎航空公司大楼可实现的室内表面温度。与中庭相通的外立面及朝向户外的外立面，均因其良的绝热水平（双层或三层玻璃）蓄热蓄冷吊顶而具备较高的室内体表面温度（图C2.5）。

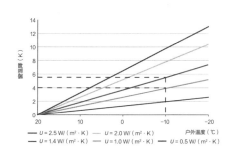

图C2.6 与户外温度相关的窗温降（见彩页）

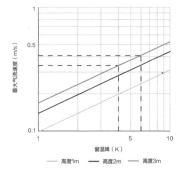

图C2.7 窗体区域的空气流速、冷空气下沉与窗温降（见彩页）

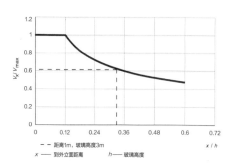

图C2.8 空气流速取决于房间进深

图C2.9　汉诺威，VHV集团写字楼（建筑设计：汉诺威，BKSP建筑师事务所）

供暖系统交付使用时的状况极□要，因为供暖是建筑未来节能□个重要部分。在中欧地区和大□数工业化国家，由于户外气候的□因，几乎所有建筑都必须配备供□系统。供暖系统的缺陷会导致在□后的运营中产生高能耗。

由于现今建筑的绝热效果已经极为有效，因此建筑供暖的重点不再是实现有效的供暖性能。只要供暖系统设置得当，有效供暖就始终不会成为问题。目前，供暖系统最重要的问题是能提供基于需求的供暖。供暖系统现需确保供暖的输送是根据位置和时间等方面的使用需求，按需供给。应注意的是，无论是内部热源还是被动式太阳能的使用，均有助于尽可能增加各房间的供暖量。为实现这一点，现今的房间供暖系统（包括房间控制系统）需要作出迅速、灵敏的反应。

此外还应注意的是，供暖系统可在低温状态下运行。这一方面有利于系统的控制；另一方面，由于管道排热量较低，可大大减少供暖的能耗。此外，人们通常还认为较低的供暖温度会比较舒适。

除了热环境方面的当地规范以外，用户对于室内条件还有与时间相关的需求。也许其中最广为人知的是夜间降温要求，即夜间室内要求设置较低的温度。办公建筑倾向于通过夜间温度设定或关闭供暖设置实现节能的目的，而在住宅环境中采取同样的措施则是出于舒适度的考虑，如在卧室实现较低的室温。除了上述降温措施外，另一个重要因素是确定重新恢复供暖初期用于重建室内舒适环境的程序。

VHV集团位于德国汉诺威的写字楼，就是需求导向型室内环境技术系统布置供给福利传递的极好实例（图C2.9）。其外立面由三层玻璃构成，并带有外部遮阳装置，以及一层传热系数为0.7W/（$m^2 \cdot K$）的高绝热面板。房间供暖由蓄热蓄冷吊顶（适用于基本荷载），以及边饰热激活装置组成（图C2.10），如带有温控器的供暖吊顶。该热温控吊顶在供暖期间的流动温度最高可达28℃，而边饰装置在供暖期间的流动温度最高可达35℃。基本荷载与峰值荷载系统的组合使用，可确保实现需求导向型的楼宇设备。具有惰性的温控吊顶的受控方式，可使吊顶的最高表面温度比房间空

气温度高出2—3K。可通过房间控制系统，以不稳定的方式调节边饰装置，便于使用简单的热源进行供暖，避免房间过热。此外，各用户或大容量房间内的用户群可通过房间控制系统选择独立控制，实现独立的舒适的温度水平设置。

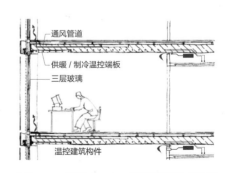

通风管道

供暖/制冷温控端板

三层玻璃

温控建筑构件

图C2.10　汉诺威，VHV集团写字楼（建筑设计：汉诺威，BKSP建筑师事务所，带温控边缘饰条的室内环境技术系统界面）

制冷

房间制冷系统布置与供暖系统非常相似。主要区别在于制冷系统的热流方向与供暖系统相反。因此，我们在布设房间制冷系统时，还必须根据使用需求考虑房间的能量平衡以及局部表面温度。在这种情况下，基本的能量增益来源为日光辐射和人体、照明器材或机械等内部热源的散热。制冷的能源消耗较大，因此，应从建筑构造方面尽量减少制冷需求，以此将机械制冷的需求减到最低。

由于建筑绝热水平在过去几年中稳步改善，建筑在夜间低温时段释放出的热量微乎其微。因此，地处中欧地区的写字楼很快就会因内部热源而发生过热现象，这意味着：即使户外温度仅为26℃或以上，室内也已需要进行机械制冷。因此，减少这类热源以及优化外立面，以最佳利用日光的方式尽可能减少热量输入，是未来开发和绿色建筑的主要目标。

由于居住建筑已可实现极佳的绝热性能，在户外温度低的情况下也几乎不会散热，故人们已在考虑是否应在住宅楼配备制冷系统。这种做法与绿色建筑的理念是背道而驰的，而且由于中欧地区的夜间温度较低，因此也不存在必要性。现代的住宅楼只要设计建造得当，仍无须设置制冷设备。

制冷量的大小，取决于日光辐射、外立面的面积和通透性，以及内部热源。对于地处沙漠地区或亚热带区域的建筑而言，由于户外温度条件与室内温度要求相差甚远，其制冷量完全取决于当时的外部空气条件。

房间内部的凉爽表面，或经冷却的空气，均有助于降低室内气温。与水的比热容相比，空气的比热容较低，所以，室内用风力降温所需的能耗大于水循环降温所需的能耗。对于绿色建筑而言，首先需要注意的是，应将"制冷"和"通风"视为彼此独立的两种功能来处理。

冷却表面的布局方式应考虑其尽可能多地吸收多余的热辐射。在理想的情况下，可将冷却区域设在房间吊顶部位，原因是人体头部的表面温度最高，热辐射量也最多。事实上，在头部热量被吊顶部位的冷却表面吸收期间，使用者往往会觉得非常舒服。对于位于外立面紧邻区域的楼面而言，还有另一种冷却表面设置的备选方案。这种方案是：直接吸收通过外立面进入的日光辐射，在热量再次到达房间之前通过制冷地板将其消除。这一原理已被成功应用于波鸿世纪大厅（图C2.11）。该建筑的玻璃屋面导致太阳光辐射量很大，但多余的热量都通过制冷地板排放。

除了通过地板直接进行的热排放，以及通过吊顶轻松实现热排放之外，还可通过传热面的大小来实现节能优化，这一点与供暖系统类似。传热面越大，工作温度就越接近室内温度。我们在此讨论的是高温制冷系统，而在写字楼环境中，将温度降到18℃—20℃已足够。在这一相对较高的运行温度下，有利于系统与可再生能源系统关联。尤其是在做制冷设计时，户外气候也可用作节约资源的一种手段。中欧地区等属于温和气候，夜间气温通常保持在18℃以下。也就是说，可通过日间-夜间蓄冷来实现对这种特定制冷潜力的利用，这时就需要用到蓄热蓄冷建筑构件（TAB）。可利用建筑构件的蓄冷质量，在夜间进行蓄冷，用于白天的制冷。

通风

由于供暖和制冷功能基于同一原理，同一表面可用于供暖也可用于制冷。虽然这会造成系统的运行时间较长，但运行成本也较低。在这种情况下，需重点考虑的是控制技术，根据不同的调节参数，在冬季温度低于额定温度时需开启房间温度调节系统和调节风机，而在夏季温度过低时需关闭房间调节系统和调节风机。对于具有高存储热容量的加热和冷却表面，建议考虑其固有惰性而不进行调节，因根据受控变量来改变目标温度设定，比较费时。对于温控吊顶等系统型对象而言，需让这些对象处于受控状态，而不是对其进行调节。该类控制必须能确保表面温度与室内温度之间的差值不大于2—3K。这是唯一避免房间过热或温度过低的方法。

建筑的通风，是指室内空气与户外空气之间的交换。根据使用要求，户外空气在进入房间前需经过以下处理：过滤、加热、冷却、加湿、除湿或净化。在外部空气进入室内后，需将空气中的异味、有害物和二氧化碳等排放到户外。污染成分来自各种物质源，应根据建筑的用途进行分析。例如，对于餐厅和食堂来说，食品是物质源；而工厂则会因其所采用的工艺不同释放异味乃至有害物；办公室的物质源首先就是人体自身出汗，其次则是可释出不同物质的计算机和家具。通过通风可稀释或将室内的有害物排到户外，以使室内空气质量达到卫生和健康要求。

也可通过通风来进行热源散热，但主要适用于制冷。使较凉爽的户外空气流入房间内，而温度较高的室内空气则随后流向户外。

户外空气和室内空气以及空气流，都对制冷效率产生影响。如同供暖和制冷一样，我们也需要为通风建一个能量和质量平衡表。此处反映了室内的空气质量及消除有害物所需导入的户外空气量。通风量必须充分，以达到所需的通风荷载的要求。

最简便的通风方式，是通过可打开的窗户实现自然通风。如采用这种通风方式，则户外空气可通过打开的窗户或外立面上的组件进入

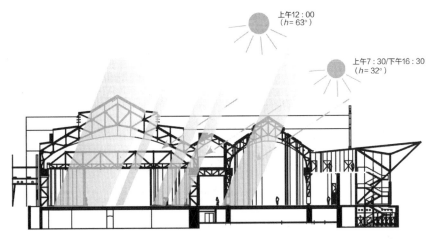

图C2.11　波鸿世纪大厅（建筑设计：杜塞尔多夫，Petzinka Pink Technol. Architektur®）

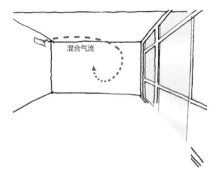

图C2.12 办公室内的混合通风气流

图C2.13 置换通风气流（空气流从右到左）

室内，或多或少的户外空气可流入房间内，而室内空气则流向户外空间，具体的空气流量取决于窗户大小、窗户类型、户外空气和室内空气之间的温差，以及外立面压力状态。图C2.14和图C2.15反映了相对空气流量，取决于窗户类型，以及可达户外的空气交换量，取决于室内外温差。

如采用自然通风，由于状态不断变化，气流的调节难度会比较大。此外，如果户外温度较低，则会在外立面相邻区域迅速形成气流。从生态观的角度来看，最好能采用自然通风方式，因为可以节省机械通风的能耗。不过，如果室内换气率高，同时户外空气温度低，则应注意，在此种条件下，通风时无法避免气流进入室内。此外，在冬季或夏季极端户外温度条件下；以及如采用自然通风，则会因无法进行余热回收而产生较大的能耗。

因此，在这些时段内，建议采用高效余热回收的机械通风系统。

因此，对于绿色建筑而言，我们需严谨地评估余热回收潜力是否大于机械通风所需的耗电量。在这种情况下，季节过渡期采用自然通风的混合方式，而在冬夏极端温度期采用机械通风的组合方式。在此，我们需提及混合通风这一概念。

对于暖通空调系统而言，室内环境技术系统布置有以下标准：

• 室内空气流；
• 户外空气进入建筑和房间进风口之间的空气输送；
• 供暖、制冷、加湿、除湿、过滤和净化所需的空气处理过程。

依据**室内气流流动**的方案，可设置既节能又高效的气流路线。对于房间内的气流路线，基本上分为

三种不同的空气流形式：

• 混合气流；
• 置换气流；
• 分层气流。

在混合气流条件下，进风会通过涡旋气流通道、狭缝空气通道或喷管空气通道，以感应方式被引导到室内（图C2.12）。通过感应，进风与室内空气迅速混合，结果形成近乎完全的室内空气混合。因此，在具备这种空气流形式的情况下，房间内任何地方的空气条件几乎都是相同的。

如果是置换气流，则空气会被引导到室内，以置换由物质源或热源所导致的空气流。该原理已应用于硅钢薄板制造期间所需的无尘车间。在大多数情况下，进风都会从侧边导入，通过类似活塞气流将室内空气中的悬浮尘粒吹出室外（图C2.13）。

根据窗户开启角度

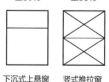

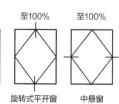

| 至25% | 至70% | 至80% | 至90% | 至100% | 至100% | 至100% |

下悬窗　水平推拉窗　下沉式上悬窗　竖式推拉窗　平开窗　旋转式平开窗　中悬窗

图C2.14 相对空气流量比率取决于窗户类型

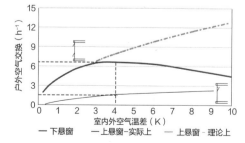

图C2.15 户外空气交换取决于室内外空气温差（见彩页）

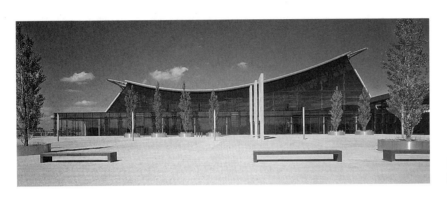

图C2.16　斯图加特会展中心的标准大厅
（建筑设计：斯图加特，Wulf & Partner）

在具备分层气流的情况下，可利用热源所造成的自然热风上升将进风引到室内，并在室内形成稳定的合乎要求的气层。进风通常会直接引导到使用区或其紧邻区域内。为避免形成强气流，此处进风速度极低，仅为0.2—0.4m/s。

这种气流形式有一个显著的优势，即无论是热区还是含有害物质区，均可通过其自身的上升而从使用区消散。因此，这种气流形式特别适用于房间总高度大于使用区高度的房间。通过采用这种气流，可以大大减少商品交易会展厅、演讲厅、机场候机大楼、通用展厅等场地的通风需求，因为仅需将使用区作为目标，而不是整个场地空间。由于进风速度较低，这种类型的气流也可在办公室内部形成舒适的室内气候。不过，办公室内的使用区域差不多是整个空间。这意味着，与混合气流相比，其节能优势不会像在高大空间那样显著。

实际案例：斯图加特会展中心

对商品交易会展厅内部的室内环境技术系统布置的一个基本要求，就是为商品交易会的参展商和来宾创造具有操作灵活性和稳定的令人满意的室内小气候（图C2.16）。

通常，进风通过吊顶和涡旋气流通道，根据混合气流的原理对展厅实施供暖、制冷和通风。由于展厅空间较高，如将调节过的空气直接从吊顶导入使用区域，则费用高昂。因此，斯图加特会展中心另辟蹊径，采用分层气流通风方法。由于博览会聚集了大量的内部热源，因此主要的需求是制冷。在这种情况下，进风以分层的形式导入使用区（图C2.17）。为此，入口大门区域内设置了两个分层进风口。供风由其下供风管的各通风中心，通过较短的空气输送通道实现。这种创新的通风方式此前从未在同等规模的会展展厅内部使用过，而其开发借助了模拟计算作为辅助手段，并通过1∶1比例的模型试验进行了优化（图C2.18）。这里要解决的根本问题，首先为确定能否将这种通风方法应用于宽达70m的会展展厅，其次为确定空气流速能否保持在人体舒适范围之内。

与类似的现代会展中心配置情

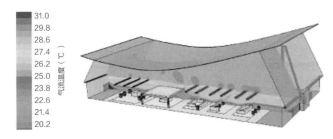

图C2.17　斯图加特会展中心标准展厅的分层气流模拟（展厅内空气温度色场图）（见彩页）

图C2.18　在斯图加特基乐斯山会展大厅进行的1∶1比例的气流实验

图C2.19　斯图加特会展中心标准展厅室内景观

况相比，这种通风方式可使所需的进风量减少约30%。如在整个会展场地采用这一通风方式，可减少配备总风量为1Mm³/h的通风设备。与根据混合空气原理进行通风的类似会展展厅相比，斯图加特会展中心的使用区仍具备较高的舒适性水平。此外，由于出风温度较高，考虑到经济性，可对方案进行优化，配置回收率超过80%的余热回收系统。

通过将分层通风原理应用于可持续优化处理，再配合余热回收和蓄冰系统的集中设置，整体供暖和制冷系统的配备规模与其他会展设置相比可减少40%。除了经济效益，还可实现生态效益。每年可减少1130t的二氧化碳排放，这大致相当于220户住宅的有害物质年排放量。

室内环境技术系统布置通风系统的节能高效方案需考虑的另一个重要因素是户外进风入口和房间进风口之间的**空气输送**。如果我们将进风路线视为不仅是配风路线，实际上还是有能源消耗的路线，且存在因泄漏而造成的风耗风险，那我们应尽量精简路线。因此，在设计过程中需要注意，户外进风口应当尽可能地靠近进风空间。在这种情况下，最简单的解决方案是通过窗户进行通风，即自然通风。因为这种通风方式可使空气直接进入室内。不过，如户外空气需要预先处理，则应采用集中式、半集中式或局部式的系统技术。在采用集中式布置的情况下，由于调节好的进风往往需通过复杂的风路管网才能输送到各个空间，故通常最大的耗能是通风管网系统（图C2.19）。

房间　可控自然通风

适当的外立面开口

房间　无设置风机　　房间　带进气风机

设有局部式进风入口和集中式排气系统的外立面

房间　局部式设备

通风机组及余热回收系统设计方案

房间　集中式/半集中式通风系统

风机
热交换器
进风
排风

图C2.20　不同通风设计概览

　　由于所需的最大压力水平一般取决于距离最远的房间，这就需要调低在此之前的其他房间的进风压力，这意味着能耗会较高。由于采用集中式布置，即使只有一个空间需要通风，整个系统也必须运行。对于集中式解决方案来说，如果想要让系统分区通风或是分区关闭，需要庞大的系统才能实现。因此，绿色建筑的做法一般是对通风区域进行分区，采用局部机械通风方式。即在春季和秋季的过渡季，位于后部的办公区域可通过窗户自然通风。如此一来，就可以做到只在极端气温情况下及在需要的区域开启机械通风系统，从而大大降低能耗。这种布置有一个巨大的优势，就是只有一个中央设备系统，且该系统需要的维护保养、检查与操作投入极低。

　　除了集中式通风方案之外，另一替代方案是以带有小型室内通风设备的机械通风系统，也称局部式通风。局部式通风方式是在每个房间，每两条主轴线或每条轴线均设置一个局部式通风装置。同时，这些通风系统可配置不同的功能。与集中式通风系统相反的是，此种局部式通风系统反而节能，由于系统可在房间直接吸取户外空气并就地处理，因此可最大限度减少空气输送量。这种局部式布置意味着每个用户都可自行决定其是否希望有调节过的空气送入。由于中欧地区气候区的过渡季节较长，局部式通风装置在很长一段时期内其实无须运行。此外，由于输送时间较短，局部式通风系统的管网压力损失远小于集中式通风系统。这反过来又意味着能源消耗量大大减少。

　　将这两个方面的因素综合考虑，与集中式通风方案相比，其节能潜力高出20%—40%。然而，局部式通风装置的缺点是对维护检修的需求高很多。因此，在当前能源价格条件下，建筑工程项目，只有在通过将缩短送风通道缩减下来的工程量转化为办公室或其他有效空间的情况下，局部式通风布置才具有经济性。例如，如果是楼层高度较低的高层建筑，因省去了风道安装区域，可在不增加建筑总高度的情况下增加楼层。最简单的局部式通风方式是采用一个户外空气导流装置，无须配备通风机或户外空气处理装置。废气可直接从房间，或通过位于走廊过道隔墙内的溢流孔排出。用户可自行控制通风装置开关。在某种程度上，这种构思是朝向窗户通风的第一个发展阶段。这种装置使用方便，且非常经济。然而，进风温度跟户外温度相关联，用户无法施加影响。此外，在窗户通风期间不可能进行热量回收。通风装置可集成到活动地板或外立面上。图C2.20显示的是不同的通风方案。

根据室内环境的要求，可将空气处理的功能补充到这些装置上，使之可对户外空气进行加热、冷却或加湿等。在外立面压力条件波动的情况下，例如，非双层外立面的超高层大楼，还需集成进风通风机以保证足够进风量。系统构成越复杂，系统的成本也越高。内含分散式进风装置和集中式排气消除装置的设计有一个严重劣势，即余热回收要求较高，且无法以经济可行的方式实现余热回收。尽管可通过热交换器对废气容积流量进行冷却，但废气温度不会太高，而配风工作量却很大。另外，还可以用热泵冷却废气气流，以确保送入时具备较高温度。然而，过高的热交换成本导致这一方案的经济可行性较差，即使在能源价格不断上涨的情况下也是如此。所以，不建议绿色建筑采用该类方案。

综上所述，绿色建筑的局部式通风方案必须通过局部式通风装置提供余热回收方案，这意味着除进风外，废气也可由该装置负责处理（图C2.21）。这种解决方案，要求在最初规划时就将供暖通风与空调装置尽可能集成到外立面内部。此种布局可实现高效的余热回收，同时用户可根据自己的需要开启或关闭通风装置。从绿色建筑角度来看，虽极力推荐该解决方案，但其也有因系统需求较复杂，导致成本过高的缺点。此外，这些均为个性化解决方案，需适应各自的建筑或外立面，因此只能少量制作。

福利传递过程中的第三项标准可参考通风设备自身的实际**空气输送**情况。根据需要，户外空气需精心加热、冷却、加湿、除湿、过滤或净化处理。需要注意的是，对于不同的气候系统程序，应以尽可能少的能耗满足进风需求。这里也必须采取导向型调节或控制措施。

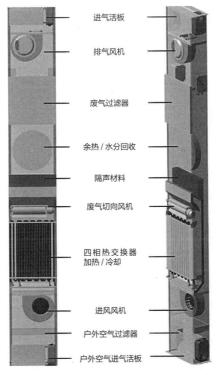

进气活板
排气风机
废气过滤器
余热 / 水分回收
隔声材料
废气切向风机
四相热交换器
加热 / 冷却
进风风机
户外空气过滤器
户外空气进气活板

图C2.21　局部式通风装置（带有入口和余热回收装置，宽约33cm。设计项目：康斯坦茨，Altana Pharma）

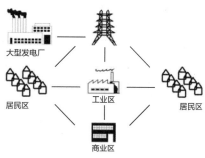

图C2.22　分散式发电装置组合的虚拟电厂

能源发电

所有的建筑都必须供电，根据当地的气候条件和舒适性要求进行供暖和制冷。供暖的能源通常通过在建筑内部燃烧天然化石燃料（石油或天然气）获得。电通常由外部的能源供应商供给，一般用于制冷。随着人们环保意识的日益增强、能源市场的开放、能源价格的上涨，以及富有吸引力的补贴政策，都在鼓励尝试其他能源及开发其他能源发电形式。在这一领域已逐渐形成两派，其中人们对一次能源的利用率更高。

第一派的方法是，用户自己生产优质电能，余热则用于所在建筑的冬季供暖和夏季制冷。这种系统称为热电冷三联供系统，可达到只有现代发电厂才具有的能源利用系数。此外，该系统还具备就地发电的优势，因此配电费用极低。如果用生物质或沼气代替化石能源，则发电过程中的碳排放几乎为零。第二派的方法则是利用太阳能、风能或地热等可再生能源进行发电。但由于供能不稳定、能量密度小，这些类型的能源不能够完全取代传统的发电，就电力供应而言尤其如此。由于发电量的波动性，这种发电方式发出的电能通常会输入公共电网，电网就成为虚拟化的电源存储器。

虚拟电厂

随着为建筑供电的小型分散式发电厂的日益推广，虚拟电厂的概念开始越来越触手可及（图C2.22）。虚拟电厂的思路是，将所有分散式发电厂聚合在一起，通过一个中央控制室进行控制。通过对来自风力涡轮机、热电冷联产发电厂、光电和沼气发电厂的供电进行协调，可满足高峰电力需求，而基本荷载仍由集中式大型发电厂承担。虽然大型能源供应商尚未考虑将这种分散式发电方案作为满足其自身峰值荷载需求的备选方案，但若干规模较小的社区能源供应商已非常成功地运用了这一理念。例如，在科堡，在公共电网用电高峰时，市政能源供应商可以远程方式短时间操作当地住宅楼内的应急发电机组。通过供电，建筑的业主可获得双重收益。首先，每月的运行时间可以起到对设备可靠性检测的目的；其次，市政能源供应商支付的电价较高。从能源学角度考虑，通过所有系统的协同运行可实现最小消耗值。

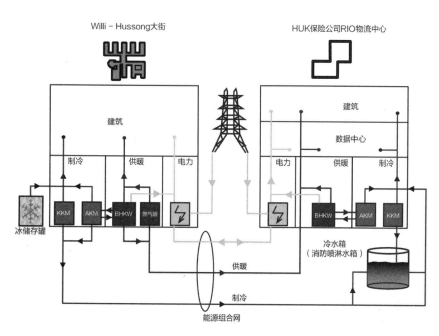

图C2.23　Willi-Hussong大街和科堡HUK保险公司RIO物流中心之间的能源网示意图

热电冷三联供系统（CCHP）

科堡HUK保险公司就是采用分散式热电冷三联供系统虚拟电厂的一个极好案例。为确保建筑的节能运营，物流中心将现有建筑连接为一个能源网（图C2.23）。能源网的机组采用先进的电力存储技术，以保证热电冷三联供系统的最佳运行状态。这一系统的关键是，可将费用高昂的高峰时间段的荷载转换到费用低廉的低荷载时间段。其核心元件是消防必备的喷淋水箱。可将水箱改造为冷荷载为900kW的一个冷水存储机组。通过模拟，可对其外形、进水、排水工艺进行优化。

图C2.24　科堡HUK保险公司——容量为1100m³的喷淋水箱/冷水贮罐工程施工现场

热电冷三联供系统的安装和运行耗费不菲，因为这种技术主要用于能耗高的建筑，如数据中心或小区域性的供暖网络等（图C2.24）。为了实现系统运营的经济性，系统运行时间必须足够长。而这要在全年都需要供暖和耗电的环境中才有可能，如公共泳池等有全年供暖需求的场所。在夏天不需要热能等其他情况下，发电过程中产生的废热可用于制冷。该类热电冷三联供系统的核心装置为用于驱动发电机发电的发动机。在荷载较低的效能等级（介于10—1000kW）时，通常使用内燃机驱动发电机。由于内燃机和发电机一体化，这类系统也被称为BHKW（热电联产机组）。该技术经过试用和测试，其成套设备易于调节，可实现35%—40%的电能效率系数，80%—85%的总能效系数（图C2.25）。对于超过1000kW的大型系统，则可使用总效率系数最高可达85%的燃气轮机。为提高电能效率，甚至还可将组合使用燃气轮机与蒸汽涡轮机。这样可使得电能效率系数达到58%左右，总效率系数接近90%。在运行期间，这些燃气和蒸汽热电厂需使用天然气、沼气或燃料油等液体或气体燃料（图C2.26）。为确保规模较小的

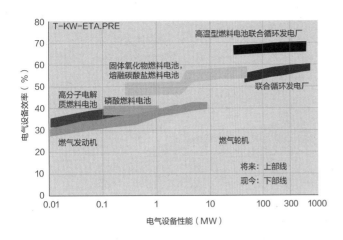

图C2.25 热电冷三联供系统的应用领域及其电气设备效率

系统也能实现高效率系数，最近几年已经开发出适用于运效能等级在100kW以下的微型燃气轮机。微型燃气轮机的优势在于其简单、紧凑而坚固的结构，良好的转速控制，以及在部分荷载效率系数较高的同时仍可实现较低的氮排放。

燃料电池

燃料电池也可同时产热和电。与燃气和蒸汽热电厂相比，在这种情况下，内燃机已被一个将化学能直接转化为电能的燃料电池所取代。这种转换方式的优点是可实现高达65%的总效率系数。与机械系统不同的是，它不受卡诺系数等限制系数的影响。卡诺系数规定了理论上可转换为机械功的获得的热量的比例。这样，小规模的燃料电池也可实现通常只有典型的大型组合式发电厂才可实现的效率系数。

燃料电池技术的发展，主要体现在具备不同特性的五类不同燃料电池上（表C2.1）。

目前采用的是以下电解液：
- 固体氧化物燃料电池；
- 熔融碳酸盐燃料电池；
- 碱性燃料电池；
- 磷酸燃料电池；
- 高分子电解质燃料电池。

在该电–化学转换过程中，几乎不会形成任何有害物质。仅在加热转化期间会产生少量的有害物质。反应过程中所产生的反应水可排入污水系统中，而不会产生任何问题，也不会有重金属排放到大气或是水中。

投放市场的第一款燃料电池是浓磷酸燃料电池（PAFC）。这种电池经序列化和中试设施*的论

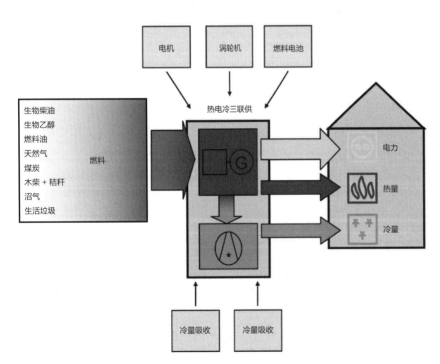

图C2.26 热电冷三联供系统（KWKK）示意图

---

* 中试设备就是比实验室试验设备大，又比生产线设备小的设备，是为规模化生产提供试验的。——译者注

证，达到了技术的市场化成熟度。ONSI公司的PC25C型燃料电池电站采用PAFC电解液，可实现的供电量达200kW，供暖达220kJ。该电站可将天然气所提供能量的40%转换为电，并将天然气所提供能量的45%转换为有用热。并可在70℃—35℃的低温范围和115℃—95℃的高温范围内进行温度解耦燃料电池CHPU的设置可在0—100%间进行调整，而50%—100%的运行设置比较切合实际。然而，在平均寿命为70000h的情况下，其投资成本仍然很高。

人们认为，PEFC技术燃料电池在汽车行业以及家庭能源供应领域的前景将十分美好。目前，电能性能数据为4.6kW、热能性能数据为6kJ的燃料电池加热系统正在开发中。这些系统都采用定制形式，可基本满足北欧和中欧地区独立式住宅和住宅区的需求。高温燃料电池（SOFC和MCFC）特别适用于性能读数较大的静态发电、耦合静电及热能生产。由于系统温度高，可利用燃料电池的废热，对这些同时出现的气体燃料和气态液体乃至固态易燃物（碳氢化合物）进行重整，即可分离氢。此外，高温热能还可有效地应用于各类工业过程（例如工艺用汽*），也可用于其他用途的下游涡轮机组，并进一步增大燃料电池电源装置的电能效率系数。

各类燃料电池比较   表C2.1

类型	电解质	温度范围（电池，℃）	气体燃料（初级）	电能效率系数	制造商	输出（MW）
碱性燃料（AFC）	30% KOH	60—90	纯H_2	60		
高分子电解质膜（PEMFC）	PEM Nafione®	0—80	H_2、甲烷、甲醇	60（H_2）40（CH_4）	BGS 西门子	0.25 0.12
直接甲醇（DMFC）	PEM Nafione®	60—130	甲醇	40		
浓磷酸H_3PO_4（PAFC）	konz. H_3PO_4	120—220	甲烷、H_2	40	东芝ONSI	11 0.2
质子交换膜燃料（MCFC）	$Li_2CO_3/_2CO_3$	650	甲烷 氢 沼气 生物质气	40—65 60	ERC MTU	2 0.28
固态氧化物（SOFC）	Zr（Y）O_2	800—1000	甲烷 氢 沼气 生物质气	50—65	西屋公司 Sulzer Hexis	0.1 0.001

* 工业生产过程中热电联产造以耗汽量定产汽量。——译者注

太阳能

图C2.27　饮用水加热用太阳能光热玻璃覆盖平板集热器和金属箔采集器　　图C2.28　发电用太阳能光伏采集器

太阳能在世界范围内以多种形式出现。例如，在植物和生物质中，这种类型的能量以化学方式储存，并可通过燃烧等不同的程序来回收。气流和风能也是由于阳光使地球表面变暖而产生的。现在，可直接通过太阳能采集器将太阳能用于供暖或发电。太阳能采集器一般由一个吸收器和一个绝热外壳组成，且其正面是透明的。通过采用真空绝热、充气，或选用吸收器等高效材料，采集器可满足大部分的不同要求（图C2.27）。在较低的温度范围内（低于50℃），可用于游泳池加热；在中等温度范围内（50℃—100℃），可用于饮用水加热和房间供暖；在高温范围内（100℃以上），可用于工业过程加热器。在较低的温度范围内，通常使用的是廉价、无盖的吸收器。在中等温度范围，通常使用选择性

的吸收器并盖有玻璃板；如使用真空管采集器或双盖采集器，则可减少高温范围内的热损失。

在利用光伏采集器进行采集时，阳光不转换为热能，而是转化为电能（图C2.28）。硅可以单晶和多晶甚至非晶态的形式进行使用。用于太阳能电池的硅主要是单晶和多晶态。这些晶体切割自晶块，并可实现约14%—18%的较大的效率系数。不过，目前的发展趋势是以具成本效益，且节省材料的方式，通过气相积淀生产非晶硅。效率系数为5%—7%。然而，考虑到当前的能源价格，各国在没有国家补助的情况下，当前光伏系统的使用并不经济，因此光伏系统的使用限定于一些小范围的用途，如无电网的地区等。德国因此而制定了可再生能源法（德语缩写是EEG），来调节入网补偿金。这使得投资分摊时

间长达15—18年。能量回流期，即电池释放的能量相当于制造电池所耗能量所需的时间为2—6年。

太阳能用作制冷发电驱动器

近年来，太阳能制冷技术在持续改进。这一技术的吸引力在于，制冷能源需求的时段恰好与太阳辐射量高峰重合。要将太阳辐射的热量转换为所需的冷量，主要有以下三种工艺的空调系统：

- 吸收式；
- 吸附式；
- 除湿制冷系统。

吸收式

吸收式制冷系统已运行多年，并在低至-60℃的低温温度范围内实现了专业小范围应用。在这类低温类型情况下，氨可作为冷却剂使用。在空气调节系统内部温度高于

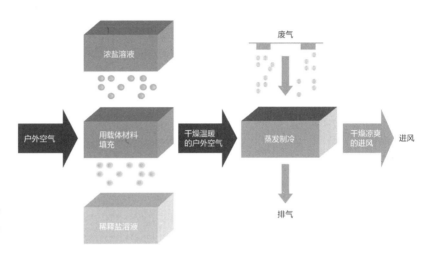

图C2.29 除湿制冷系统的空气处理过程原理图

5℃的正常温度情况下，可使用水和溴化锂。由于在吸收过程中是将大概140%的热能转化为100%的冷量，因此，从节能的角度来看，热能应利用余热或可再生能源。为实现吸收过程的致动，蒸汽或热水等形式的热能可在80℃—180℃之间使用。与太阳能采集器相比，这一温度水平更适用于燃烧过程。高效的热电冷三联供系统曾经只用于制冷运转效能不小于300kW的大型装置。不过，随着能源供应的分散化，功率4.5—35kW的小型吸收式设备目前也正在开发中。

吸附式

吸附式制冷系统的工作原理与吸收式制冷系统相同。唯一的不同之处是吸附式系统使用的是硅胶等固态吸附剂，而不是液态溶剂。由于解析过程是不连续的而变得较

为复杂；所以，该类系统的运行成本较高。该系统的优势在于热能进入期间保持在50℃—90℃的低温水平，有利于太阳能采集器的高效集成。

除湿制冷系统

除湿制冷系统以50℃—90℃的低温运行。户外空气需接受除湿和冷却处理（图C2.29）。系统分为使用固态吸附剂和液态吸附剂两种类型。DEC系统采用固态试剂（干燥蒸发冷却），即使用旋转吸附轮对空气进行除湿，然后通过热补给（余热、太阳热能）再一次对其进行更生。在使用液态吸附剂的系统内，除湿和冷却过程之间是彼此分开的，因此与旋转吸附轮运行方式正好相反。高温而潮湿的户外空气首先会被引入吸收装置内部，并通过喷淋盐溶液的填料。并在此将水

释放到盐中。已除湿的空气随后通过热交换器进行冷却，然后成为进入建筑内部的进风。吸入热交换器内部的废气则用水进行喷淋。蒸发水可将废气温度降低到能从已除湿的进风吸收热量的温度水平，然后将其作为废气排出。最初，稀释后的盐溶液通过热交换器向热液释放出吸水期间释放的热能。热液也通过集中式机组实现冷却，并再次完成水循环。经重新冷却和稀释的部分盐水在再生器内利用进热再次脱水，从而通过缓冲存储装置完成了盐水循环。来自热电联供的废热或太阳能产生的热都能用作供热。

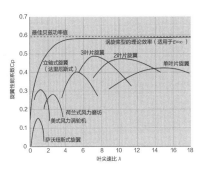

图C2.30 各种风力涡轮发电机的应用领域（为实现风力涡轮发电机的最佳运转效能，叶尖速比 λ 十分重要，定义了叶尖速度与风速的比率。旋翼性能系数则定义了风力涡轮机的效率，形成风的气流本质上是大气中的压力平衡气流）

风能

引起风的气流是大气中的压力平衡气流。这些气流可以在风力涡轮机的帮助下用于发电。自12世纪以来，风力即已被用于驱动风车。技术进步和能源价格的下降，导致人们不再对风力进行更进一步的开发。只是在能源危机之后，从1975年起，风力才再次引起人们的重视。不过，其真正的增长直到2000年才开始，当时德国可再生能源法开始生效，因此电力入网的补助金较高。可通过按阻力或浮力原理运行的风力涡轮机来运用风能。通过指向转子叶片的空气阻力带动阻力轮发生转动。转子叶片的转速较低，叶片面积较大。其通常用于驱动水泵，功率系数约为20%。相反，浮力轮则需运用翼剖面部位的压力和吸力。受转子叶轮系的空气动力外形，及其低阻力水平的影响，它们可实现40%—50%的高功率系数。风力涡轮机适合于发电。

经济型应用所需的风速为4—5m/s。北海和波罗的海沿岸地区，以及低山系等区域，有可满足该类应用的足够的平均风量。由于具备足够风能的区域有限，且风力涡轮机不受公众欢迎，风力涡轮机运营商的眼光愈加投向风能恒定、风力强劲的海洋（图C2.30）。据绿色和平组织的调研，风力发电在未来十年的增长率可达10%—15%。

地热

通过以下系统，可以开发地球的地热储量：

- 带有嵌入式集热管的地埋板（地热采集器）；
- 地埋管（热激活钻孔桩）；
- 地热探头；
- 带有抽吸井和补水井的地下水。

地热利用的优势之一，在于可利用的地层和地下水温度，北欧和中欧的地层和地下水温度为10℃—15℃。这些资源可用于通过热交换器为建筑制冷，但前提是建筑外立面结构和室内气候系统已为此进行相应的布置。如果用于供暖，则需配备热泵来提升水温。

带有嵌入式集热管的地埋板

由于接触面积小，传热容量低，仅可在有限的范围以内实现地热集热器的活化。如果该集热器浸在地下水中，则其传热容量会有所提高。因此，在某一给定建筑的占地面积与楼层面积的比例较大时，最好采用该方式。

地埋管

以供热系统激活建筑施工所采用的地基桩比较经济。前提条件是其长度至少需要12m，原因是在地基桩较短时，与其收益相比，液压连接的投入过大。在制订方案时需要注意，地基桩紧邻区域的冬季地层温度不得降到冰点温度，否则地埋管的壁面摩擦会变弱，导致丧失荷载能力（图C2.31）。

图C2.31　建筑施工期间的钻孔桩（利用管道对桩分层，可创建供暖和制冷用能源桩）

地热探头

需为地热探头系统全程向下钻出一个传热系统，深度为30—300m。每个钻孔配备两根U形管，作为热传递器使用。如果两根管子的其中一根被连续损坏，则该管可退出运行，第二根管子仍可满足原有地层探头运转效能容量的60%—70%。一般将地层探头设置在100m的深度。更深的钻孔就需要办理专用采矿许可证，且较高的地温会使得设备降温成为一个问题。

地下水利用

最为经济的方法是直接利用地下水。此方案需通过抽水井吸取地下水，然后通过补水井将其回灌到地下；借助热交换器，地下水作为载体，提取地下水中的热能用于建筑供暖或将建筑内的热量用水导入地下。实施这一方案，需要取得各国水资源法规规定的许可文件。如果地下水被污染，则需在回灌之前对其进行净化和过滤。这些处理措施的费用有可能很高，导致该系统的经济效益降低。如果地下水水量充足且未被污染，则该方案成本仅取决于抽水井和补水井的钻井成本。

在地热系统的规划和概念开发期间，务必找到地层的全年热平衡，否则土壤再也无法更生，并会随着时间的推移变凉或变热。最理想的是，地层冬季用于供暖，夏季则用于制冷。地下水流也可帮助土地修复。

生物质

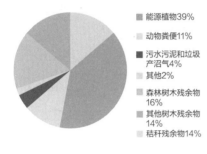

- 能源植物39%
- 动物粪便11%
- 污水污泥和垃圾产沼气4%
- 其他2%
- 森林树木残余物16%
- 其他树木残余物14%
- 秸秆残余物14%

图C2.32　全球生物质各种来源所占比例（见彩页）

到目前为止，生物质仍是全球最重要的可再生能源，其中44%为稻草和木材等固体废弃物，约50%为能源植物、动物粪便的半液态废弃物（图C2.32）。固体废弃物通常用燃烧的方式生产热能或发电。半液态废弃物则用于生产沼气。

对于小型至中型建筑而言（热荷载最高可达1MW），可采用基于木柴或供暖用木屑颗粒的集中式供暖（图C2.33）。基于木屑颗粒的供暖具备一个显著优势，那就是可自动补给供暖材料，且热输入可调。另一个优势是可通过德国标准化学会（DIN）规范木屑颗粒的质量。这样就可确保燃烧是在稳定条件下发生的。另一方面，大型热电联供机组通常采用木屑炉，原因是刨花所需贮存区的大小两倍于木屑颗粒，但作为回报，其成本效率则远高于后者。和木屑颗粒大不相同的是，刨花的含水量和质量等级的差别均较大。这就导致燃烧过程通常无规律，且难以控制。

沼气

在德国，沼气占一次能源总用量的比例约为22%。其主要由一种名为甲烷的碳氢化合物构成，该碳氢化合物来自古代生物质在真空环境下的腐烂结果。可在分解容器中重现该过程，分解容器中的生物质可在完全气密的条件下发生腐败现象。该沼气由约60%的甲烷构成，且在用于其他高能用途时必须进行深度的除湿及脱硫处理。沼气属于碳中和利用，因为其燃烧期间释放的二氧化碳量与其最初以植物形式生长时所吸收的二氧化碳量相等。

沼气通常用于热电联供机组，原因是其发动机对不稳定的气体成分不敏感。人们已针对其在燃料电池工厂或燃气轮机等领域的应用，在实验工厂进行了相关的试验。两种不同的工艺可用于沼气发电。在所谓的湿润发酵期间，可处理湿润或液态残余物。通常采用该工艺是因为干发酵发生于早期（图C2.34）。因此，这种工艺特别适合浆体、有机废弃物、生物废料或青贮玉米等生物质残余物。也可以使用来自美赞臣营养公司的废料，例如，在其果蔬加工、屠宰或食用过程中产生的废料，出于卫生的

图C2.33　木屑颗粒

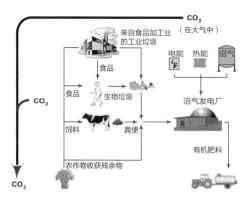

图C2.34　沼气的循环利用

考虑，将这些材料在70℃以上的温度条件下加热约1h（图C2.35）。图C2.36反映了来源于不同生物残余物的平均沼气产出量。

由于实现了良好的残余物开发利用，沼气的使用既经济又可持续，德国从2006年以来即已将沼气接入天然气网络（图C2.37）。在温德兰地区的亚梅尔恩镇，第一家沼气站开门营业。在瑞典，沼气已占其总天然气需求的51%。在意大利，相关部门准备对沼气采取补贴措施，以降低二氧化碳排放水平。沼气的使用在这里同样起着决定性的作用。在托斯卡纳，一个涉及若干酒店的旅游项目正在进行中，应当能改善基础设施，并支持农业发展。能源供应则由一家沼气发电厂负责，这一点尤其有意义，因为除此之外只能选择昂贵的液化气。支持这一概念的是太阳能供电的冷却系统和风能利用。在此情况下，要存储不稳定的风能，就不能使用电力网，原因是酒店设施未与公共电力相连接。为此，可利用所发出的风电使得水泵将水抽到高位水库储存。在有用电需求的无风日，可利用水的高差，通过风力涡轮机进行发电。这一总体节能概念方案与传统的能源供应方式相比，有害气体的排放量可减少85%。

图C2.35　种植向日葵以产生可再生能源

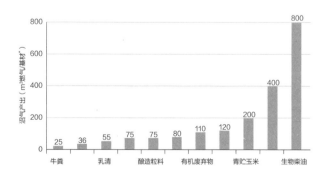

图C2.36　不同残余物的平均沼气产出量

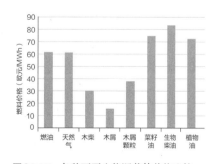

图C2.37　各种可再生能源载体价格比较

*　基材，原文是 substrat。——译者注

C3   D

投入运行及试运行

节能建筑的工艺要求

当前，在建筑规划和施工过程中，计算机模拟程序已应用于概念设计阶段。一般来说，在建筑及其技术系统的调试阶段，以及验证规划阶段所承诺的质量标准是否实现的验证阶段，常常采用的都是最简单的工序方案。通常只是在施工现场实地视察中采用直观检查，以及对系统部分操作点进行功能检查。对于绝热要求较低和未采用创新性建筑技术设备的建筑来说，这两种方法已足以满足需求。但对节能建筑来说，最新技术系统一般为首次采用，其施工和运行过程几乎毫无历史经验可供借鉴，因此，监督要求更加严格。

此外，节能建筑所采用的众多技术和建筑系统之间协调性要求极高，如果任一系统在设计中出现问题，其他系统都将受到极大的影响。建筑物外立面的密封性就是在这方面的一个例子：如果在建筑设计中建筑外立面上没有设计供暖装置，那么为了保持冬季室内的舒适度，高密封性的建筑外围护结构就显得至关重要；而对安装了供暖装置的建筑来说，施工缺陷往往更容易弥补，只需提高供暖装置的运行温度即可。虽然这可能导致能耗增加，但室内舒适度将保持不变。但这一方法无法用于安装板式供暖系统的建筑，因为此类建筑没有足够的空间实现舒适而健康的表面温度。此外，绿色建筑的经济性考虑在很大程度上依赖于预期的较低能源成本。因此，建筑施工的一个重要目标是：建筑构件质量和能源基准必须坚持设计概念及规划中的技术规范。

为实现这些目标，我们在规划和施工过程中必须坚持使用当前已通过试验验证的测量技术和计算机程序。只有在建筑运行过程中达到了规划承诺的指标，绿色建筑才能算是经济的。这里的一个重要步骤是进行充分调试，并在运行过程中提供相应证据。而且，更重要的是查明规划过程引发的任何变化，以便正确地确定最佳目标值，实现长期优化运行。

鼓风门测试 —— 气密性验证

对绝热性能和建筑整体质量而言，建筑气密性是至关重要的因素。缺乏气密性导致空气交换不受控制，热损失增加。特别是在多风地区或在建筑没有遮挡的情况下，缺乏气密性将导致通风系统产生热损失，该损失可能高达总耗热量的10%。

假如建筑构件的接缝缺乏气密性则会造成更大的问题。湿空气会从缝隙进入，在建筑构件内部凝结。这可能造成受潮，致使霉菌生长。在建筑立面缺乏气密性的区域，冷空气将流入并下沉，形成穿堂风。因此，对通常不在建筑立面设置供暖装置的低能耗建筑而言，气密性是一个特别重要的因素，特别是使用空心型材的轻型建筑，冷空气更容易入侵，而且，缺乏气密性致使声音穿透墙壁。

建筑及其构件的气密性通过鼓风门测试确定。该程序最初为测试公寓的气密性而开发，但其实也适用于测试更大型建筑的气密性。该技术非常简单：将建筑某个特定区域的空气用鼓风机吸入或排出，而测试所得压力差与所产生气流量之间的关系用于确定相关外立面区域的建筑质量：因为在建筑外立面缺乏气密性的条件下，测试所得压力差较小，致使更多空气进入建筑。通常，鼓风机放置在门前，从而测试产生50Pa压力差所需的气流量，进而确定 n_{50} 的值（图C3.1）。在安装窗户通风系统的房间内，该数值可能不超过3/h；而在机械通风的条件下，该值不得高于1.5/h。超压和低压都应进行测量，以确认接缝是否具备气密性，如气密层。此外，还可采用流量计（通常为热线风速计）或水蒸气确定漏风的位置。寒冷的季节也适合在低压条件下采用热成像扫描法。通过缝隙入侵的冷空气降低了相关建筑构件的温度，因此，这些缺乏气密性的构件的位置可以通过红外成像技术而探知。

这些测试方法也可用于既有建筑中。对新建筑来说，最佳测试时间是建筑立面已经封闭且绝热工程已竣工，但地板工程尚未完工且尚未铺设的时候。最常见的漏气点在建筑构件接缝位置，例如，窗户与建筑立面之间的接缝以及地板与墙壁之间的接缝（图C3.2）。而结构设计中的风道常在规划阶段被忽略。

建筑气密性程度往往在建筑投入使用几个月后就开始下降，这通常是因为金属箔粘接或密封胶勾缝处理不够专业，或在过度拉伸的材料上进行敷设。因此，建议在质保期终止前对关键区域进行新一轮气密性测试。只有这样，才能确认建筑外立面结构的节能质量。

图C3.1 空气渗漏读数显示：玻璃接缝上缘有一条缝隙漏气

图C3.2 嵌入普通门扇的鼓风门气密性测试系统；空气渗漏读数显示：木质立面上的窗户接缝无任何泄漏点

热成像——绝热和主动系统的验证

过去数年来，热成像法已成为应用于施工过程的一种多功能工具。对新建筑来说，热成像法往往用作建筑外围护结构及供暖和制冷系统的管理工具。在建筑翻修项目中，热成像法的图像有助于快速分析建筑外立面结构的质量水平、查找暗装供暖管道的位置。

就绝热而言，高质量的建筑外立面结构是实现较低供暖能耗和提高节能的先决条件，而热桥现象也应尽可能减少。在这一方面，施工管理往往采用目视检查方式。但是，目视检查无法确定建筑竣工后的各个建筑组件是否真正实现了之前规定的质量水平和在实验室测得的数值。在这种情况下，可用红外摄像机获得表面温度变化轨迹的图像，然后"逆向"推算确定绝热质量及当前热桥的数量。建筑的薄弱之处往往导致不必要的能量损失或致使建筑内部温度降至冰点以下，而这些薄弱点均可用热成像摄像机进行确认。因此，如能尽早应用这项技术，便可避免之后的财务支出及构件受损。位于德国斯图加特的巴登-符腾堡州州立银行新建筑在竣工后就对外立面进行了随机的气密性测试，并实施了完整的热成像测试。此类管理措施是全面检查的一部分，也是建筑调试程序的重要组成部分。在这一案例中，建筑的高节能质量得到了证明（图C3.3）。

热成像法也可作为一种支持性功能用于鼓风门测试，尤其是在仅靠鼓风门测试无法确定穿过建筑立面的进风通道的情况下。红外图像可清晰显示窗户、门和玻璃立面的漏风点，这也意味着可以对小面积外立面的气密性水平进行准确的评估。

大面积供暖和制冷系统在供暖时运行温度较低，在制冷时运行温度较高。这意味着基本不可能实施手动功能控制。为了实现最佳运行条件，不仅表面温度非常重要，均匀的气流也同样重要。红外图像可以通过温度是否均质分布（图C3.4），快速确认是否实现了正确的建筑表面活化。对新建筑和既有建筑来说，热成像法提供了一个大面积立面的成像机会，可借此分析绝热水平和漏风点，并在此基础上实施节能措施。为此，模拟计算的结果需与热成像结果进行比较，并进行相应调整。这有助于得出具有现实意义、能降低能耗和能源成本的具体结论。

图C3.3　红外技术显示，结构柱穿入悬挑屋顶位置并未引发热桥现象

图C3.4　借助红外技术的运用，通过表面温度的测量可确定热激活建筑构件的荷载状态（见彩页）

室内舒适度的验证

室内温度是温度舒适度的一个重要指标。在此需区分空气温度和体感室温的概念。一般来说，如果室温传感器放置在通风条件良好、房间内适宜的位置，空气温度可以通过传统的室温传感器测试。室温传感器被放在室内强热源（计算机）附近或有阳光照射的区域的情况并不少见，这就无法准确测试空气温度。因此，我们建议留意这一特别的细节，因为正确的温度测试对建筑运行具有极高的价值，而正确设置额定值将对能耗产生较大的影响。

测试体感室温需要球形灯泡的辅助。为此，图C3.5展示了测试的装置。传感器与周围所有围护区域，以及空气温度交换热能，这意

味着传感器能准确地反映人类的感觉，因而可以与规划阶段的预估数值进行比较，而这一点对于所有项目而言都至关重要。最后，规划阶段预估数值将大大影响建筑产品的销售或租赁，也往往成为落实既有设计概念的重要决策标准。球形灯泡测试往往表明：在安装了户外遮阳装置及存储容量较高的房间，体感室温接近于平均室温。在这些情况下，已校准的测量传感器也可用于估算体感室温。此外，在比较目标值和实测值时，运行过程中的边界条件应基本上符合规划阶段的条件，以避免得出错误的结论；这一点很重要，尤其是对于房间用途和房间设备的选择而言。图C3.6反映了节能型OWP11写字楼预估室温和

图C3.5 使用球形灯泡测量体感室温

3年中实测的温度数据，这二者非常接近。

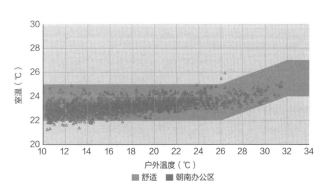

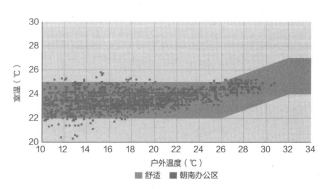

图C3.6 左图是借助建筑模拟程序得到的测算室温，右图是建筑运行过程中的实测温度，将两者进行比较；朝南办公区（OWP 11写字楼）内两个数值非常接近（见彩页）

空气质量

图C3.7　建筑交付之后进行空气质量测试

　　空气质量主要取决于四个不同的因素：户外空气质量、自然或机械通风的类型和规模、人员入住率和室内材料排放情况。尤其是如果人们在绝大部分时间内都待在封闭的空间，如办公室或公寓内，那么室内空气中的有害物质对他们的健康和舒适感将造成很大影响（图C3.7）。建筑材料排放情况和建筑通风单元产生的污染时有发生，它们会严重影响员工生产率和健康，并会增加员工患病和身体过敏的概率。

　　当代的服务提供商的业绩依赖于每位员工的工作业绩，这意味着许多雇主已意识到应该尽可能为员工提供健康的工作环境。为此，在建筑规划和施工阶段，应尽可能减少家具、建筑或装修材料中的有害物质含量，这一点至关重要。在此，必须特别注意挥发性碳氢化合物（VOC）、甲醛和纤维颗粒。从第二次世界大战后到今天，无论是在居住建筑、办公建筑、学校建筑还是任何其他建筑类型中，过去遗留下了很多的"负面遗产"。如今，这些建筑必须重新装修，这往往需要耗费巨大的精力。例如，我们所见的众多印刷电路板或石棉材料改造工程会给既有建筑材料处理和成本带来负面影响。

　　位于德国斯图加特的巴登-符腾堡州州立银行的新建筑项目尤其注重正确使用低排放或零排放的建筑材料和复合材料。从项目早期开始，该银行就制定了全面规划，并在施工方案的编制和实施阶段得以精心实施。在一期装修工程竣工后，空气质量测试取得了良好效果。室内空气中生态可疑物质排放量保持在了最低水平，几乎不高于户外空气中生态可疑物质的排放水平（图C3.8）。

　　在满员使用的情况下，位于德国Zirndorf的Playmobil乐园可容纳2000名游客。它的设计概念采用了窗户通风系统，通过自然通风实现通风和降温效果。如果窗户通风孔证实无法在不损害室温舒适度的情况下为大厅提供足够的新鲜空气，则会增设机械通风系统。基础通风功能设计为层次性通风，即从下方进行通风。这更有利于人们身体附近的新风进入，清除有害物，同时基本不产生能耗。建筑运行期间的监测显示：建筑使用分区的二氧化碳最高浓度为950ppm。在建筑开始营业的4—5h后才需要启动通风系统，而那时的能耗可保持在最低限度。

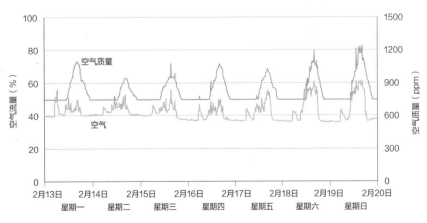

图C3.8　通风系统实测空气质量和空气流量每周变化轨迹（室温是确定空气流量的标准之一）

噪声防护

图C3.9 双层玻璃幕墙的空腔内部及双层外立面户外噪声测量

影响工作环境品质的主要因素是用户所遭受的噪声干扰。在很大程度上，人们能否集中注意力要取决于噪声干扰所引起的分神程度及听到的谈话片段内容。既然人们无法做到充耳不闻，那么在需要进行繁重脑力劳动的工作环境中，应尽可能将声音干扰因素保持在最低限度，这一点至关重要。这些干扰性声音可能来源于楼宇技术系统、邻近房间噪声或户外噪声。

因此，工作环境声音条件的认证应尽快展开。为制定具体的施工工序，建议在特地建造的几间相邻样板房内进行声音水平的测试。这不仅有助于测量办公室和走廊隔墙的隔声水平，同时也可测量针对户外噪声的隔声水平。

某一工作区域的声学条件应视为一个统一单元，特别是在采用双层幕墙的情况下，因为双层幕墙即使是在通过窗户进行自然通风的情况下，依然可以显著降低外部噪声。鉴于在双层幕墙条件下，户外噪声可能在室内整体噪声水平中占比重较低，因此，邻近房间的声音干扰从主观上感觉危害更大。在项目现场，应从项目早期开始就明确隔声质量的要求。任何建筑性能的缺陷都可能造成隔声水平降低5dB

甚至更多，尤其是开放式接缝。这是因为，开放式接缝往往位于各种构件结合处，对隔声效果肯定会有所影响。

尽管目前已有各种模拟工具和方法，但精确计算双层幕墙的隔声水平仍然是一个不可能完成的任务。

因此，很重要的一点是应在建筑的土建施工阶段，就对幕墙部件样品进行隔声性能测试，让业主尽早确认其对户外噪声的降噪效果。

通过研究许多的噪声测量结果，笔者总结出：双层幕墙的降噪水平可达到3—10dB（图C3.9）。实际上，降噪水平的不同与幕墙间空腔的不同规模，以及进风口和出风口的不同尺寸和布置有关。准确地说，拟安装的双层幕墙所能达到的降噪等级与幕墙间空腔所需的高热防护水平相关，因为这决定了通风截面的大小。

自然采光性能和无眩光要求

射进房间的日光量主要取决于建筑幕墙的质量。室内设计，尤其是颜色的选择及家具和活动墙的布局、工位的布置与日光传感器的位置，在降低照明电力需求方面也发挥着决定性作用。此外，遮阳装置自动化运行需要精心设置，确保建筑实现最佳的自然采光和散热性能。在这一点上，应尤其注重建筑用户的满意度。如果用户不接受遮阳装置的自动化管理程序，并反其道而行之，则无法实现最佳的建筑运行效果。在德国威斯巴登市德国物理治疗师协会主楼的翻新工程中，用户行为已纳入了遮阳装置控制设施设置的考虑范围（图C3.10）。首先，需要针对户外孔状竖式百叶窗卷帘拍摄亮度照片，以科学地评估不同遮光肋板位置出现的眩光现象，并测试遮光肋板位置对室内亮度的影响；同时，还会征求用户对遮光肋板位置的偏好以及对使用室内竖式遮阳装置的意见。只有用户参与其中，遮阳装置的控制方案才有可能得到精心调整，以保证在建筑运行过程中实现最佳的自然采光效果。

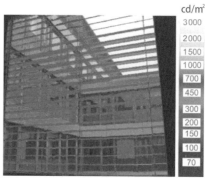

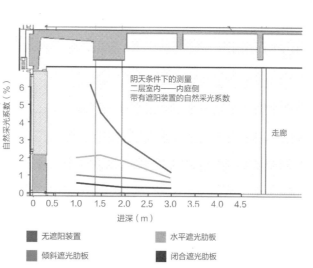

图C3.10　对处于不同角度的遮光肋板（包括户外遮阳装置和室内防眩光装置）的亮度和照度的测量（见彩页）

模拟

绿色建筑设计方案的关键是制订能在后期实现节能和节约资源的经济运行方式的方案。当前,无论是从方案概念上还是从技术上都有多种选择,从智能化的户外遮阳装置(可由人工控制或自动调节),按预先设定的自动开启和关闭通风风门的自然通风方式,甚至创新型的、采用可再生能源及节能的供暖、制冷和照明方案。

大部分方案的相同之处在于,需要从整体角度进行跨专业的方案规划设计并付诸实施。例如,当专业设计师设计中庭自然通风系统时,需考虑建筑师的幕墙和幕墙风门片的设计理念以及排烟和消防系统的技术要求;同时,还需确保所有建筑构件系统能相互兼容;而最重要的是,方案要能够获得批准。由于涉及通风系统、幕墙、排烟和消防系统,所以,调节系统和控制系统的控制方案是一个跨专业的设计方案,且这一控制系统方案不能像之前那样,仅能用于某个单一的专业领域。这一原则也适用于能源的调节及控制系统。因此,跨专业的知识极其重要。对绿色建筑来说,虽然控制和调节方案的基本参数在规划阶段就进行计算并设定,但针对每栋建筑还是必须重新

模拟 = (就该自动化构造的控制系统分析而言)在一个设置了现实和可复制边界条件的虚拟测试环境中对真实的建筑自动化控制系统进行认证

图C3.11 新的施工质量保障程序的模拟原理

进行确定。虽然在规划阶段可通过"计算机模拟程序"获得虚拟的建筑运行体验,但这些基于标准模型的解决方案却有可能掩盖错误。

为了调节和控制相关参数,软件的运用越来越普遍,但软件必须以标准的解决方案为基础,然后根据每一个项目的需求进行调整(图C3.11)。在实际施工中,这些参数往往无法提供,因为MSR规划阶段(测量、控制、调节),建筑运行情况通常仅以书面文字形式进行描述,再辅以数据点列表。因此,调节和控制参数编程作为节能概念的组成部分,往往是由建筑公司负责,但一般来说,从规划阶段开始进行的、关于能量概念和节能运行的所有讨论在传达给建筑公司的时候都还是不成熟的。并且,控制和调节系统编程人员几乎都不是能源专家,并不真正了解建筑内部热能、动态和能源工艺。此外,测试和控制系统编程在施工阶段中的进

度安排往往都过晚,一般都是在疯狂忙碌的竣工阶段,而那时各系统的实际结果已经出来了。因此,当实际投入运行时,几乎每栋建筑都在过程测试和管理技术方面有些缺陷;而这些缺陷通常在用户入住之后才会得到处理,耗时耗钱。绿色建筑在这方面特别受影响,因为绿色建筑往往采用的是之前从未实施过的全新概念,基本无法借鉴先前的建筑经验。

事实上还有一个难点是,对已竣工的调节和控制系统进行完整和全面调试、质量控制和检查需要克服巨大的困难。遮阳装置的控制和自动化设施在所有临界运行条件下的检查也面临这一问题。一个原因是在调试过程中人们无法影响户外气候;此外,由于无法对内部程序的全貌有一个清晰的了解,对这些设备的参数也只能艰难地从"外部"进行控制。

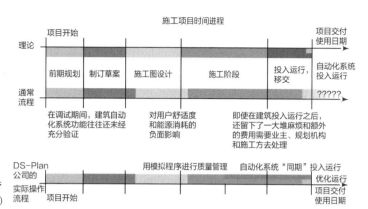

图C3.12 在楼宇控制技术领域采用模拟技术实现质量管理的相关理论、施工实践及新途径（GA即建筑自动化控制）

实际案例

在建筑投入运行后不久，就会收到一连串关于遮阳系统的投诉。投诉内容从工位眩光现象、到过多地遮挡阳光、到发现百叶窗窗帘莫名其妙地不停连续升降。而具有讽刺意味的是，这些系统运行的初衷是为了提升用户的舒适度。遗憾的是，目前的普遍现象是在建筑投入运行之后，遮阳装置往往失灵或者未能以预期的方式运行。通常需要对遮阳系统进行调整，以适应建筑的运行周期。这样的缺陷除了造成业主的不满和愤怒之外，还可能大大增加规划设计和施工团队的成本，减少业主的收入，如租金减少等。这些后期调整会造成项目各方的利润下滑，甚至被完全吞噬。

类似的问题也发生在与整体节能概念相关的建筑构件质保方面。由于这些构件受特定用途和户外主导气候的影响较大，其众多功能无法在投入使用之前进行充分测试。为避免这些问题，需要开辟新测试路径。

建筑模拟是朝正确方向迈出的重要一步。模拟程序可在建筑投入运行之前，有时甚至在设备安装之前，对遮阳装置或节能概念方案的调节和控制系统的计算程式进行检查，而不受限于施工现场的工作状态。模拟过程将控制和调节装置集成到一个虚拟的测试环境中。测试环境其实是由计算机、读数器和记录器组成的，如有需要，还可接入总线系统（如局部操作网络），令控制程序误认为是处于真实的建筑内部环境。计算机将模拟正常办公的运行环境，并选择临界运行条件。模拟程序设计的场景基本上是户外气候的边界条件，如阳光状态、阳光辐射、户外温度、风速、自动遮阳和户外遮阴、改变云层条件和不同用途等（图C3.12）。这样便可在建筑安装这些调节和控制构件并投入运行之前，发现并处理系统缺陷。这对绿色建筑而言特别重要，因为绿色建筑的调试程序需要付出最多的精力。

模拟也能提升建筑质量，为项目各相关方带来益处，并从项目投入运行一开始就为业主、用户和租户提供功能正常运行的建筑。建筑师和建筑设备工程师可在各种边界条件下测试系统的调节和控制功能，从而确认建筑及其系统的功能不仅在调试过程中存在的边界条件下有效（图C3.13）。因此，模拟程序对项目各方都有利，既可满足所需的质量标准，也能减少人工成本和其他费用。

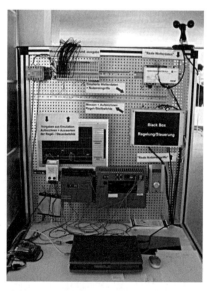

图C3.13 设置模拟装置（将其用作对真实的系统调节和控制构件进行测试的虚拟环境）

运营阶段能源管理

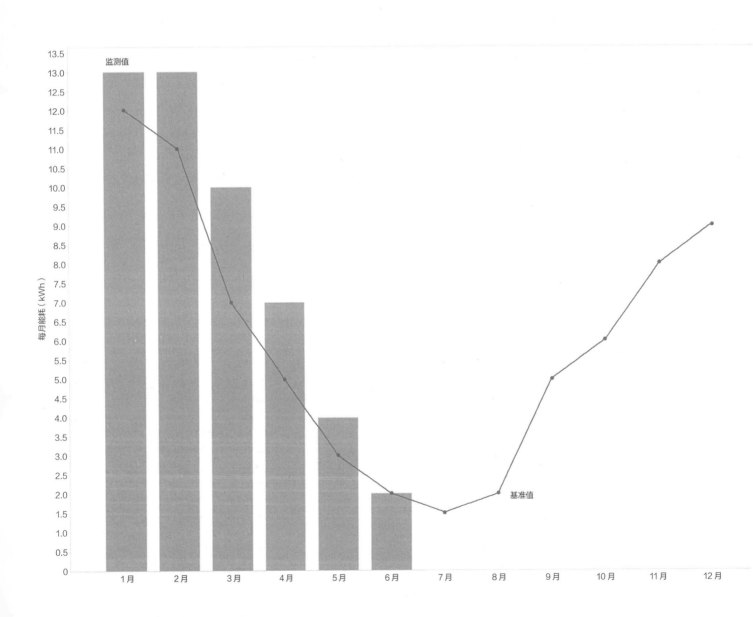

绿色建筑凭借其极低的能源总需求，以及能耗最低的优化建筑系统技术脱颖而出，但绿色建筑的各系统之间需要高度协调，运行参数的错误设置会导致建筑低效运行，并造成能源消耗增加。遗憾的是，这一问题经常出现，因此在规划阶段设定的能源效益往往在建筑运行过程中无法实现。甚至可以说，在实际的建筑运行过程中鲜有开展能源效益的检查工作。在大多数时候，无论是业主还是运营商都不了解维持建筑正常运行所需"消耗"的能源，无法确认室内舒适性，也不了解规划阶段的承诺是否兑现。但有意思的是，如果是谈到车，无论是自己的车还是邻居的车，人们却往往对这些数据了如指掌。即使是在使用大排量的汽车，人们都很乐于展示自己的车是经济合算的。

总之，我们可以说，由于测量仪器的缺乏或不完整，建筑运行更多的是以建筑用户的满意度为导向，而不是降低能耗。这一点从本质上而言不能说是错的，而只能看成是运行目标的覆盖范围不足。因此，建议实施战略性的能源管理，

将长期目标设定为尽可能以最低的能耗和成本满足用户的需求。遗憾的是，这样的战略性能源管理极少得以实施。通常情况下，人们总是从合理性出发或通过比较上个月或上年度的能源账单，来对自己的月度或年度能源费用进行控制。

遗憾的是，造成这一缺陷的原因可追溯到现有技术系统和工具虽然标准化但功能却不完整的测量仪器。这些测量仪器不太注重能耗的分析和优化，而只侧重每个建筑构件的功能，用于定向分析和评估的

工具往往不够人性化，所以往往被弃之不用或很少使用。某栋建筑或某个系统是否能高能效地运行，或与上期能源账单相比而增加的能耗是否可以通过不同应用方法、气候或其他影响因素加以解决，这个问题在大多数情况下只能在付出艰辛努力之后才能得到解决，或是根本无法解决。例如，在德国，用于建筑的供暖、制冷、通风和照明的能耗占总能耗的40%，但令人费解的是，在这个领域可供选择的解决方法和工具却极少。

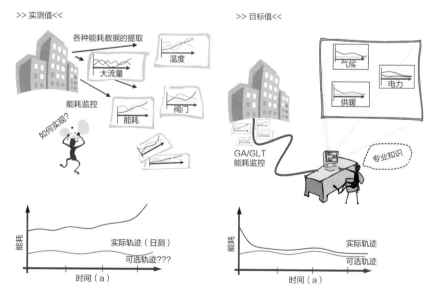

图C4.1 建筑运行现状优化与未来自动化运行优化方式的对比

除了缺乏工具、测试技术设备不足等原因，无法在建筑运行阶段完全实现规划阶段所预设的节能潜力的另一个原因是：规划、施工和最终建筑运行阶段往往间隔数年的时间，因此规划阶段的内容时常被忘却脑后，而当初的项目成员也已换人。图C4.1反映了建筑运行优化的现状及其与新制定解决方案的比较。

虽然大多数建筑记录了运行参数，但通常我们无法从这些参数中了解建筑运行水平是否是最优的。在大多数情况下，我们仅限于比较一下实际能耗与上期能耗的账单。这意味着并没有完全利用可用的节能潜力。

因此，绿色建筑需要一种不同的方法：在规划阶段创造和使用的模拟模型反映了建筑的热行为，也是分析建筑实测能耗的参考。模拟模型类似建筑运行，反映了理论上的能源消耗。通过比较能耗记录与计算得出的能源消耗（在相同边界条件下测量：相同气候和可比使用率水平），我们可以得出关于建筑运行过程中节能潜力的结论。

定向和战略性的建筑运行和能源管理需要将系统工程测量仪器扩展至某个点，以便尽可能在最短时间间隔内完整地登记并记录能量流、室内温度、系统参数等。

在这种情况下，我们要引入数据记录仪的概念。如果巧妙地记录这些数据，则可控制额外的成本，且通过高效能源管理系统所节约的能源成本远远超过一套详细数据记录仪系统的费用。

数据记录仪的方案需要精心设计，使其能连续一致地测试和分析能源平衡。必须注意的是，测试精度和容错度应调整至仪器记录数值。例如，在测试热激活构件的温度时，与供暖装置供暖，流动温度与回返温度的温差为20℃相比，需要较高的记录精度，源于能源流动与回返之间的约2K温度差值。此外，测试点选点必须正确。错误的位置可能很快导致高达30%的记录误差。除理解能源技术外，测试人员也需要学习测试工程知识。

实际记录数据与计算数据之间的比较结果也可以进一步微调，以涵盖——除能源消耗和能源消耗外——运行参数和系统工程条件数值，供测试、确认和比较。这有助于尽早确认运行行为的变化——例如，由系统构件受到污染引发的变化。这意味着，效率低下和运行故障可通过预防性措施处理。

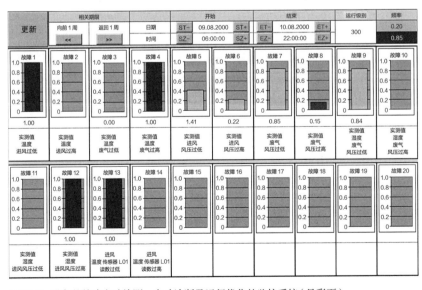

图C4.2　设备的故障自动检测、自动诊断及运行优化的监控系统（见彩页）

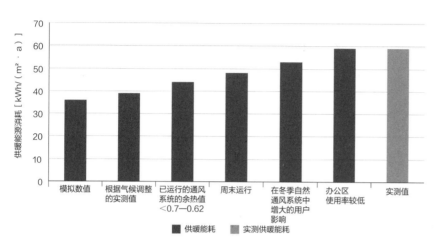

图C4.3 通过模拟方式分析OWP11建筑的供暖能耗（见彩页）

（图表纵轴）供暖能源消耗［kWh/（m²·a）］

（图表横轴）模拟数值　根据气候调整的实测值　已运行的通风系统的余热值<0.7—0.62　周末运行　在冬季自然通风系统中增大的用户影响　办公区使用率较低　实测值

（图例）■供暖能耗　■实测供暖能耗

可用于多种用途。以OWP11建筑为例，图C4.3说明了这样一种方法：OWP11建筑的供暖能源消耗在规划阶段计算为37kWh/（m²·a）。在建筑运行第一年，能耗读取数据却高出50%。通过逐步调整模拟模型中的运行参数，可以查明该供暖能耗较高的原因。事实证明，由于办公区域的工位并不密集，所以规划中设定的热源在运行过程中未能充分实现。而室内热源的"缺失"则造成了较高的供暖能耗。

借助符合建筑运行状态可靠的模拟模型，就可容易地得出潜在的可采取的节能措施。

然而，海量数据的分析仅靠看仪表数字是无法完成的。因此，实际记录数值和计算数值之间的比较工作将采用自动化方式完成。为此，需利用带有建筑优化和故障检测功能的能源监控系统，如图C4.2所示。信号系统的布置可向操作人员显示仍在"绿色区域"中，即优化状态下运行的系统；以黄色标识的系统则表示已处于低效运行阶段，能耗可能会增加，需进行具体分析；以红色标识的区域表示急需改善系统参数，以避免效率低下、运行缺陷和能耗增加。

可用上述工具建立一个战略性的建筑运行管理系统和能源管理系统。通过对运行数据的定向评估和分析有可能达到建筑的节能运行。

项目实例——整体节能的证明

建筑投入运行之后的第一年便可实现对整体节能的证明。为了实现能源平衡，像气候、利用率和系统运行等核心影响因素也应体现出来，因为规划阶段的任何能源基准仅适用于当时规定为目标值的参数。因此，一个透明的验证程序是非常复杂的，尤其是当运行边界条件与规划条件之间存在很大差异的时候。在这种情况下，可根据运行条件调整各参数。这就需要一个稳健的模拟模型，以记录气候、使用、建筑及系统运行之间的交换。此类系统往往已在规划阶段存在，

深度观察——绿色建筑访谈录

D1

汉堡，Dockland 写字楼

建筑师专访：Hadi Teherani，汉堡BRT建筑师事务所

1. 在您看来，界定一座建筑是否成功的最主要标准是什么？

决定建筑品质的因素是空间、体量、观感及各种体量流线之间产生交互关系的动态过程。科技成果可以为空间设计的新构思插上翅膀，却不能替代以上要素成为设计的起源。令人信服的建筑设计是感知、文化、精神以及可读性建筑语言的结合体。具有个性的建筑需要清晰定义的、生动的建筑设计以体现出优越的建筑功能，尤其还需要具备情感吸引力。

2. 在您的建筑设计中，可持续性的作用是什么？

建筑的美在于它的逻辑性和高效性，而不是装饰和时代精神。建筑师必须能够找到综合解决方案。聪明的业主会避免产生过高的建设成本，而明智的业主更明了过于控制投资成本的危害会更大。如果投资过高，可能会损失一部分金钱，但如果投资过低，投资根本无法满足项目的长期目的，可能会冒上失去一切的风险。物业的整体成功只有从项目生命周期的角度进行计划。

图D1.1　Dockland写字楼，德国汉堡

3. BRT建筑师事务所（Bother Richter Teherani Architects）在"绿色建筑"方面的目标是什么？有何愿景？

我们的重要目标之一就是要把建筑的运行成本降低到最低。

当谈到应对能源问题时，如果没有智慧的解决方案，那么给建筑设计留下的经济余地就很少了。当谈到节能潜力时，一栋建筑的长期能源成本与人们通常讨论的建筑成本相比要更加多变。因此，既要关注人们的需求同时又不超出他们的经济能力范围。如果建筑师能成功平衡这两方面，他将会是无可取代的。仅解决建筑施工或城市所产生的个别问题是远远不够的，所有问题都需要同时着手处理。这就是我的工作重点。

4. 贵所与D&S进步建筑技术公司（Drees & Sommer Advanced Building Technologies）的合作如何？多年合作的基础是什么？

对于我们的建筑，我们理所当然要采用最先进的科技，但还必须考虑经济以及生态因素。这就意味着在很多情况下，最后实际使用的科技手段很小。只要合理可行，我们总是优先考虑低科技而非高科技，并乐于利用大自然中更为有效的解决方案，例如放弃空调系统，或者放弃电力通风机组。我们确实可以借鉴过去，回到地域性的建设考虑因素和气候条件，并以经济生态可行的方式对其加以利用。BRT的科技极简约原则并不意味着我们忽视科技，而是意味着工程师的目标应着眼于尽量降低建筑的能耗，

同时通过智慧与经验的结合，实现建筑功能的最优化。我们的目标应该是：通过创新性的设计构思实现居住质量的提高，同时又实现节约资源。

这种开阔的思路和做法同样是D&S进步建筑技术公司（以下简称D&S公司）的工作原则。因此，我们之间甚至无须再去讨论其他的方法。

5. 设计规划团队要具备哪些素质，才能设计并建造高品质的可持续的建筑？

在12年前，当我们团队在德国基尔的储蓄银行大楼扩建施工中首次采用冷却顶板空调时，我们就认识到，在建筑处理手法上挑战极限，同时对相关工业提出更高要求并主导创新性是多么的重要。我们需要努力在不远的将来找到能源的替代物，因为能源将变得极为短缺或将被征收重税。留给我们的时间不多了，必须尽快找到新的解决方案。然而，与此同时，用户也必须对这些技术方案感兴趣且支持这些方案。如果新科技不能让用户操作轻松，反而造成负担，并且增加用户的时间和费用成本的话，那就是走入了歧途。科技必须适应人的需求，而不是让人的需求去适应科技的要求。

6. Dockland写字楼的设计理念是如何形成的？

汉堡这座独特的国际化大都市所具有的国际性和独特性要归功于水的微妙力量。Helmut Schmidt说得好：汉堡是大西洋和阿尔斯特湖的完美结合。这一点从建筑上也应有相应体现。我们并不是想重新创造历史，而是要运用当代手段讲述一段动人的新故事。这也是继续讲述城市历史的唯一途径。建筑的造型特征加上其配套的系泊设备*，将其遥远的邻居（指大西洋）结合起来。这是20世纪90年代William Alsop设计的Dockland写字楼（图D1.1），可惜当初那种动感活力在竞赛之后就变得循规蹈矩了。Dockland写字楼采用了汽船的主题造型以及大跨度悬挑船头，打造了鲜明的城市门户、滨水区以及可以自由进出的瞭望平台，也是观看港口和渡轮码头船只来往的理想位置。

7. 该项目的设计目标是什么？

根据我的理解，建筑设计应该能塑造建筑的特征，甚至建立与人的情感共鸣。务实的办法不应等同于缺乏想象力。任何一家从建筑角度重新自我定义的企业，无论是对外部而言还是对内部，只要它以一种建筑设计上鲜明而独特的方式对自己进行定位，都一定会有所获。任何希望在未来吸引积极主动的合格人才的公司，无论其方式和地点，都不能只局限于创造就业，更要创建一种将集体主义和个人主义相结合的工作文化。

8. 对于业主和租户而言，该建筑有哪些突出的优势？

公司或政府机构的入驻就是对外界发出的一种清晰易懂的信号，其影响力远远超过建筑本身所处的位置。然而，更有意义的是建筑向内部辐射的特性。我们努力的重点是要在不影响城市结构秩序的前提下，找到针对各个工作位置的最高的组织性和空间个性，并通过建筑设计来强化沟通。在这种水面环绕，船只移动的特殊环境中，您甚至会感觉您正在和这座具有活力的建筑一道前进。

---

* 系泊设备亦称"系缆设备"。船舶系靠于码头、浮筒或他船时所用的设备。——译者注

业主专访：Christian Fleck，Rober Vogel 合作有限公司

1. 在您看来，界定一座建筑是否成功的最主要标准是什么？

建筑地点、高要求及落地性、优秀的建筑设计、运行的经济性、用户对建筑的认同感、尽可能少用技术手段——贴合实际需求的、运行成本低、易于操作、低能耗、节约资源、良好的市场前景以及较长的使用寿命。

2. 在一栋建筑内生活对您意味着什么？什么因素对于您感觉是否舒适起着至关重要的决定性作用？

建筑的位置、环境、空间、建筑设计、视野、朝内的视野、和谐的比例、供暖、供冷、设备使用简单且易于理解。

3. 在您的建筑设计中，可持续性和生命周期的作用是什么？

我们开发、建造并运营建筑。因此，从建筑的生命周期考虑问题对于我们来说极其重要。可持续性不仅是对子孙后代的重大道德责任，也是基于明确的经济考虑。在将来，从相关成本角度考虑对资源进行负责任的利用将具有重要意义，相关成本高也就意味着基本租金低。另外，形象良好的公司将持续拥有明显的市场优势。因此，资产拥有者总是比"单纯"的投资者更关心建筑的品质。

4. 您亲身参与了建筑从设计到运行的整个过程。您认为最大的改进潜力在哪里：是过程本身、设计理念、规划实施、施工执行还是建筑运行呢？

精干的团队和信任。在找寻设计理念的过程中，其他一些方面也需要加以考虑，例如易于管理、用户关系、低运行成本、对资源和环境的可持续管理等。

我个人认为：规划程序常常由于规划和建筑过程中涉及太多的人而受到妨碍。无所不知的专家、项目经理、专业评估师、顾问等简直太多，他们只是不必要地拖延了项目进展，浪费项目经费。因此，我们不得不在后期的实际实施阶段尽量弥补这些成本，而在这个阶段削减成本会对质量产生负面影响。当然，项目变得越来越精细复杂，但决策者（包括业主方决策者）却常常不能与项目一起成长进步。

我还觉得施工过程本身还不够先进——我们不断地修改规划设计，然后进行邀标，在这个阶段，其他建设公司才开始参与进这个项目。其实，参与工程的公司应更早地参与到项目里来，才能实现与各方的协同效应。

尤其是在初始设计阶段，应该从更高的层次进行规划设计（就像造船业的做法），以便对基本原则和概念进行更详细和周密的解释和检查。而实际上，两个最初的HOAI阶段（HOAI=建筑师和工程师服务报酬的正式标准）——基本评估和初步规划——仅仅是一掠而过。

5. 设计规划团队要具备哪些素质，才能创造出要求高且具有可持续性的建筑？

专业知识、经验、承诺、激情、用心——这一切不都是D&S公司所倡导的吗？另外，还有对追溯事情由来的坚持、乐趣、责任感。

设计规划人员的视野不应当只局限在他们的本身专业范围，还应跳出框架思考。

6. 对于业主和租户而言，该建筑有哪些突出的优势？

独特的位置、杰出的建筑设计、优越的质量、最大的灵活性、最先进的科技，是一栋创新型现代化建筑，使它在今后至少20年内仍能保持市场领先的地位，成为汉堡的新地标之一。

高度通透的节能建筑

自2007年以来，汉堡的渔港矗立起一栋新大楼。这栋建筑不同寻常地采用了象征游轮的造型。项目业主是Robert Vogel合作有限公司，设计方为汉堡的BRT建筑师事务所。由于业主打算在项目完工之后继续持有并运营这栋建筑，因此从一开始就会把关注重点放在低生命周期成本的可持续解决方案上。同时，需要灵活的设计方案，以便能够提供量身定制的出租单元。这样的建筑无疑要提供更高水平的温度舒适度，同时还要高效节能（图D1.2）。

上述这些目标只能通过综合的解决方案才能实现。因此，D&S公司会同项目的建筑师一起，设计出了一套跨专业的系统规划方法，从建筑和幕墙着手，到室内气候工程和建筑设备，再到后期运营阶段的设施管理。这些成果全部整合到了

实施规划中。因此，综合式规划过程在建筑热工行为模拟、日光工程学分析等现代规划工具的支持下，在早期就可实现对温度舒适度水平及运营成本进行分析估算。

该建筑设计用途为写字楼，建设地点在一处码头场地上（参见图D1.1）。建筑轮廓酷似一艘船，就像是一艘纵向系泊在码头旁的游轮。"船头"向易北河悬挑出约40m，公众可以通过楼梯进入"船尾"和建筑顶部。这艘"船"不能遮挡附近的阿尔顿露台的清晰视野，所以必须开发一个室内环境及幕墙体系，在极为通透的外立面结构和极为优越的舒适度条件下实现高效节能的建筑运行。

由于办公建筑采用大量玻璃，因此必须达到最优化的冬季保温和夏季隔热效果。此外，建筑应能通过开放

的侧翼实现尽可能长时间的通风。考虑到大部分时间多风的天气状况，建筑采用了双层幕墙，即使在高风速的情况下，也能实现外部遮阳装置的效果。通过这种方式，办公用房的制冷荷载在最大的幕墙通透度情况下，与室内遮阳方式相比，几乎可以减半，而这就意味着温度舒适度得到大幅提高。此外，建筑的支撑结构与双层幕墙整合为一体，这就意味着为支撑结构提供了免受现场极端气候条件损害的保护作用。外层幕墙采用落地式、防脱落、线性布置的夹层安全玻璃，外层玻璃配有持续通风装置，内层玻璃也采用落地式，并设置了与室内空间高度相同的简单狭窄的转动旋窗，通过旋窗进行自然通风，同时又几乎不会产生气流。在外立面上交错设置进风口和排风口，并与完工楼面标高的上缘和吊顶的下缘齐平。为确保冬天的保温效果，采用了经济性好的双层绝热玻璃。

这种建筑外立面能将高能效室内气候工程的状况设定在极佳的温度舒适度和视觉舒适度水平上，同时实现高度的建筑通透性。较低的制冷荷载可经过构件激活等高能效系统以最优化的方式进行消散。由于大面积传热区域的缘故，构件在18℃以上的"高"制冷温度情况下被激活。

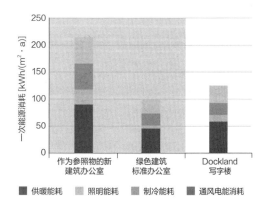

图D1.2　房间空调的一次能源平衡（见彩页）

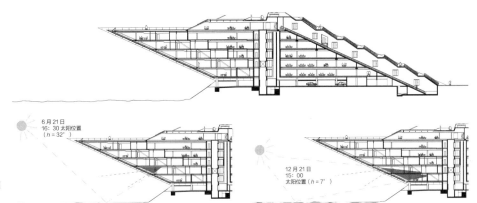

图D1.3　Dockland写字楼剖面图

图D1.4　倾斜的西侧幕墙在不同白天时段和不同季节的辐射路径

夜间，可利用大楼和吊顶的质量将日间吸收的热量逐渐传送到较冷的户外空气中，这一过程可通过热交换器实现，并不麻烦。这就意味着全年大部分时间都不需要机械制冷。

在冬季，构件激活可用于基本荷载供暖。这意味着通过宜人的表面温度可实现最佳的舒适度水平。为此，构件表面温度应保持在接近于室内温度，从而可一定程度利用自我调节效应。然而，由于每个房间的利用情况不同，这种自我调节作用本身是不能满足需要的。这就意味着作为对构件激活作用的补充，总有个别房间需要进行供暖调节。对于Dockland写字楼，房间温度可以通过较低楼层的板式对流器加以控制（图D1.3）。由于它们独有的对流散热作用，可对紧邻立面附近区域的冷空气沉降起到补偿作用。因此，即使是在低运行温度进行供暖期间，通过构件激活仍可实现最佳的舒适度水平。为了适应各

种不同的隔墙设置方案，房间温度通过移动的"室内温控器"进行控制（图D1.6）。为了实现由用户进行具体控制，这些温控器分别安装在工位内。

辅助性的机械通风设备只是在冬季和夏季的极端天气条件下启用。在过渡季节，由于双层幕墙可防止雨水进入并减轻风力湍流，因此，窗户可实现良好的房间通风效果（图D1.5）。这样，办公用房全年都可实现舒适的室内温度，即使在2006年6月长时间的酷暑期间也是如此。

滨水的倾斜西立面则采用了单层幕墙（图D1.4）。这是因为太阳辐射计算显示：这一侧的立面是倾斜布置，故即使是在炎热的夏季，也不会有阳光直射进房间（图D1.7）。这一侧立面尤其需要注意防止的是冬季因斜阳所产生的强烈刺眼的直接眩光，以及夏季因易北河镜面反射效应而带来的反射眩光（图D1.8）。为了实现这一目的，

室内遮阳装置从底部一直铺设到顶部，既避免了眩光又实现了满足视觉舒适感的自然采光（图D1.9）。但是从上向下铺设遮阳防护装置很容易造成整个立面乃至办公用房光线阴暗而模糊。

由于更多制冷装置所需的工程面积有限，因此自动喷淋系统的水箱也被用作冷水储水箱。夜间可将水箱装满水，为降低室温提供额外的制冷储水箱，成为一种高效的制冷方案（图D1.10）。

最后，笔者希望与大家分享关于综合解决方案的一个详图。循环冷却设备在构件激活时起到夜间自然降温的作用，同时也能满足制冷机的循环制冷要求。这些循环冷却设备在外观上需与建筑物的风格融为一体，从远处看仿佛是轮船的烟囱（图D1.11）。在有些天气条件下，循环冷却设备甚至会产生蒸汽，从远处看，冷却设备就像冒烟的烟囱一样。

152

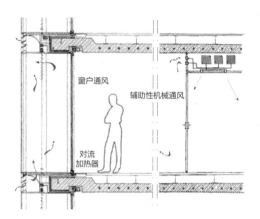

图D1.5　办公室和双层幕墙的截面图（见彩页）

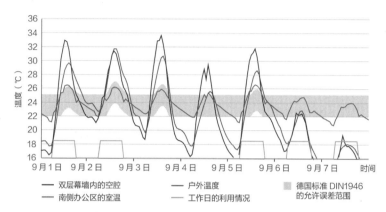

图D1.6　初步规划阶段通过模拟演示的运行期间一周的室内温度（见彩页）

图D1.7　西侧外立面的剖面图（遮阳装置从底部向上部延伸）

图D1.8　在Dockland写字楼屋面上看到的景观

图D1.9　从易北河畔的倾斜幕墙向外看到的景观

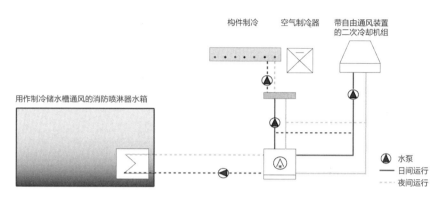

构件制冷　空气制冷器　带自由通风装置
的二次冷却机组

用作制冷储水槽通风的消防喷淋器水箱

水泵
—— 日间运行
---- 夜间运行

图D1.10　Dockland写字楼的制冷概念：二次冷却机组用于直接制冷，喷淋水箱用作制冷储水槽

图D1.11　"轮船烟囱式"造型的循环制冷机组

威斯巴登，SOKA 大楼

《SOKA大楼》一书摘录
作者：Thomas Herzog教授和Hanns Jörg Schrade，慕尼黑，Herzog和合伙人事务所

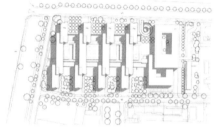

图D2.1　整个建设场地的总平面图

新方法 当谈到一栋建筑运行期间在能耗方面实现上述变化时，所有与具体案例相关的因素都必须再次加以仔细考虑。当地的具体条件（气候、文化、环境、地形、法律问题、地热条件等）起着决定性的作用（图D2.1）。此外，还需要取得气候数据的极端值和平均值，以确定备选方案和风险。就空调系统是否符合热力学而言，建筑师作为主要负责方，需对建筑的热力学整体概念进行审视和清楚的思考。这

是重新定位或扩展专业能力的基本问题。以前的设计思路是仅仅将建筑看成一种依靠外围护结构免受环境影响的体量。然后再设计那些植入建筑的供暖和制冷设施，可能还有通风设施或空调系统等，这些复杂的能源依赖型系统必须满足建筑造型和设计的要求：如房间划分，墙壁、地板和吊顶构造的物理特性，窗户的形状以及种种的要求。然而，这种思路已经跟不上时代了。相反，一旦明确了与环境相关的城市规划定位之后，就要着手关注最终影响室内环境的决定性和互动性因素的参数值。通过不同的物理特性，各相应区域通过颜色和表面粗糙度特性而形成的传热能力、储存能力、辐射吸收率和反射率、通过多个光反射系数进行的控制、其聚焦或散射以及许多其他参数，便可实现一种连续而节能的、整体

建筑施工的最佳效果。最晚，当项目进展到要开始设计新的相关建筑构件或构造子系统时，就必须让"特别专家"参与进来。从历史经验来看，该专家应是负责计算屋面支撑结构相关参数的工程师，同时也拥有在过去数十年里从事建筑能耗技术的经验。因此，风洞试验就成为设计过程的必备环节。另外，空气动力学的计算对于构件的自然通风而言也成为一个重要因素，就像之前外立面上新型通风系统的室内气流试验那样。此外，应使用不同的建筑材料以1∶1的比例进行广泛的仿真测试和模型构建。目前在欧洲许多研究所中正在采取的做法是，采用大型模拟样品构造在试验间进行功能性、光学效果、最大风应力条件下的振动危险以及抗冰雹能力的试验和荷载试验（图D2.2）。

图D2.2　ZVK写字楼的户外景观和室内景观

专访：Peter Kippenberg，SOKA建筑有限责任公司董事会成员

1. 在您看来，界定一座建筑是否成功的最主要标准是什么？

建筑应该是能满足用户需求同时又兼顾美观的日常使用对象。对我而言，光线是很重要的，这既包括自然采光也包括人工照明。建筑应实现良好的房间布局，设计应实用，交通通道组织应尽可能短。另外，随着技术的进步，无论是公司的组织机构还是管理组织自身都在不断变化，所以设计方案应考虑让用户在将来很容易且花费低廉地对空间进行重新布置。而在资源匮乏和能源价格上涨的时代，节能方案越来越重要。

2. 在一栋建筑内生活对您意味着什么？让您感觉舒适的决定性因素是什么？

在回答第一个问题时我已经说过，光线很重要，能带来一种自由而大气的感觉。即使设置的是传统隔间式办公空间，也应在房间和走廊之间规划组合式办公那样的玻璃区域，减弱每个人在工位的孤立感（图D2.3）。具有重要意义的不仅是冬夏两季要有舒适的室内温度，而且还要有良好的照明环境。目前对于这个因素的考虑是不足的。在计算机工位的时代，工作人员必须能够在亮度对比低、无眩光的环境中工作，避免由于在较暗的电脑显示器和明亮的房间之间的切换造成用眼疲劳。

3. 在您的建筑设计原则中，可持续性以及生命周期的作用是什么？

我们在规划初期就考虑了这些因素。比如说，我们的建筑师想要在地板中设置导水管、采用热激活吊顶的设计概念。我对此予以否决。因为一栋建筑的支撑性结构是需要持续时间最长的部分，没人知道现在用于构件加热和制冷的合成软管能够持续多长时间。我要求将水管设置在地板找平层之内。这就使维修工作变得容易很多。我的这个观点在当时引发了一些科学调查。在这些调查中D&S公司起着决定性的作用，而且我相信，他们也从中学到了很多新知识。

可持续性在其他领域也产生了影响。例如，我的准则中有一条说到建筑必须能在同一吊顶高度下设置不同的办公类型，例如单元式办公、组合式办公或开放式办公等，使办公室能灵活适应未来的组织形式。现实中还有一个优势就是：整个供电系统（高、低电压，IT电缆）都结合到了建筑外立面内，这样，只要改变活动隔墙的位置，就能通过计算机实现虚拟联系，而无须重新铺设电气布线。实际上，我们是通过窗户网格来处理房间的，这样便于根据不同的房间组织形式重新组织照明分区。

4. 您亲身参与从设计到运行的整个过程。您认为最大的改进潜力在哪里：是在过程本身，寻找想法中，规划实施中、建筑施工执行中还是在运行行为中呢？

从我担任几个大型项目业主的经验中，我认为最重要的事情就是：业主在给出设计任务书之前，一定要精准地知道自己想要的是什么。例如，在启动建筑设计竞赛之前以及在让D&S公司的项目控制部参与之前。这里顺便提一句，我们对他们很满意。我已经请一位专门研究公用设施规划的教授编制了一份基本的评估概况，列出了

图D2.3 两栋新建筑之间的景观

建筑开发的各种可能性。我们明确了建筑中办公组织布置的要求，需要什么样的辅助公用设施，以及实现建筑租赁所需的先决条件。它还需要明确各分区划分的、能独立租赁的面积大小。这意味着我们还要确定可能的需求。第二个最重要的因素是一种合理的总体规划方法。我反对在规划还不完整时候就开始施工，现实却经常是这样。合理的前期规划是避免后期昂贵修改工作的唯一方法。建筑施工执行的质量也非常重要。建筑交付之后的建筑控制不应任凭运气，或者完全依靠工作人员的责任心。经常出现的情况是，没有对舒适度标准进行清晰的定义，夏季应该多热、冬季应该多冷、怎么让遮阳防护装置"起作用"等。这方面如果做好，就能节约大量资金。一个成功的项目最大"杠杆效应"就是在项目启动的时刻，这时候业主要阐明自己的确切需求以及他要求建造的建筑类型。

5. 设计规划团队要具备哪些素质，才能设计并建造高品质的可持续的建筑？

对这个问题很难作一般性的回答。当然，做复杂的建筑需要聪明的团队。但是，团队内部也需要有不同的专业分工。依我看，这样一种由各种专业构成的团队还需要吸纳那些有创造性的人，这一点也很重要，即使有时这会造成一点混乱。此外，还要有组织者，这也很重要。组织者能整理各种理念和想法，形成概念。最后，还需要有负责深化的人，他们是各个单项部分细节落实质量的保障。

6. 对于业主和租户而言，该建筑有哪些突出的优势？

该项目的业主和租户对我们的建筑给予了非常积极的评价。由于项目采用了创新的空调概念，采取了构件供暖和散热以及新风供应等做法，避免使用传统空调系统，因此建筑的空气质量极好且非常有益健康。即使是在威斯巴登炎热的夏季，室内温度依然保持在一个舒适的水平。建筑内没有穿堂风，而且照明条件设计一流。最后一点，我们的建筑外形优美，尽管周边交通区域只占场地总面积不到20%的比例，却不显得狭窄和压抑。在入口和开发区域，建筑都体现了一种大气的形象。同其他类似质量的楼房相比，每平方米使用面积1540欧元加增值税的施工成本并不昂贵。随着建筑运行时间的增加，就可以明显看到建筑能耗低于规划阶段时最初规定的能耗。

结实耐用的节能建筑

规划四栋新建筑和对主体建筑进行改造的出发点是，在尽量少用建筑技术设备的条件下，实现建筑的高能效、舒适感及低投资额和运行成本。业主已明确要求采用创新的方法，而建筑师的设计为实现这一任务打下了极好的基础。

新建筑部分包括：地下室、地面层，以及4—5个上部楼层。地面层作为交通流线服务于各部分的建筑体块，此外还附设有会议室、餐厅和厨房等专门的公用设施。地下室设置了存储用房和控制室，以及SOKA大楼的中央计算机系统。上部楼层专门用于办公，这些办公建筑体量的进深为13m，能在使用空间内高效地实现良好的自然通风和照明效果。该建筑的高能效方面的核心特性如下：

- 分散式智能通风幕墙，采用一体式构造，不设风机。冬季时，可关闭的通风口可用于控制通风量。这些通风口按需要设置其间距和开口尺寸，自然通风方式可以保证室内外健康卫生的空气交换。在夏季，平开窗可向外部打开，实现自然的窗户通风。

- 高效绝热幕墙，采用三层玻璃和高绝热立面型材。由于幕墙表面温度高于15℃，因此无须设置额外的室内供暖器；而只需设置"微型加热元件"，并将其整合到通风幕墙内（图D2.4）。

- 低温供暖和高温冷却，其形式是采用有调控装置的、与地板找平层整合的建筑构件冷却组件。在20世纪90年代中期，这栋新建筑是德国最早大面积采用热激活构件的建筑之一。

- 高效的自然采光的遮阳防护装置，由建筑师和Bartenbach公司合作开发。建筑的各个方向都尽量采用自然采光，并采取各种措施，将自然光引导到室内深处，使得自然光能够均匀地到达室内各个角落。

- 能源供应采用配有三联供系统，以及建筑构件夜间自然降温系统。三联供或热电联供是指将内燃发动机连接到发电机或供热机组上，采用的燃料是天然气。建筑可用两台BHKWs（热电联供装置），当遇停电时，可用作应急备用电源。建筑自发电的大部分都用于建筑本身。多余的电能则输回电力公司的供电网内。机组提供的热能可直接用于建筑供暖或可通过吸收式制冷机进行供冷。如建筑的供暖需求超过机组的供热能力，则缺少的部分将通过现有的区域供热接口进行弥补。相反，多余的热量可以输入到当地公用事业公司的区域供热网络中。主体建筑已整合到整体能源概念中。主体建筑的改造包括全部外围护结构和建筑设备工程，与前一年相比，将供暖能耗降低了65%。

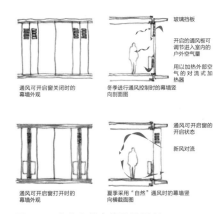

图D2.4　办公室的自然通风原理

优化建筑运行——2005年总体能源平衡：供热、供冷、供电

对于建筑交付之后的建筑运行优化和能源管理，业主得到了Biberach应用科技大学和D&S公司的支持。各主要建筑组成部分在2005年的表现显然印证了规划阶段综合模拟的预测结果。对于新建筑56000m²的供暖总楼层面积（BGF），可用供暖能耗的特征值为39kWh/（m²·a）（图D2.5）。这相当于约4L/m²供热燃油的年能耗量。如将这一数据应用到总楼层面积（无车库），SOKA大楼的新建筑就成了一座能耗指标为"4L油的建筑"。

新建筑所消耗的可用热量中，各有40%来自威斯巴登市的公共供热网和两个热电冷三联供机组。剩余的大约20%来自吸收式制冷器的余热，并因此而形成了某种性质的余热再利用。由于热激活吊顶采用低运行温度，供暖的最高运行温度为27℃。因此，吸收式制冷器所产生的部分废热得以用于供暖。代表着一种"热循环"。2005年，热激活吊顶大约60%的供暖来自这种"废能源"。在供暖期间，热激活吊顶供应了总供暖量的大约60%，剩下的40%由幕墙内的负责户外空气制冷的微型散热器供应（图D2.6）。

不包括计算机用房的新建筑有用制冷消耗量为18kWh/（m²·a），符合德国供冷办公建筑的绿色建筑标准。这一制冷消耗值的2/3是不使用高能耗制冷器、而仅仅通过冷却塔（自由冷却运行）产生的。将来还可能采取进一步的运行优化措施（图D2.7）。

整个物业供电的1/3来自建筑内部，采用两台热电冷三联供机组以环保的三联供方式发电。在2005年，该新建筑由于它的高耗电公用设施（计算机中心、印刷店），其耗电为110kWh/（m²·a）。1/3的用电是由计算机中心、厨房、印刷店、坡道加热器和地下停车场等这些特殊荷载使用的。如果不考虑这些特殊的公用设施，那么建筑的能源消耗的特征值就可减少到75kWh/（m²·a）。

该项目获得了"2006年德国建筑设计与科技大奖"一等奖。

图D2.5　整个片区的能源供应示意图

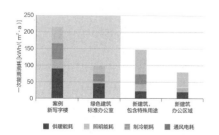

图D2.6　新建筑空间空调系统的一次能源消耗平衡表（见彩页）

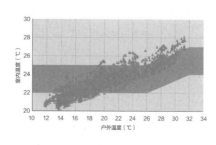

图D2.7　实际室内温度与规划阶段模拟值对比（见彩页）

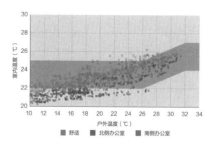

图宾根地区储蓄银行大楼
（KSK）

建筑师专访：Fritz Auer教授，Auer+Weber合伙人设计公司

1. 在您看来，界定一座建筑是否成功的最主要标准是什么？

谈到成功，必须有一个更精确的定义才可以真正展开讨论。我们会以使建筑物被业主和用户接受的方式对其进行解释。如果能被接受，许多问题就好解决了。

广义上的成功包括对一栋建筑的所有要求，其中包括成本要求。这些要求都应该与成功的标准结合考虑。在这栋建筑上投资这些钱，收益是什么呢？投入的性价比对于我们来说非常重要。

2. 在您的建筑设计中，可持续性的作用是什么？

对于我们而言，建筑不仅是要美观，还应实用坚固。建筑的可用性在我们看来是最重要的标准之一。我觉得，建筑物及其承载的建筑设计，由于使用周期长，将代表着我们文化中的某种连续性。

对此基本要求是，要能保证较长的建筑使用周期，其基本先决条件就是建筑材料的使用寿命。这意味着不使用任何廉价的、消耗型的材料，而应选用那些初始采购成本可能会比较高、但是质量更好、更耐用的材料。我认为，建筑应该优雅地老去，但不能破败。

3. Auer+Weber合伙人设计公司在"绿色建筑"方面的目标是什么？有何愿景？

从经济运行和节能的角度来看，应优先考虑自然能源资源的利用。

另一点是采用天然的材料，这些材料既能提升舒适度，又具有科技有效性。我们还需将诸如城市规划、建筑设计和可持续性等各个不同方面结合起来，它们都是相互关联的。

4. 贵公司与D&S公司的合作是怎样实现的？多年合作的基础是什么？

曾经有一次，我们收到了Lutz先生手绘的一张很小的技术草图，是解决某个技术问题的设计提议。这反映了D&S公司的专业素养。对于我们而言，该公司已成为提供非常具体的解决方案的重要组成部分。对我们而言，技术领域的参与专家必须紧跟潮流，跳出思维定式，与我们一起开拓新的领域。

5. 设计规划团队要具备哪些素质，才能设计并建造高品质的可持续的建筑？

参与规划的双方或者说各方，都应抱有开放的态度。大家必须有一个共同目标，这就意味着重要的工作在于整合不同方的利益诉求。

从项目开发而言，每一位参与的专家都应享有适当的发展空间和自由度，也不应强求听命于某一方，即使是建筑师这一方。理想状况是所有参与寻找新解决方案的专家能抱有开放和互动合作的态度。只有这样，我们的解决方案才能够不仅是从工程技术方面而且也从美学角度来寻找。

6. 该建筑设计的想法是怎么产生的？

本项目堪称Mühlbach片区的支柱项目（图D3.1）。在这一片区已经存在各种不同的机构，它们在空间上相互交织，已经构成某种空间关系。这就是为什么储蓄银行总部的设计不允许随意出现任何类型体量的前端或长边的原因。正方形的地块平面在这个片区不会形成任何的导向性，而是独立存在。由此形成了一个统一的小围合空间，并通过其抬高的地面层以一种更自由、更轻松的方式将这一小型围合空间融入周边环境之中。这种做法还确保了户外区域的可渗入性，由此与其他机构建立了一种空间关系。

图D3.1　图宾根地区储蓄银行大楼

另一方面是建筑的外表皮设计，建筑的整个外立面都安装了玻璃（图D3.2）。为了不增加运行的经济成本，也不影响室内的温度舒适度，故采用了带遮阳装置的优质玻璃及吊顶制冷技术（图D3.3）。

图D3.2　为该建筑专门设计了三层密封玻璃并采用了高品质的隔热框架构件

图D3.3　高效超绝热幕墙的内景

建筑的通透性和生态性

2006年4月，图宾根地区储蓄银行搬入了名为"储蓄银行Carre大楼"的新大楼。新建筑扩展了银行的运营能力，提高了运营效率。除了经济方面的效益之外，该建筑的设计概念还希望将项目打造为生态及先进建筑的典范。根据这一想法，Auer+Weber合伙人设计公司提出了一项既经典又经济的建筑构造方法并对其进行了清晰的设计表现。建筑采用了基于建筑构造的优化型绝热设施以及可持续的节能概念，突出了建筑的生态性。建筑基础所需的150根涡旋桩用于地热的供暖和供冷功能，并有效地整合到低温供暖和高温供冷的房间气候设计概念之中。

建筑采用特别研发的高效三层玻璃以及超绝热幕墙实现了构造绝热的功能（图D3.4）。设计出能满足建筑师要求的高效绝热框架构件对于D&S公司的幕墙工程师和气候工程师来说是一项挑战。由于超绝热框架结构很宽，故不适合用于这种精致复杂的构造类型。通过与达姆施塔特市的被动节能住房研究所合作，58mm的窄框构造的传热系数U_R降低50%，从1.6W/（$m^2 \cdot K$）降低到0.9W/（$m^2 \cdot K$）。

这种高效绝热的幕墙结构奠定了创新室内气候概念的基础。房间通过热激活吊顶进行供暖和供冷；

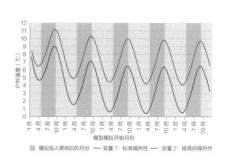

图D3.4 数年间的土壤温度发展过程（见彩页）

附加的供暖制冷温控板可实现独立的温度控制。而这就构成了最好的温度舒适度基础，因为地板和吊顶的表面温度与气候条件保持一致。此外，供暖制冷温控板进一步使用隔声材料分层设置，改善了室内声学效果，达到了双重目的，进一步提高了设计概念的经济可行性。由于优良的绝热性能，因此可以忽略幕墙的供暖区，这是因为室内表面温度总是在18℃以上（图D3.5）。同时，设置卫生换风的通风系统，从而节约这一独特送风方式的耗电。地面进风口布置在可开启窗前面，以最大限度地减少由于窗户缝隙漏风形成的冷池效应。分层通风系统可实现房间的平稳送风，从而避免了高速气流导致的不适。这一点也得到了气流模拟实验的证实。此外，还专门为会议室开发了一种室内气候设计方案，并将其整合到整个建筑的生态性之中。与传统方

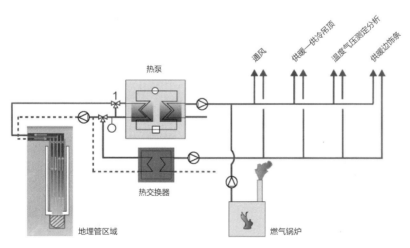

图D3.5 地热应用的供暖和供冷示意图（见彩页）

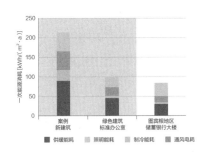

图D3.6 房间空调系统一次能源平衡（见彩页）

案相比，这一分层通风系统的方案使得人员逗留区域的异味和热荷载大大改善（图D3.6）。

送风以低气流的方式，通过墙体上的出风口流入室内，并均匀分布到人员逗留区域（图D3.7）。另一方面，带有异味和热量的空气沿着人体向上升起，在吊顶区域被抽排出去。只需使用一侧的通风，气流便可达到15m的进深（图D3.8）；所需气流水平可以如同办公区那样，根据卫生要求的换气方式进行设定，且比常规系统约低30%。这

图D3.8 会议室

就意味着能耗和投资成本都得以降低。通过气流模拟可实现通风方案的布置并验证空气质量（图D3.9）。地热利用方案借助设备模拟程序而开发。为此，对建筑热工工况以及冬季利用地下热能给建筑供暖和夏季将建筑内的热能引入地下的整体

相互关系进行了调查。

系统模拟显示：用150根地埋管与一个热泵相连的系统获得的地热就可覆盖该建筑能耗的70%以上；而在没有热泵的情况下，则几乎可完全满足该建筑的制冷能耗（图D3.10）。唯一的要求就是地

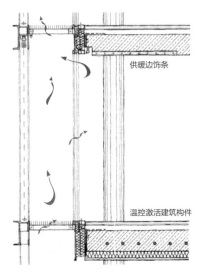

图D3.7 配备温控构件、供暖边饰条、进风口邻近外立面的室内小气候设计方案（见彩页）

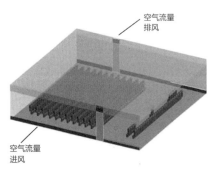
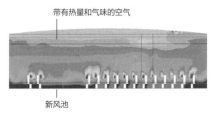

图D3.9 气流模拟（见彩页）

埋管区域要有地下水充分灌注（图D3.11）。否则，土壤冷却的速度会更慢一些。由于这个原因，在规划阶段就应实现全年的均匀能耗平衡，这意味着从土地提取的热量与夏季再重新导回土壤的热量相同。据预测，这一概念可将房间空调系统的一次能源的消耗减少68%左右。与燃气锅炉和制冷器的传统解决方案相比，每年减少二氧化碳排放量约177t。

图D3.10　玻璃幕墙图，背阴面和日照面

图D3.11　办公室的通风管道，风管分配单元设置在混凝土吊顶内

C

D4

斯图加特，巴登－符腾
堡州州立银行新大楼

建筑师专访：
Wolfram Wöhr，慕尼黑/斯图加特，W. Wöhr-Jörg Mieslinger建筑师事务所

1. 在您看来，界定一座建筑是否成功的标准是什么？

我认为成功的建筑脱颖而出的条件是必须在建筑外观和建筑技术方面实现可持续性。因此，现代建筑应该保持与环境的对话互动，除此之外，建筑还需要保证其最佳的使用性。

2. 在您的建筑设计中，可持续性的作用是什么？

要让建筑成为城市整体的一部分需要诸多因素共同作用，需考虑技术、功能、城市规划和美观等。世界人口日益增长、城市居住区扩大，以及乡村版图的萎缩都是设计师要面临的挑战。设计师需要设计适合下一代居住的建筑。

3. 贵所在"绿色建筑"方面的目标是什么？有何愿景？

除了不断进步的现代建筑技术和外观造型，我们一直在思考一个关乎未来的问题：我们应该如何盘活现有的建筑物？我们有几个项目已开始对建筑进行翻新，使其实现生态平衡和持续利用。

4. 贵所和D&S公司的合作如何？数年合作的基础是什么？

我们和该公司的合作特点是具有开放的态度和优秀的团队精神。精深的专业造诣总是能带来高水平的项目实施。

5. 设计规划团队要具备哪些素质，才能创造出高品质的，可持续性的建筑？

一个成功的设计规划团队必须既有专业知识，也需要创意，同时还有高度的团队合作精神和良好的沟通能力。

6. "LBBW"新大楼的设计理念是如何形成的？

项目初期，有很多城市规划的因素需要考虑。我们当时面临的一个特殊情况是要在斯图加特市21项目用地上将新大楼与LBBW原有大楼联系起来，因此就产生了这种空间创造式的城市延伸理念。对我来说很重要的是打造一个鲜明的地标建筑。

7. 该项目的设计目标是什么？

通过斯图加特市21项目，我希望打造一个生机勃勃、充满活力的新街区，构成市中心的功能组成部分。因此，斯图加特市对历史建筑的相关规定，以及周边街区的开发等因素对于新建筑的开发都具有重要的指导意义。项目选材也应符合旧时传统，与原有建筑形成一个整体。然后，通过合理的组织和建筑内部装修对工作空间品质进行提升。另一个我十分关注的问题是建筑由外而内的可达性。

8. 对于业主和租户来说，该建筑有哪些突出的优势？

每座建筑都有自己的设计语言，这种语言应满足建筑的标志性和差异化的要求。本项目采用独特的建筑形式，实现了高品质的工作场所。其布局灵活多变，可按要求随时进行调整，且可根据新的使用需求重新优化工作环境。

业主专访：Fred Gaugler，巴登-符腾堡州房地产有限责任公司

1. 在您看来，界定一座建筑是否成功的标准是什么？

首先是高度的灵活性。因此，租赁区内应尽量减少受众针对性强的设施。其次是经济的布局。合理的建筑高度有利于建筑的经济运行，尤其是有利于开放式办公布局的经济运行。最后是使用质量。现代建筑入住密度高，必须对使用区域进行制冷。制冷质量不应受经济化程度的制约。

2. 您对建筑内的生活居住有何看法？决定居住舒适度的关键因素是什么？

合理选择建筑所有墙面的色彩就是一个重要因素。采用暖木色调配合适当的房间大小，这样能营造舒适感，也就是我们德语说的"Gemütlichkeit"（舒适感）。另一个重要因素是给住户创造相互交流的机会。茶水间或复印室虽小，但却至关重要。另外，开放办公布局中需设立聚会区，用于人员交流和讨论与工作关系不大的话题。也就是说，在项目规划设计期间必须根据住户的特点了解住户对房间的预期。

3. 在您的建筑设计中，可持续性和对于建筑生命周期的考虑发挥了什么作用？

这两个因素与建筑的初始投资一样重要，因为这两个因素我们都需要加以考虑。初期投资作决策也就是几分钟的事情，但是，一旦运营成本失控，造成的损失就很大。所以，我们对于经手的每栋建筑都会从建筑生命周期的角度加以考虑，同时也希望我们所建的每栋建筑都能在这方面加以改善。规划阶段和后期运营期间，我们会检查各建筑系统和构件的可持续性，并明确各系统和构件是在提高还是在节省建筑的运行成本。因此，对这方面的讨论也不会仅限于初期投资。

4. 经历了从设计到运营整个过程，您觉得哪方面最具有改进的潜力：是在概念构思中、规划实施中、施工执行中还是运营过程中？

上述每个阶段都有改进的潜力。正如D&S公司在项目支持方面所做的努力一样，我们也应尽早意识到在初期规划阶段必须作出正确的决策。在实际施工阶段，重点需要业主方安排人员负责质量控制。

在运营成本方面，正如此前所说的，在规划过程中要考虑可持续性。然后，在运营过程中组建一支运营团队，明确具体的节能目标，并结合初期阶段征求的意见，以期进一步降低耗能成本。

5. 设计规划团队要具备哪些素质，才能创造出高品质、可持续性的建筑？

最重要的是要有创意并能坚定不移地追求目标。除了建筑设计和投资成本，当今的建筑能耗也是一大重要因素。

6. 对于业主和租户而言，该建筑有哪些突出的优势？

建筑位于斯图加特市的入口处，并在高层建筑群中给人留下深刻的印象。我认为建筑整体设施的外观和内部装修质量都非常成功，无论是作为业主还是住户都十分满意。此外，建筑运营中采取的生态措施让人称道。大家不要忘记绿色建筑这一定义所诠释的不仅是具备美感的建筑，还应当是考虑节能并满足业主和用户需求的建筑。

高层与高效

巴登-符腾堡州州立银行（LBBW）新大楼的建设启动了斯图加特市21项目的城市规划建设。新大楼紧邻原LBBW银行大楼，面积约58000m^2，员工约2000名。该项目的一个重要目标是将每年的能耗控制在建筑能耗标准（EnEV）之下，并在建筑规划、施工和后续运营期间，达到斯图加特市"能源质量印章"对可持续的要求。该印章旨在鼓励超越法定节能要求，更进一步降低能耗。对于那种采用大面积玻璃表面和少量紧凑型建筑构件、形成开放透明的工作区的建筑而言，这确实相当有难度。

"能源质量印章"由两部分组成，"建筑规划及施工的能源质量印章"和"建筑运营的能源质量印章"。参与机构可得益于理念和经济层面的回报。从理念层面而言，可以积极合理地促进对环境和资源的保护。从经济层面而言，可通过执行和实现能源质量印章要求的标准，在建筑规划、施工和运营期间积极促进质量控制，并减少运行费用。能源质量印章从可持续性的角度考察建筑的外围护结构、供暖、通风、制冷和照明系统。

根据对建筑使用和舒适度要求的全面分析，形成以需求为导向的

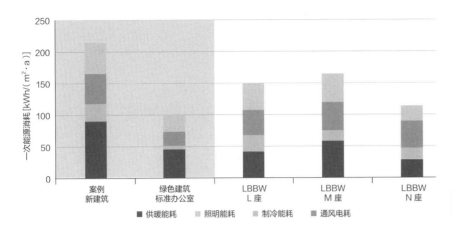

图D4.1 LBBW新大楼的室内空调一次能源消耗（见彩页）

室内环境和节能概念，并考虑建筑物理和外立面。通过模拟计算，早在前期规划阶段就对温度舒适度和耗能需求可行性进行分析，并纳入决策过程。采用的模拟模型既可用于前期规划阶段又可用于后期运营阶段，对大楼整体运营进行全面（战略性）的优化，因为监控能耗也是"能源质量印章"考察的一个方面（图D4.1）。

通过对绝热概念和系统工程进行变量研究，可明确界定经济和能源生态各个方面。此建筑项目具有最佳成本效益比的绝热概念设计是，于非透明立面的绝热层厚度（WLG 040）为14cm，屋面为20cm。窗户采用双层绝热玻璃，窗墙面积比约为70%。

研究清楚地表明，如要通过可接受且经济的途径来实现"能源质量印章"提出的要求，只能额外利用室外热量。较为生态的手段如采用CHP热电联供或生物质锅炉，但是按现行的城市规划合同要求是行不通的。

L座和M座平屋面建筑最终采用上述整体的绝热概念，包括采用

了散热器和制冷吊顶。而高层建筑因完全采用玻璃外立面，由三层绝热玻璃和双层幕墙构成（图D4.2）。高层建筑的绝热概念优势在于吊顶既可用于制冷也可用于供暖，而幕墙也不需安装散热器。

室内舒适度通过气流数值模拟确定。在幕墙附近1m处，于可开启窗高度处产生冷池现象，导致舒适度不够，但在工作区可完全达到舒适度要求。

平屋面建筑设有室外遮阳装置。而高层建筑采用双层幕墙的优势在于，可在幕墙中间的空腔内设置有效的遮阳设施，即使风速强劲也能保持稳定，因此，特别是在夏季，能提供理想的遮阳保护。上部的肋板水平布置，有利于自然采光。各房间或各立面单元采用独立控制，并考虑了周边建筑的遮挡。

办公室内换气保持卫生洁净，考虑到开放式空间布局，采用双重换气。送气设计可不包含在过渡季节可打开窗户通风的办公区域。即使在高层建筑内部，双层幕墙也能保证房间的自然通风时间达到70%。

整体概念还包括太阳能供热系统，采集器表面积350m²，用于加热空气和饮用水。雨水用于室外灌溉。该太阳能系统的年产能约为135MWh/a，可以辅助供能。

此外，还研制了多种新型工具，以达到能源质量印章对施工和运营的要求。幕墙完工后需进行随机密度测试和全面的红外线成像测试，这都是全面检查和调试过程的组成部分。

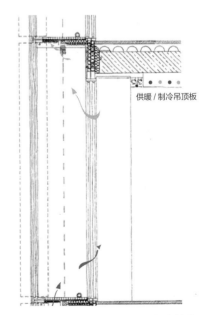

供暖/制冷吊顶板

图D4.2 位于斯图加特的LBBW新大楼外立面幕墙设计方案（见彩页）

规划阶段的模拟模型可在DDC装置安装前用于检查测量，控制和调节功能，可早期鉴定功能故障，防止后期发生问题、后期运营期间能耗增加或室内条件不佳。模拟模型是后期运营优化的参考基准。模拟模型创造了理想的运行状态，通过比较理想状态和实际运营，可以实现普通系统无法实现的潜能优化。根据"能源质量印章"的要求，使用工具确定实际能耗和产生的能效。表D4.1说明了"能源质量印章"对照明的要求和读数结果。通过模拟计算年能耗需求，再通过读数验证。供暖、制冷和用电计算也通过该系统完成。

主要能耗约在参照建筑的需求值和绿色建筑标准办公室的目标值之间。通过改善绝热系统，大楼主要能耗维持最低水平，节能效果约超出目标值20%（图D4.3）。前两年的运营状况比较令人满意，但还要在今后几年的运营中通过有效的能源管理进一步优化潜能。

"能源质量印章"照明要求汇总及读数				表D4.1
	安装照明功率（W/m²）		能源需求[kWh/（m²·a）]	
	临界值	目标值	临界值	目标值
公共办公室，500lx	15	11	22	13
过道，100lx	4.5	3.5	4.5	1.5
现状评估				
	安装照明功率（W/m²）		能源消耗[kWh/（m²·a）]	
公共办公室	11.3		17.0	
室内交通区域	5.0		4.0	
过道	4.4		3.5	

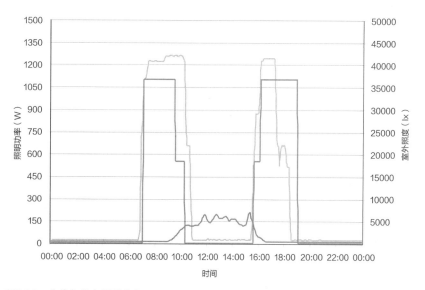

图D4.3　公共办公室照明功率

斯图加特，艺术博物馆

建筑师专访：Rainer Hascher教授和Sebastian Jehle教授

1. 在您看来，界定一座建筑是否成功的标准是什么？

我们认为，这取决于建筑的相关用途和需要实现的目标。科研大楼的要求肯定与博物馆建筑不一样，市区内的博物馆设计要求和高速路边的博物馆设计也不会一样。改造一栋大面积天然石材外墙的19世纪历史博物馆建筑不可能采用和新建博物馆建筑等同的能源标准。由于建筑复杂程度不一，在规划阶段开始时就应当明确建筑及其施工的关键标准，并根据具体目标进行具体调整。

2. 在您的建筑设计中，可持续性的作用是什么？

建筑施工和运行通常都会对环境产生影响，因为，完全生态的建筑过程实际并不存在，只有对环境破坏较大或较小的建筑过程和材料。各个层次的运行组件和处理通常都需要能量流动，同时运输活动也会对环境产生影响，会产生对人与自然有害的物质。

因此今后讨论建筑相关设计时不可能不涉及可持续这一方面。"可持续发展"这一术语并不仅包括对生态方面的考虑，还包括整合对经济、社会和文化价值的

考虑，规划构思中应考虑到这些因素。

3. Hascher Jehle建筑师事务所在"绿色建筑"方面的目标是什么？有何愿景？

内部和外部之间的联系对我们而言越来越重要，与前面所说的使用创新技术及材料将建筑与自然相分隔一样有着十分重要的意义。这能使建筑更好地与环境融合。建筑外围护区域可采用更柔和的过渡，例如可对光源进行引导、过滤、减弱、漫射和反射，使能量流动更可控。透过透明的建筑外围护，欣赏并体验日夜更替、风雨变幻、冬夏轮转时对心理产生的影响成为20世纪多元化开放式建筑的一个重要组成部分，也将继续影响21世纪的建筑。因此，我们要优化可用能源概念，不仅是为了优化而优化，以牺牲房间质量及生活质量为代价，而是要针对日常需求提出创新优质的用途理念，开拓能源供应的新途径。在最佳情况下，建筑居住空间是整体发展的，不仅取决于最初定义房间的墙壁、吊顶和地板等有形元素，还取决于光线、温度、空气变化等无形但又非常具体的尺寸、气味和声音。

4. 贵所和D&S公司的合作是如何开始的？数年合作的基础是什么？

很偶然，大约14年前我们在柏林Schönefeld机场国家航站楼规划阶段走到一起，那时我们已开始共同研究发展建筑节能的概念，我们长期合作关系的基石是对各自员工的信任——彼此了解并相互欣赏。

5. 设计规划团队要具备哪些素质，才能创造出高品质的且具有可持续性的建筑？

要创新、高品质地完成工作，必须建立一个精挑细选，由专业工程师和科学家、技术顾问、施工管理人员以及项目成本经理和项目经理组成的差异化团队。这样一支团队全面体现了项目的质量。我们视自己为该团队的领头人，针对手头的具体任务，形成专门的解决方案。在整体理念的引领下，部分工作在规划阶段由专家同步完成；然后由建筑师作为团队的协调人和"创意引领人"同步进行，最后再纳入整体规划进程中。通过不断地与专业规划人员合作，这种既同步又整体的方式可以产生协同效应，产生创新、综合的方案，达到当代规划方法无法企及甚至难以想象的优质水平。一系列平行和交互的设

174

图D5.1　新建的斯图加特艺术博物馆

计过程取代了死板的规划过程，促进了新建筑概念和构思的形成。

6. 艺术博物馆的设计理念是如何形成的？

小城堡广场下有一个地下高速公路交叉口。这个交叉口要追溯到1969年，有5个隧道，大部分闲置多年，被斯图加特当地人用于喷漆涂鸦和溜冰。

我们构思的重点是要让这个地下构造与整体项目相融合，利用斜隧道覆盖展厅的4/5区域。我们不希望破坏现有结构，而是更希望将其系统地贯穿于整栋建筑中。由于采用了这种做法，立方体显得有些不完美，从而在某些空间产生特殊的张力。我们认为，现代的完美主义方案最终总是事与愿违，这些方案习惯以自我为中心，寄希望于找到解决一切问题的完美几何造型。但像罗马这类古城之所以能够深深地

触动人心是因为，即便时代变迁，几度旧楼换新貌，我们仍能触及它最初的魅力。因此，在本项目的特殊背景条件下，低层展区也应能体现自己的独特性。

7. 该项目的设计目标是什么？

我们的目的不只是建造一座公共建筑，把规定的空间填满，更致力于创造建筑内部空间和室外空间，为斯图加特的市民和游客提供沟通与交流的场所。博物馆及其周边是市中心和公众生活中十分活跃的区域。常设展览的展厅均设在室内，于室外立方体内设置各种临时的展览。

我们的做法是：将展厅仍设在室内，同时延伸至建筑围护周边的室外区域，形成一个过渡区，共同起到类似艺术销售窗口的作用，为博物馆和城市创造特殊的室外效果。玻璃立方体的通透性也是不可

或缺的设计元素。

外立面在白天和夜间可产生不同的效果。白天，极简的钢结构支撑、水平的条纹和后退的地下室打造了素雅的建筑形象。而夜间的建筑效果则截然相反，随着建筑外部玻璃外围护逐渐隐退，石材的天然色彩被照亮，与紧邻的皇家建筑浑然一体。

8. 对于业主和租户而言，该建筑有哪些突出的优势？

我们想把这个问题留给业主回答。除了业主的满意度，我们也非常重视公众对博物馆的认可。斯图加特市民看来还比较喜欢这座大楼，因为，在2005年当地报纸《斯图加特日报》举办的一次竞赛中，博物馆通过市民投票赢得了"公众大奖"。

水晶般通透的艺术

新建的斯图加特艺术博物馆主要由地下美术展厅组成，地上部分醒目的玻璃立方体是其突出的标志。立方体主要包含入口区域和一个设置了餐厅和会议室等（图D5.1）具有特殊用途的屋面层区域。地上玻璃立方体内的实际展览区采用集中式布局，周边是一条通道走廊环抱，走廊采用天然石材贴面的混凝土结构墙。透过玻璃幕墙，斯图加特市中心的美景一览无余。夜幕降临，被灯光照亮的外墙将人们吸引到小城堡广场。自2005年春季完工后，小城堡广场就一直是城市的中心聚集地。建筑顶部采用精心选择的遮阳玻璃屋面。屋面区域既用于功能设定，也用作餐厅。规划阶段的目标是，采用对能源要求不高的节能概念，保持玻璃立方体和展厅区域的全年舒适度。

在建筑师、专业规划人员和环境顾问的合作中，最具挑战性的就是确定斯图加特艺术博物馆的最佳室内环境概念。通过采用创新的模拟工具，在规划阶段逐渐形成气候概念方案，直至最终实施。屋面采用的多功能特制百叶，有供暖、制冷、遮阳和隔声的作用。

交通走廊的自然通风与散热理念

走廊约2m宽，能到达玻璃立方体的各分区。游客通过走廊可到达屋面公共区和博物馆展厅。项目设计其中一个目标就是要保证访客可以从走廊清晰地看到城市的四季景观。因此，走廊的玻璃必须有遮阳层和额外的彩釉层，以尽量减少阳光的照射量。玻璃幕墙的彩釉区应符合能量研究的结果，彩釉区的具体设置由建筑师根据外部设计和从内向外看所需的透明度而定。

图D5.2 走廊的天然石材墙面

图D5.3 注水盘管后用于激活天然石材墙体的绝热功能

走廊室内环境质量背后的主要目的是利用自然通风的潜能，通过激活的储热部件，砖墙结构体来降低室内最高温度。显然，如果不要求夏季室温达到展览区要求，浅进深、全玻璃走道内的环境调节并不需要太多能耗。因此，根据分级的概念，艺术博物馆的室内环境在炎热的夏季是可行的：人们进入走廊时会感觉比室外温度低；而展览区内室温则非常舒适，因存放艺术作品，展厅内需全年恒温。走廊通过一楼地面上近乎隐蔽的通风板通风。天然石材墙采用注水的盘管进行温度调节。冬季，注水的盘管可用作基础供暖，夏季，可用作制冷峰值荷载（图D5.2和图D5.3）。再加上玻璃涂层的作用，就让人感觉

夏季走廊内的温度比室外舒适。通过模拟辅助确定温度持续的时间和频率。大体上，自然通风和凉爽的天然石材足够达到要求。如炎热天气持续时间过长，可能需要动用博物馆的设备对走廊进行机械通风。从节能方面考虑，这种情况一年只允许短时出现，这也正好符合模拟的预测。

屋面区域的自然通风和隔声

为了避免过热并节省冷却能量，玻璃屋面上设计了通风板，火灾时还可起排烟作用。排气窗的开合取决于天气情况和室内温度。建筑的进风通过西南面外立面和北面楼梯间外立面的通风板。屋面层的楼梯间和多功能厅之间还有通风

口，通过利用约20m的空间提升高度，空气可轻易地提升，并在室内良好地分散。这种自然通风会导致屋面平面的自然冷却，而且通风肋板开合可自动控制。如果室外温度特别高，通风百叶将闭合，开启机械通风，防止夏季室内过热达不到舒适要求。此外，通风板还可作用于夜间降温。

尤其是采用玻璃屋面的低层房屋，存在着缺少绝热和隔声功能的问题。玻璃屋面下的博物馆会议厅，要求有视野开阔、回声低和温度舒适度良好的特性。此外，会议厅还应通过玻璃屋面被动太阳能产热，用以降低冬季的加热耗能。为了降低夏季制冷能耗，还应具备有效的遮阳装置和自然通风设计。针

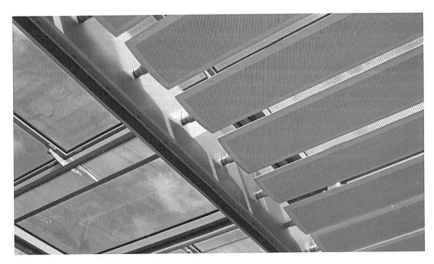

图D5.4 玻璃屋面上装有通风活板窗和向上反光的遮阳百叶肋条

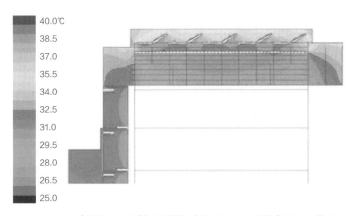

图D5.5 通过建筑热工和流体力学模拟确定的屋面温度分布图（见彩页）

对以上需求采取了以下技术措施：第一步，屋面玻璃采用大量彩釉和遮阳层，实现既遮阳又保持一定透明度的综合效果。第二步是设置一个可旋转，同时具备吸热降温和对绝热玻璃屋面绝热的双重功用的薄板，薄板顶部采用高反射性面层，并设有绝热层（图D5.4）。这样就将肋板吸收的热量传递到顶部，且不增加使用空间的降温荷载，热量通过屋面敞开的通风板排出。此外，在薄板下侧装有水热及冷却调节器，可将屋面供暖和制冷功能合二为一。中心游客公共区可在下方通过地面供暖及制冷功能，或在上方通过多功能薄板将温度调至舒适水平。此外，薄板涂有吸声材料，可抑制声音反射，并降低背景噪声干扰和回声。这对讲座和音乐会等场合而言十分重要。

通过建筑热工和流体力学模拟，提前计算出屋面的温度分布。经证明，尽管屋面下方温度较高，薄板层下的温度仍可维持在舒适水平（图D5.5），只有在夏天极端炎热的情况下需要采用机械通风改善室内温度（图D5.6）。2005年度的建筑运行情况符合模拟的预期。

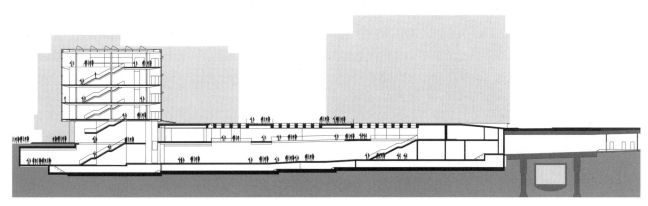

图D5.6 艺术博物馆剖面图

卢森堡，欧洲投资银行
新大楼

BREEAM®
卓越认证

建筑师专访：Christoph Ingenhoven，Ingenhoven建筑师事务所

1. 您认为成功建筑的标准是什么？

一个成功的建筑应该让在其中生活和工作的人们感到愉快，让他们的生活更方便更幸福。当然，建筑不能作为生活本身的替代品，我们不能通过一栋建筑为一个人提供所有福利，但是我们至少可以使其在这方面发挥支持性作用。

2. 在您的建筑设计中，可持续性发挥什么样的作用？

在我们的建筑设计中，可持续性发挥着决定性的作用。我们有着明确的观点，按照这些观点和标准来设计建筑。同时，我们努力以任何可能的方式降低能源的需求。除节能外，我们还提出用户友好的概念。例如设计可开启窗户。这听上去可能很简单，但是我们知道对众多需要以此方式实现通风和运作的建筑而言，这有多难。设计可开启门窗来影响室内温度，和遮阳隔热措施都与一栋建筑的可持续性有联系。一个人必须认识到，建筑只有在本身具有"人性化"时才是成功的，这就是说，人类不失去思考的权利，并且在使用科技系统时具有完美的控制机制。

3. 就"绿色建筑"而言，贵所的目标何在？您在此方面的设想和愿景如何？

在我看来，一旦你认同可持续性建筑或绿色建筑的观念，就意味着你需要将自身当成某种先驱，尽可能打造一种前卫的建筑。所谓"前卫"，我不是指在形状或外观层面，而是在保护资源层面。例如，在能源领域，我们希望建筑至少能保持二氧化碳的均衡，或者更好的情形是正向二氧化碳均衡。另外一个目标是使用节能进行建筑运作和建设规划，从一开始就尽可能使用较少的能源建设和运作建筑。此外，这部分少量所需能源我们会使用来自替代性可再生能源如太阳能、风力或地热等。对给定的建筑可能造成的能源富余，用来帮助不太节能的设施获得更好的均衡。然而，还有其他的补偿方式，比如在市中心的高层摩天大楼项目。应通过在多个楼层建设中庭、花园、屋顶花园等方式，对过量的建筑面积进行补偿。设计应以对微气候造成的影响尽可能小的目标来进行。又或者，我们可以使用避免热岛效应的智能屋顶材料，通过非污染的屋顶材料收集雨水，然后以过滤的形式将其通过花园返回到土壤，如果有可能，希望使建筑的能源消耗尽量回到最初的状态。

4. 您与D&S公司的合作怎样？您们合作多年，最基本的支柱是什么？要打造优秀和可持续性建筑一个规划团队需要什么样的素质？

长期以来，我们一直在寻找可靠的合作伙伴。最终，到了一个节点，我们定义的目标是采取非常创新的策略建设生态性建筑，并将一直在这一领域前进。而过去常常合作的咨询顾问和工程师公司已不再能够满足我们的需求。我们一直努力将最优秀的人员聚集在周围，并努力确立一种长期的合作关系。我认为认可这样一种团队精神是我们工作的一部分。然后在某个时间点，我们认识到我们需要在建筑技术领域对自身进行重新定位，这包括对建筑舒适度负起全面的责任。这就是我们最初接触D&S公司时的情形，如今15年已经过去了。合作最初从建筑物理学入手，然后到建筑流程和建筑施工流程。最后，我们的合作也包括建筑技术，以及确立能源概念，因为这种全面的策略包括诸如建筑物理学、幕墙以及控制和能源概念的技术工程系统，如果不接触这一策略，任何东西都无从谈起。我们继续对这一整合性概

图D6.1　细部图

图D6.2　中庭可视化图

念抱有浓厚的兴趣。必须说D&S公司所提供的支持也在逐年增加。在我看来，D&S公司团队经过多年的建设，已经成为一个高度专业的咨询顾问团队，这让建筑师感到非常愉悦。

5. 欧洲投资银行（EIB）建筑设计概念是如何产生的？您在这一设计上的目标是什么？

我们研究了所谓的Zitadelle fur das Kirchberg高原的"城堡"的城市规划概念。这来自一个西班牙人，构思的是规划蓝图中建筑的集中组合体。例如，我们设计的欧洲投资银行是一个扩建项目，原有的建筑是20世纪70年代由Denys Lasdun设计建造的。Lasdun是当时著名的英国建筑师，他设计了一个非常漂亮、不同凡响的建筑，但只

能部分满足今天的需求。建筑需要进行扩建。新旧建筑位于Kirchberg高原的斜坡边缘，俯瞰卢森堡旧城区。

从生态概念出发，设计了一个水平玻璃表皮管道状外壳，包围并延伸至整个建筑（图D6.1）。该设计提供用于冷却和热交换尽量小的表面。在这一外壳内部，有一个蜿蜒曲折的内部建筑，在内外之间产生较大的表面空间。在那里正好营造出特别的空间。对工作在这栋建筑里面的人们来说，这非同一般，考虑到能源保护、窗户通风、日光使用，通常建筑物只能在一定的深度范围内建造中庭花园。但这个项目通过采用这个设计策略，可以将冬季花园设置在外壳内部，并一直向下通向山谷。在面朝街道的方向，我们安排组合了中庭，朝向山

谷面设置了冬季花园（图D6.2）。它们之间的区别是，面朝街道的中庭是有温度控制的，而冬季花园则没有。这是因为我们为面朝道路的中庭设计了功能区，如果不设定最低温度控制，这一目标无法实现。建筑的背面同样有功能区，例如休息区域、室外区域和运动区域。但是，如果它们在冬天更冷一些，夏天更热一些，这些都不是问题。通过运用这一概念，我们能够在内外之间打造一个缓冲区域。让我们能够在冬天对热量损失进行较大的控制。当然，同样有必要的还有对进入的太阳能辐射进行控制，使之最小化。这通过带有太阳能保护装置和遮阳单元的室外冷却设计，以及通过建筑自身的朝向来实现。通过这一项目，我们向二氧化碳均衡建筑的目标迈出了很大的一步。

符合可持续发展理念的舒适度

Ingenhoven建筑师事务所曾经获得该项目的国际竞赛一等奖，受委托为EIB新大楼提供总体规划。新建筑地块位于卢森堡Kirchberg高原的欧洲区，与现存的建于1980年的原欧洲投资银行大楼非常贴近。EIB既是新大楼的业主也是用户。D&S公司为建筑师面对的具有挑战性的规划任务提供了帮助，提供了幕墙规划，室内气候概念——控制概念立面通风板、建筑空气动力学、建筑物理、绝热建筑模拟以及空气流动学模拟等服务。实施总体生态概念，对标国际绿色建筑标准如美国建筑研究所的《环境评估方法》（*BREEAM*），是本项目规划人员一致的目标。

在本项目中，建筑师特别设计了一个横跨7层不同建筑单元的柱状玻璃外壳，以弯曲方式进行组织安排，在建筑单元之间形成中庭，南侧用作控温区域，北侧则用作不加热的绝热缓冲区域。玻璃外壳确保建筑的紧凑外形，同时可以在冬季使用被动式太阳能（图D6.3）。在夏季，中庭可以通过玻璃外壳上的开口进行自然通风，因而未利用的太阳辐射热量可以排放出去（图D6.4）。建筑单元地面以上部分可以用作办公区域，并为750多个办公工作站提供空间。此外，建筑内还有培训和会议区域、餐厅和咖啡座、一个多层的地下停车场。总建筑面积为70000m²。建筑施工于2004年启动，大楼于2008年竣工。

幕墙技术

幕墙的四个基本建筑结构组，包括拱形玻璃屋面，中庭拉索幕墙，面向中庭的单层办公楼幕墙和朝外的办公楼双层幕墙。在EIB新大楼内，适应性遮阳装置沿着办公室幕墙进行系统性安装，中庭的幕墙全年透明，这样可以确保为办公室提供良好的日光供应（图D6.5）。如果夏季和冬季的绝热效果令人满意，则可以对窗通风，太阳能和眩光保护装置进行个性化控制。

拱形玻璃屋面构成中庭气候外围护结构的重要组成部分，在北侧中庭，由双层玻璃及隔热铝材组合成为隔热玻璃；南侧幕墙的水平区域为中性遮阳防护玻璃。在细分部分，遮阳功能通过调节中间空间上的光线导向格栅，得到进一步增强。大约30%的三角形玻璃型材为电控可开合型材，这是这一建筑的

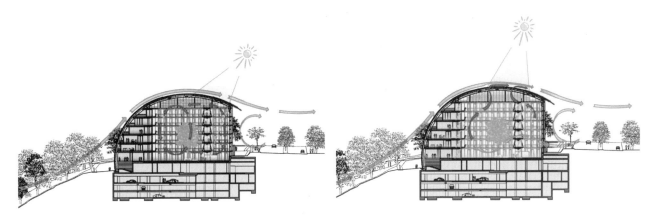

图D6.3　冬季中庭（见彩页）　　　　　　　　图D6.4　夏季中庭（见彩页）

图D6.5 卢森堡，EIB新大楼

特色施工项目。

玻璃屋面的支撑结构包括一个主钢架屋面支撑，次级龙骨结构由部分拱形钢结构及部分铝材结构组成，三角形玻璃面板使用铝型材固定于次级龙骨结构上，并用硅胶对接缝进行密封。

南侧中庭的垂直幕墙是拉索幕墙。隔热玻璃面板通过铝型材固定在垂直拉索上，使用硅胶型材和弹性硅胶进行密封。移动拉索幕墙与刚性横梁外墙的连接是通过使用专门开发的刷式密封件进行滑动连接来实现的。

面朝中庭的单层办公区域幕墙设计为全木框单元幕墙，室外配有防晒帘保护装置。办公单元的外层幕墙为双层幕墙，这一铝型材幕墙在建筑结构和坚固方面进行最小化处理并安装有安全玻璃。永久通风的双层幕墙中空内部遮阳保护装置配有防风设计，电力驱动的垂直百

叶窗装置受中央控制。且用户可随时变更自动控制功能。

气候概念

办公单元和中庭的组织安排以及玻璃外围护结构的绝热性能，使得中庭内的空气温度即使在没有供暖的冬季也很少降到5℃以下（图D6.6）。对相邻的办公单元而言，这甚至能够将传输中的热量损失减少一半。与风机盘管的高效旋转热交换机组合在一起，我们可以显著地降低办公区域的热能需求。所有办公室都配备一个外部遮阳保护装置。依据幕墙种类的不同，或者布置在中部双层幕墙空间，或者布置在中庭内，以实现有效的遮阳效果。对建筑外围护结构进行优化，将外部对供热和制冷的影响降至最低，是迈向可持续建筑理念必不可少的一步。

由于建筑外围护结构的绝热性

能非常好，大楼单元的办公房间仅需要部分制冷和机械通风。在这里，机械通风提供卫生达标的空气质量。此外，办公区域配备可开启的侧翼进行自然通风。用户可以根

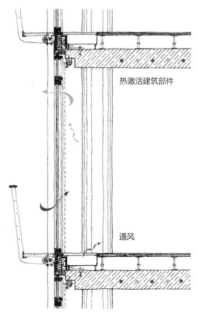

热激活建筑部件

通风

图D6.6 房间气候概念草图（见彩页）

据需要自行操作这些设置。对于一般的办公用途，这一概念已经提供了良好的供暖舒适度。

单个房间条件的调节，安装在地板上的设备沿着幕墙进行组织安排，根据需求进行使用，可通过快捷方式进行调节，用户可对房间气候进行有效的影响，同时对需要增加制冷复合的房间提供与需求相匹配的制冷选项（图D6.7）。总而言之，提供灵活的空调概念，以此提供高度的热舒适度。在夏季，室温上限值是25℃。

在开发制定概念时，同时考虑了中庭用作进风或废气中庭的解决方案。在EIB新大楼这一项目中，就能效、经济可行性和功能性而言，带有中央通风单元和高效热能回收功能的解决方案具有明显的优势。

中庭气候概念

EIB新大楼的大型空间分两种类型：面朝南方，在冬季可以供暖的中庭；以及面朝北侧，不予供暖的冬季花园。

中庭和冬季花园一年到头都有自然通风。在冬季，可以根据临时通风原则来完成，数分钟内就可以实现空气的更新。在夏季，幕墙可开启通风板会长时间大幅开启，以排出来自大型玻璃区域的多余太阳热能。在夏季和冬季，用于自然通

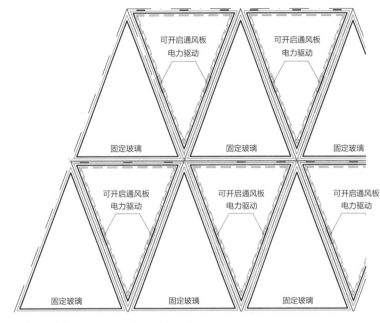

图D6.7 外立面幕墙技术：展示功能性的细部剖面图

风的开口宽度会根据诸如中庭温度、环境温度和风速等因素进行设置。

冬季花园的功能是热能缓冲区域，既不进行主动加热也不进行主动制冷。由于冬季气温水平较低以及由此造成的中庭较低的温度差异，在这里没有考虑冷气沉降的需要。

南侧中庭的温度调节在冬季期间通过地暖进行。这同时也用于夏季制冷。为应对沿垂直玻璃幕墙滑降的冷空气对舒适度造成的影响，幕墙平行排列，通过释放性表面增加内部面板温度。这些与连接单个办公单元的人行桥整合在一起，为

拉索幕墙提供长时间的热量释放。同时，它们也是中庭的供暖部件，可以快速地予以调节。由于掐丝拉索幕墙施工，使用加热幕墙型材或在不同高度组织安排对流加热器的标准解决方案在本项目中不可行。此外，幕墙的底部配备有玻璃制成的水平反射叶片，地板对流加热器沿着幕墙铺设。这一整套措施的设计借助对中庭3D模型的空气流动进行模拟，大幅降低了因冷空气沉降带来的负面舒适度影响，同时为整个入口大厅区域带来相对高的舒适度。

康斯坦茨，Nycomed
大楼

建筑师专访：杜塞尔多夫，Petzinka Pink（Technol, Architektur®）

业主专访：Franz Maier教授

1. 您认为成功建筑的标准是什么？

它们是以负责人的方式设计和建造的。

2. 在您的建筑设计中，可持续性发挥什么样的作用？

最重要的作用。

3. 就绿色建筑而言，贵所的目标何在？您在此方面的设想和愿景如何？

提供专业技术。

4. 您与D&S公司的合作怎样？你们合作多年，最基本的支柱是什么？

相互尊重。

5. 一个规划团队需要什么样的素质才能创造出高品质且可持续的建筑？

激情，进步的策略，社会责任感，放眼未来的能力。

6. 您在这一设计上的目标是什么？

解决建筑工程任务，表达对未来的看法。

7. 这一建筑能向业主和租户提供的出众品质有哪些？

对未来的展望。

1. 您认为成功建筑的标准是什么？

我要指出，在回答这个问题时，主要考虑住户的满意度、惊喜度，甚至是愉悦的反应，才好回答及界定一栋建筑是否成功的定义。

因为这个原因，我们非常重视初步规划阶段，举办一系列的工作坊，同时与用户进行激烈的讨论，以找出使用者的愿望、建议和想法。我们同时也会考虑到这些现代化和透明建筑可能会给某个人员带来的恐惧和担忧。

我们的目标是为用户建设尽可能"最好的办公建筑"，这些建筑有着清晰的生态外观、高度的经济效益、灵活性、前瞻性和最小化能源消耗（热激活组件、三层玻璃和颗粒炉）。此外，建筑应能反映企业的创新驱动力及其核心价值观。

2. 住在一栋建筑内对您意味着什么？对您感觉舒适与否的最决定性因素是什么？

这意味着安全感，同时维护一定程度的自身定义个性。舒适性取决于多种因素：

- 我能否自己控制窗户和太阳能保护设施？
- 照明、音响和户外景观的设计有多个性化？
- 办公区域能否布置色彩和植物？
- 实现室内温度的舒适性是否可行？
- 是否有大量的日光和较低程度的噪声干扰？
- 是否有足够数量的聚会场所可以让我与同事进行交流想法？
- 建筑架构是否允许同时有公共空间和私人空间并存？
- 休息期间是否有良好设计的户外区域可用？

所有这些因素都在某种程度上影响使用者对建筑的接受程度和舒适度。

3. 在您的建筑设计规划中，可持续性、生命周期考虑发挥什么样的作用？

在建造任何建筑时，投资成本是最初要考虑的事项，而整个生命周期的使用或运营成本通常被忽视。但是，实际上它们更重要，必须在最初阶段予以考虑，因为维护成本会在短短几年内达到最初的投资成本水平。

借助生命周期的概念，我们不仅努力实现最优化的运营成本，同时实现施工过程所有专业尽可能高的"协同效应"。这是通过对各个组件和系统标准化来实现。我们对任何可持续性创新均持开放态度，但是为了消除顾虑，将会优先考虑经过反复测验长期性的材料和系统。

4. 您对从设计到运作的整个过程都富有经验。您认为哪些方面的改进潜力最大：流程本身，寻找概念，规划实施，建筑施工或是运作行为？

当然，各个专业的规划过程需要整合并更好地进行协调。彼此之间的界面应在量和复杂程度上进行削减。跨专业规划、系统的协调和集成都尚未达到理想的水平。

规划人员应该因其创新性的想法，而非仅仅关注施工成本的僵硬合同，获得更多奖赏。在实施方面，现场运作的质量控制系统至关重要。在这方面，现场的所有活动在处理中依循经过反复试验符合实践的质量手册非常必要。整个过程必须严格监控，从规划到材料运输、安装装配，一直到验收。

在谈到运营建筑方面，我们发现现代化的模拟技术可能有所帮助，但是在整个年度期间，需要实际的建筑运作以调整房间气候，特别是在达到稳定的运作阶段之前。

为限制住户冲突，提升容忍度，我们在建筑启动阶段和建筑实际使用之前，将这一信息提供给相应的使用者。

在使用之前，所有的建筑通过简要的"用户手册"介绍给员工，用户手册非常容易理解，且带有很多插图。

5. 一个规划团队需要什么样的素质才能创造出高品质的且可持续的建筑？

规划团队应当始终表现得如同处在对一栋他们将来会自己使用的建筑进行规划和设计的过程中。高度的机动性和责任感几乎可以想象，尽管这些可能只发生在虚拟层面。对一栋平均寿命为50年的建筑，在生态和经济责任方面必须有着谨慎和主动的策略。

6. 到2050年，现代化的办公概念将会是怎样？

我们不好说，因为它们甚至可能与今天的现实并不相容。它们会不会具有高度移动性、灵活性和情感化？颜色、气味、音乐、艺术和类似的元素是否会被整合到我们的工作生活中，从而与我们的私人生活结合得更加紧密？工作和娱乐之间是否还会存在区别？

所有不同的选择和选项是一个创意性规划团队的讨论主题，它们为未来建筑设计提供良好的基础。

我们需要保持更加乐观和积极的态度，正如俗语所说：

"在我们的世界上，新事物和旧事物应该待在一起，直至新事物已被证明可以取代旧事物。"

高效的集成

康斯坦茨，Nycomed大楼正在建设中，该建筑将建在工厂厂房内，总建筑面积约为18000m²，除了典型的办公室之外，还将创建一个会议区和一个员工餐厅。中庭是中央会议中心。作为一个可以轻易获得供暖的外部区域，实际上这区域全年都可以被使用。将这一建筑集成到现有的建筑结构之中，既可以获得很大的机遇，同时也面临挑战，例如在建筑的能源供应问题上。在竞标一开始，客户就强调这一建筑应当在建筑层面显示明确的自身身份定位，同时应有优质能效和灵活概念。能源目标总规划设计由Petzinka Pink技术·建筑设计所负责，在规划开始时，定义的主要

能源要求为最大100kWh/m²，用于房间的空调系统（供暖、制冷、通风和照明的电力）。

办公室的设计基于模块化的气候概念，提供了较高水准以及与要求相符的房间供暖舒适度。基本的供暖和制冷通过加热的地板和吊顶进行。由于有三层玻璃、超级绝热竖窗和外部墙板，不需要再在窗户前面设置额外的散热器，因为房间内部一侧窗户的表面温度不会低于16℃—18℃。面板因而同时带有散热器，可以按模块对性能进行扩充，以满足较高的需求或者根据不同的房间使用率进行调整。这可以作为一个循环空气冷却器甚至带有热回收的外部空气处理单元进行运

作。有了这一概念之后，对房间的使用可以在后来随时进行相对简单的改变。

办公室的遮阳装置由垂直的玻璃薄板组成，玻璃薄板可以旋转。这些薄板1.35m宽，3.5m高。这种遮阳具有一个优势，可以在任何时候与外部世界建立联系，因为薄板只在很短的时间内与幕墙平行（图D7.1）。除了横向透明外，规划团队研究出了一些解决方案，允许直接通过薄板看到里面，同时保持遮阳功能完好。其中的一种是为面板选择一种遮阳涂层（能使通过的太阳光具有低能源输出，高日光输入室内的功能）以及有附加的图案。这种方案允许高效的遮阳，但是

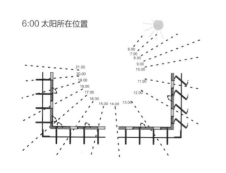
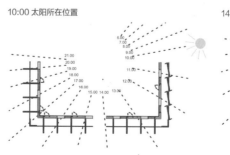
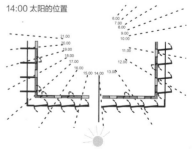

图D7.1　遮阳板运动原理图

同时限制通过玻璃薄板的直接可见度。另外一种方案是通过铝材夹层在两个玻璃薄板之间插入不同种类的铝材膨胀金属网（图D7.2）。带有轻微斜度的型材被选中作为膨胀金属网，因而可以为太阳能保护提供所谓的"遮阳帽"效应。因为膨胀金属网的厚度为1.5mm，不是很厚，而遮盖的深度仅仅有0.8mm。由于这种遮阳装置构成一种全新的发明，作为第一步，有必要对其结构组成以及热效应进行测试评估。选择适用的膨胀网格，并与太阳遮阳值0.1进行比较，因为遮阳装置需要融入房间的气候概念之中。最后，模拟的结果显示，只有非常有效的遮阳装置才能将基本房间气候概念达到确保充足的热舒适度水准（图D7.3）。我们需要绝对清楚所选择的膨胀网格，因而在实验室中，我们对太阳能传输和不同太阳高度角的照明分布进行定义。结果甚至超过了目标数值，太阳高度角为35°时，景观效果和避免眩光效果同样好。从建筑施工角度来看，我们也能够把握所面临的挑战。图D7.4显示的是一些技术细节。

能源供应是根据现有建筑物的功能而开发的，这些建筑物可以使用当地区域供暖。在为区域供暖系统（主要为实验室）的所有出口进行一个建筑和系统模拟的过程中，对区域热分配的现有热荷载情况进

图D7.2 嵌有膨胀金属网的玻璃遮阳板

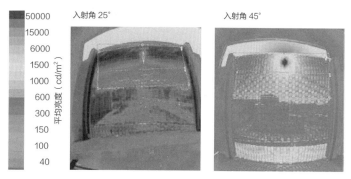

入射角 25°　　　　　　入射角 45°

平均亮度（cd/m²）
50000
15000
6000
1500
1000
600
300
150
100
40

图D7.3　不同高度角的亮度图片（见彩页）

行定义。结果发现，由于热水和通风系统再加热要求的热性能，在夏季也有一个较高的热荷载。计算显示，一个热效率为1000kW的颗粒真空锅炉每年可以满荷载运转超过7000h。由于与气体相比，颗粒的能源价格更低，因此1—2年即可获得投资回报，同时每年可减少1750t的二氧化碳排放。这相当于580个家庭与供暖相关的二氧化碳排放水平。制冷通过在较高温度（12℃—16℃）运作的冷却器和带洒水功能的混合冷却器实现。鉴于设备冷却仅仅发生在夜间，超过70%的冷却水可以通过使用夜间较冷的空气来获得。总体而言，实际能源需求远远低于规划阶段定义的目标数值（图D7.5）。优秀的建筑设计和高水平的灵活性带来的建筑可以让用户和设备管理人员都感到骄傲。

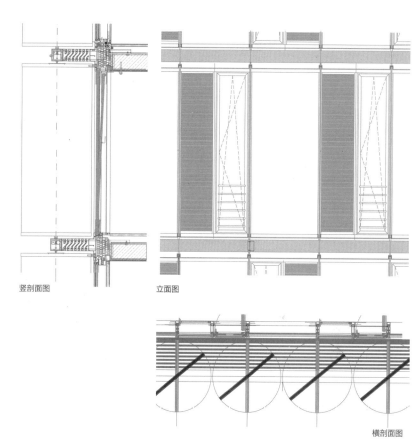

竖剖面图　　　　　立面图

横剖面图

图D7.4　办公室外立面幕墙立面图及剖面图

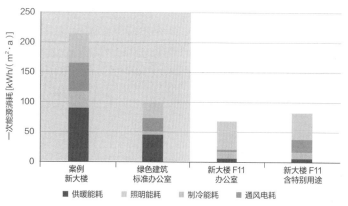

一次能源消耗 [kWh/(m²·a)]

250
200
150
100
50
0

案例
新大楼

绿色建筑
标准办公室

新大楼 F11
办公室

新大楼 F11
含特别用途

■ 供暖能耗　　□ 照明能耗　　□ 制冷能耗　　■ 通风电耗

图D7.5　Nycomed大楼F11房间空调系统的建筑一次能源平衡（见彩页）

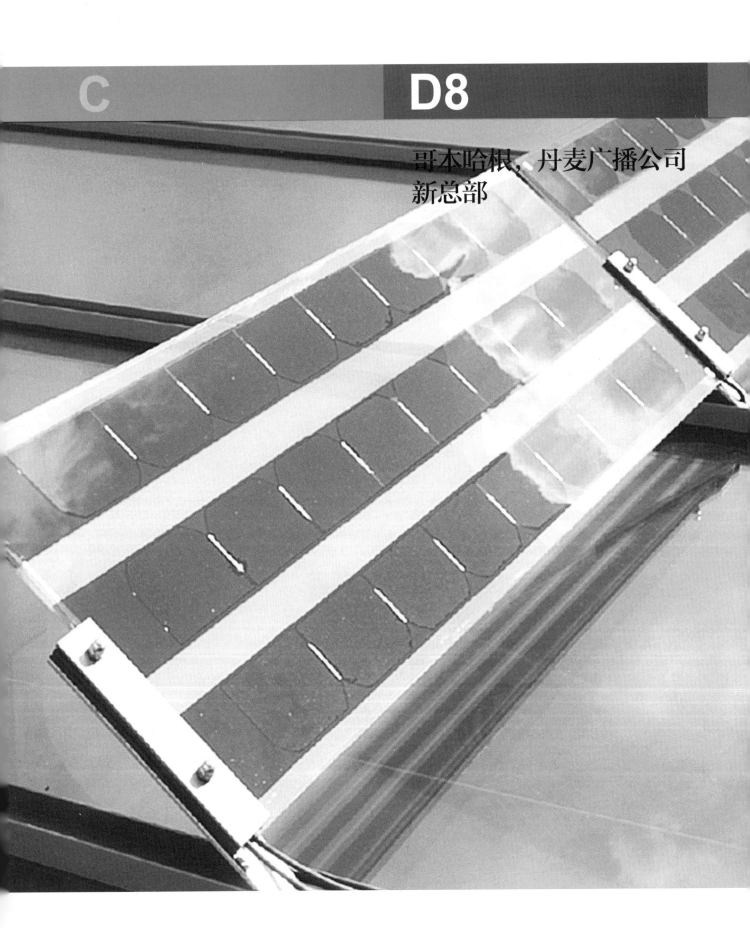

哥本哈根，丹麦广播公司新总部

业主专访：Kai Toft和Marianne Fox，丹麦广播公司新总部

1. 您认为成功建筑的标准是什么？

定义成功建筑最重要的标准包括：对管理的最优化组织、明确的战略，以及各个层面的顺畅沟通。这同样适用于整个规划和施工过程中的任何流程阶段和决策。

2. 住在一栋建筑内对您意味着什么？对您感觉舒适与否的最决定性因素是什么？

对丹麦广播公司的员工而言，建筑内房间的气候条件和平面设计最为重要。不仅依靠诸如温度、空气质量、隔声和照明之类的物理因素来定义舒适的房间环境。我们认为建筑设计也很重要，包括考虑到用户的使用习惯和兴趣，这同时也是室内设计的必要组成部分。

3. 在您的建筑设计规划中，可持续性、生命周期考量发挥什么样的作用？

我们非常重视设计的灵活性，以便能够对多媒体领域中未来的技术和组织进步作出回应，这意味着可以在接下来保证较长的建筑寿命。很多建材是根据生命周期考量来选择的。在规划阶段，我们关注的是在整个生命周期内将建筑对资源的消耗降至最低。我们尤其关注降低能耗，同时寻找生态可行性材料。鉴于丹麦广播公司拥有很大的物业，我们感到有必要探索采用新型的技术和生态考量，为其他丹麦物业业主和开发商作出表率。

4. 您参与了从设计到运作的整个过程。您认为哪些方面的改进潜力最大：是流程本身，概念寻找，规划实施，建筑施工还是运作阶段？

主要关注焦点始终需要放在运行优化上，因为这是对环境影响最大的地方。但是，只有在初步规划阶段的决策，最能影响整个项目，因为这是我们定义用于后期建筑设计框架条件的时候。在工程设计和建筑施工阶段，对这些规划必须不惜一切代价进行持续的监控。对于实际的运作，建筑在生态方面的潜力需要全面探讨。这同样需要持续的确认。

5. 一个规划团队需要什么样的素质才能创造出高品质的且可持续的建筑？

规划团队需要在规划的所有领域具有扎实的生态专业知识。同样重要的是将这些知识在跨专业团队合作中进行应用。生态设计基于全面的考虑，需要参与到实现生态目标的每一个人有远见、奉献和合作精神。

6. 这一建筑能向业主和租户提供的出众品质有哪些？

作为公共服务领域一个大型的半公有企业，丹麦广播公司认为非常重要的一点是为丹麦的建筑行业树立一个"优秀的典范"。Byen在丹麦广播公司的规划蓝图是一个"灵活开放的工作场所，有着生动活泼的氛围"，促进员工在这里进行有创意的团队合作。最后，由于我们在生态方面的努力，我们得以打造一个低运营成本的建筑，包括能耗、水利用和其他资源以及垃圾管理各方面。

建筑师专访：Stig Mikkelsen，Dissing+Weitling建筑师事务所项目主管及合伙人

1. 您认为界定成功建筑的标准是什么？

成功的建筑基于好的设计方案和清晰的理念。人们能感受到这类建筑独具的设计语言，同时因其清晰的设计理念给人留下深刻的印象。在过去几年里，建筑变得越来越技术化和复杂化，这为设计领域带来新的挑战。在我看来，那些具有开创性的建筑是来自对技术和生态的深刻理解，同时又能满足复杂的要求并能以简洁和易于理解的建筑方案形式表现出来。

2. 在您的建筑设计中，可持续性发挥了什么样的作用？

只有基于对诸多考虑因素的深层次理解，如空间、材料、景观、日光、空气质量和房间隔声，以及它们如何影响到用户，才能设计出最佳的工作场所。这些参数除了可以测量以外，还可以用于描述室内空间环境质量。一个注重生态质量的设计向该建筑的用户表明，除了注重环境保护外，办公室用户的舒适体验也是业主最在乎的事。

3. 就"绿色建筑"而言，贵所的目标何在？您在此方面的设想和愿景如何？

我们的设计方案一直追求简约，并尝试讲述每一个项目后面的故事。即便不是最基本的要素，但至少在我们的方案设计过程中，可持续性的概念扮演着很重要的角色。在过去，建筑一般按照传统方式设计，或者仅仅从艺术角度或空间设计角度考虑。而在今天的建筑已经成为一个集技术规范、生态要求和建筑理念为一体的整体。

在我所，我们建筑师将自己视为一个制订创新型但同时也是生态友好型设计方案的团队。过去，我们以"生态战略"指导建筑方案的制订工作，未来我们会一如既往地继续加强这一领域的工作。为了践行我们"从概念到细节"的口号，我们中意的设计是那些在详细设计中将生态和可持续性统一起来的设计草案。只有这样，才能够做出扎实的方案。

4. 一个设计规划团队需要什么样的素质，才能设计并建造高品质的可持续的建筑？

一个真正贯彻生态思维的项目需要一个愿意走这条创新道路的雄

图D8.1 丹麦广播公司新总部航拍图

心勃勃的业主。为实现新的目标，同时迎接未来可持续性建筑的挑战，设计团队必须作为一个坚定的团队携手共进，不止是在概念设计方面，同时也在所有细节方面。通常建筑师和工程师之间也是如此，各团队成员之间需要相互尊重。在寻找技术问题的解决方案时，当前的专业知识和必要的经验，这两者都绝对必要。过去几年里众多所谓的生态型设计，都显现出缺陷，因为它们的技术解决方案不恰当，或者它们的建造不够细心。不幸的是，这意味着它们同时败坏了客户和生态型设计方案的名声。在设计阶段，应用模拟工具针对建筑立面和建筑的其他元素寻找正确的解决方案上具有重要的意义。这可以提供额外的安全性，让你能够利用过去获得的经验。

5. 丹麦广播公司新总部建筑设计的概念是如何产生的？这一建筑能向业主和租户提供哪些独特的品质？

丹麦广播公司新总部项目要求制订特别的设计方案，开放的工作区域可以让不同层级的员工进行互动，同时需要满足广播电台工作性质的要求。用户可以自由决定，房间是自然通风或者是否使用光伏面板（图D8.1）。在我们的设计方案中，充分利用了独特的位置优势，以及随之而来的建筑的朝向选择。朝南的立面意在定义连接四栋建筑的中庭，除了因满足消防安全出口，南外立面仅有少量的开口。因此，建筑主要通过北侧进行采光。这可以将日光最大化，增热最小化。东侧和西侧的幕墙设计为双层，可以实现自然通风和光照最

大化。太阳高度较低时，移动的遮阳装置可以用来提供防护。这个概念可以用在三种不同的立面类型上：有机形状的阳台组合、框架式玻璃幕墙和双层外立面。北侧立面由大型简单的玻璃组成，玻璃幕墙前面是支持幕墙的结构支架（图D8.2）。双层立面可以通过中间的立面空间和内部立面可调整的通风活叶板让新风进气抵达房间。另外，北侧立面在较低区域配有通风孔，可以用于夜间散热。中庭的玻璃屋面可以作为日光的过滤器，在这里光线水平和增热可以由移动的遮阳装置进行控制。我们坚信，丹麦广播公司项目的集成规划水平为建筑的质量和舒适度确立了新的标准。

图D8.2　丹麦广播公司新总部大楼视图

适应气候研究

位于哥本哈根的丹麦广播公司目前在建设新总部大楼。大楼的建筑用地总面积为125000m²，大楼用作行政管理、演播室制作，同时也可用作音乐会大厅。D&S公司在为建筑师和专业规划人员制作标书文件过程中已担任了经济和生态概念专业的咨询顾问。这使标书文件比通常对建筑的能效要求作出了更加详细的定义。在制作标书的同时，D&S公司编制了总体能源方案，该能源方案的基本要素目前正在建筑工地付诸实践：

- 在哥本哈根，采用岩层中的地下水进行蓄冷。冬季，用外部环境的冷空气对地下水层进行制冷。在夏季，清凉的地下水则被抽出用于大楼降温（图D8.4）。
- 建筑使用高温冷却系统。通常情况下，丹麦的制冷系统设计水温为6℃—12℃。但是，为了使用来自地下的天然冷源，冷水的设计温度应尽可能高。室内制冷的水温为14℃—20℃，这几乎是通常温度的两倍。
- 通过高效的风阻遮阳装置将建筑制冷的荷载最小化，同时通过双层玻璃幕墙获得较高的光照量。哥本哈根的天气通常晴朗有风，如果要将建筑内部的制冷荷载降至最小，同时提高来自地下可再生冷源的使用率，就意味着遮阳装置必须在任何天气条件下都能工作。此外，不论是否有风，建筑在白天和夜间（夏季夜晚散热）都应当能够采用自然通风。为此，开发了适应当地条件的外立面系统和立面内部可控的通风活板。
- 利用太阳能发电。这一建筑群落有着丹麦最大的光伏发电系统。光伏发电系统的最低目标是通过太阳能完全满足地下蓄冷池的驱动电机和水泵的电力需求。
- 利用雨水灌溉外部绿化设施，部分雨水用于厕所冲水。水池具有雨水蓄水池的功能，因而可减少城市污水处理厂的荷载（图D8.3）。

实践证明，尽早地编制一个全面的能源概念方案，在选择规划设计方之前就与业主、项目管理团队以及市政府进行讨论是非常有利的。这也使得业主有可能通过丹麦

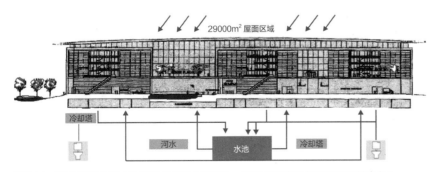

图D8.3　雨水利用方案（除灌溉户外绿化设施外，在很多区域雨水也用于厕所冲水）

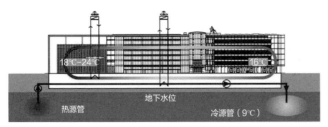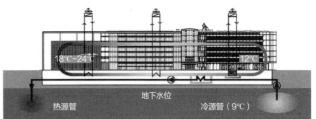

图D8.4 可再生冷源利用原理（冬季，用户外冷空气对地下蓄水层进行制冷；夏季，则将地下蓄水层中的冷源用于建筑物制冷）

广播公司、COWI向欧盟成功申请相关的补贴。

与之相关的集团项目"IT-Eco"针对室内气候环境和能源的解决方案为具有室内热荷载较高的北欧地区提供了典范。到2007年春，3/4的建筑已经投入使用，音乐厅则在一年后落成。

岩层中的地下水作为蓄热/蓄冷池概念

在德国北部和斯堪的纳维亚半岛南部，地下水层在不同的深度被用来作为供暖和制冷的水池。如果用于供暖，它们一般在较深（1300—1900m）的区域，如果用于制冷目的，则通常距离地面较近（20—105m），这里一般还有额外的地下水。究竟多大尺寸的地下蓄水池最经济？这在很大程度上取决于建筑对制冷能源的需求。因此，在

早期就要使用模拟工具，尽可能精确地确定一整年中的制冷需求。这一点很重要，因为自然制冷的概念不是基于地下水的较低温度，而是基于地下水较慢的流速。地下水蓄水池有两个端面：即热端和冷端。在夏季开始时，蓄水池应该是满的。这意味着冷端足够冷，可以将所有的冷量传递给建筑。在冬季，蓄水池则需要制冷，热端的水通过暖钻抽出，经由外部冷空气降温，之后用泵输送到蓄水池的冷端。

最初的模拟结果显示，在哥本哈根4月份至10月份，针对一些特殊的用途必须采用主动制冷。从理论上讲，这意味着有半年的时间可以对地下水蓄水池进行制冷。然而，这只有在外部空气温度足够低（<5℃）时才能进行。也就是说可利用的制冷时间只有几乎4个月（图D8.5）。在规划阶段，COWI进行了

详细的地热研究。试钻结果表明出水量与预测相符（30m³/每钻）。需要建8个热井和4个冷井，由于需达到黏土层，井深均为30m。蓄水层水池的总制冷能力为1MW，这就意味着该大楼的大部分制冷需求可通过天然资源得到满足。

光电集成

建筑的不同部分安装了峰值总功率为120kWp（1200m²）的光伏发电系统。与建筑结合最完美的集成部分是在第二段的玻璃屋面上。这一部分的外形系专门为本建筑设计，将外形设计，遮阳和发电等多种功能集成。Dissing+Weitling建筑师事务所通过成功的设计既保持了屋面的透明度和景观，同时将太阳能电池集成进去（图D8.6）。由于这一解决方案，他们获得了2006年丹麦太阳能利用奖。

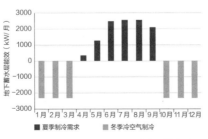

图D8.5 蓄热蓄冷地下水层的制冷和供冷时间

图D8.6 光伏系统与玻璃屋面一体化

斯图加特，上瓦尔德普
来策 11 号，D&S 公司
大楼

DGNB
金级预认证

低能耗建筑范例

如果你需要的是以最低的能源消耗实现最佳的温度舒适度，这就需要一个整体考量的建筑方案。这可以从斯图加特的上瓦尔德普来策11号D&S公司大楼案例中清楚地看到。该楼2002年投入运营。建筑的供暖和制冷系统的设计与需求相配，按照设计的用途，采取了相应的冬季和夏季的绝热措施及幕墙技术，将供暖和制冷的荷载降到最低。基于这些边缘条件，设计了低温供暖和高温制冷系统，从而保证了根据需求进行最优化的供暖和制冷。此外，由于很少出现过热现象，有利于促进可再生能源制热和制冷系统的使用。由于能耗需求的降低，也就保证了供暖制冷技术设备的能耗支出。除了系统的供暖和制冷功能外，还可以设计开发低能耗的通风技术。在不影响舒适度的前提下，以最小的能耗将符合卫生标准的户外清洁空气引到工作场所。如果规划阶段所做的预测最后被证实是准确的，那么大楼的能源需求和能源消耗将是同类建筑中最低的。过去几年大楼的各项测量值也清楚地表明数据与规划阶段的承诺一致。

通过所有项目参与方的密切合作，这个项目的进程得以从整体角度考量。需要指出的是，在这一合作项目中，初步设计开始前，在合作模式的框架内，负责专业技术的施工公司就通过功能性招标的形式被吸收到项目中。只有这样，才能确保与施工公司共同开发各种建筑工程新技术、新方法，并整合到施工规划中。

基本条件评估及行动步骤

对项目进行整体考量的基础是要有一个对基本条件的评估，在这一评估中，与业主和住户对每个功能区域的要求规范进行讨论并确定下来。除了室内温度外，其他考虑因素还有诸如局部的舒适度要求，例如靠近窗户的工位的设置要求，对视觉舒适度的要求。这份调查清单上还应当有空气质量和声学效果项目。除此之外，除了室内气候要求外，对卫生洁具和电气领域的设施也必须进行审核。

规划设计团队从建筑物理学的角度对所有这些要求进行分析。分析的结果应当将室内气候工程设计对供暖制冷的影响考虑在内。对整个系统的优化，包括用途、气候学、建筑物理学、外立面、室内气候系统和发电的评估可根据不同的评估标准进行。最重要的是经济效益，这可借助生命周期的视角对多种不同的利用方式进行整体性分析。

除了用途的要求外，其他边缘条件也同样影响着概念规划设计，以及整个方案的经济框架。对这一具体的项目而言，作为一个城市规划合同的一部分，要求在德国1995年颁布的关于绝热法令规定基础上，热损失率要降低30%。这是决策的主要依据标准之一。不仅要满足提高绝热要求，而且要设计一座低能耗的绿色建筑。建筑构件绝热层厚度和传热系数见表D9.1。

建筑物主体主要部件的热量
测量标准（部分）　表D9.1

	绝热层厚度（cm）	传热系数U [W/(m²·K)]
墙面	16/18	0.21
玻璃幕墙	3倍	0.80
屋面	25	0.15
地库顶板	15	0.23
外挑屋面	16	0.22

室内气候和外立面方案

对建筑外立面的优化涉及降低供暖和制冷的荷载、被动式太阳能利用、自然进风及排风以及在此基础上设计的室内气候技术方案和供暖制冷方案。所有这一切都在规划设计阶段运用建筑模拟和技术设施模拟工具进行计算、分析和优化。较好的U值是，当户外气温为-12℃时，外墙的传热系数为1—2W/（m² · K），而在窗户和外立面区域则为3—4W/（m² · K）。对于窗户附近的工位而言，这意味着，尽管窗户向较冷的表面定向散热，但这一区域的温度仍然不低于体感温度的要求。为了减少太阳辐射荷载，在外立面幕墙上设计了一圈护板。冷空气带通常出现在较冷的窗户区域，其即使在空气流速最大不超过0.1m/s时，温度仍能保持在不低于体感温度要求的水平，因此，即使窗户下方不安装散热器也不会影响室内温度舒适度。

为达到最佳的温度舒适度，我们需要对空间的半室进行热补偿。方法是通过所谓的供暖制冷板供暖来实现，其始流温度最高为33℃。热工建筑构件构成系统的温度调节元件。由于其面积较大，故运行时不会产生过热现象。为保证空气卫生要求的最小外部空气气流通过带余热回收的通风装置进行加热，然后通过新开发的设在地板上的进气口以等温的方式导入房间。为实现技术设施系统的最佳调温效果，技术系统的反应速度也需要考虑。除了快速的调节反应、较低的运行温度，还需要室内供暖系统较低的存储能力和可调节性。与此平行的是，在整体性考量的原则下，也会有需要制冷的情况出现。在此情况下，需要系统有蓄热能力，但应当努力依据需求对制冷荷载进行调节。同时，努力争取达到较高的运行温度，以优化技术设备的运行。在这些考虑的基础上，用于供暖和制冷的技术设备作为一个组合系统配置，包括一个以建筑热工构件为基础的蓄热蓄冷能力较大的基础荷载系统和一个蓄热蓄冷能力较小、但反应速度较快的接近表面的边角供暖制冷元件。建筑构件的表面积应尽可能大，以避免供暖时温度过高或制冷时温度过低。图D9.1和图D9.2所显示的就是上述系统用于办公室区域的情形。两幅照片拍摄于建筑施工过程中。

对供暖和制冷而言，混凝土热激活建筑构件作为基础荷载系统，安装在地板边的供暖制冷板通过各个空间的感应器实行单独控制，以保证根据需要对供暖和制冷荷载进行调整（图D9.3）。在季节过渡期内，非常重要的一点是仅需使用供暖制冷板来实现供暖或制冷。这意

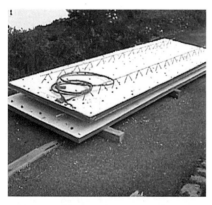

图D9.1 以预制件形式生产的供暖制冷边饰板

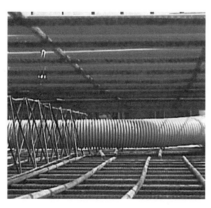

图D9.2 整合到混凝土吊顶内的温控建筑构件和通风管道

利用地热供暖和制冷

味着，在冬季和季节过渡期内，供暖制冷板会影响系统设备的能耗。建筑的热模拟分析显示，在户外温度为32℃时，室内最高温度不超过25℃—26℃。在观察制冷荷载时，可以看到混凝土热激活建筑构件（TBA）会在夜间利用户外冷空气进行制冷。在白天，其冷量可用于办公室内（TBA2）的供暖制冷板、会议室的制冷吊顶（KD）以及用于空气制冷。通过这一方案设计可大幅降低对供暖和制冷的需求。

对于供暖和制冷，我们尽量使用同样的系统工程技术，夏季时用于制冷，而冬季则用于供暖（图D9.4）。这里介绍的供暖和制冷方案不需要额外消耗一次能源，节省的运营成本可以用于创新型和节能型的楼宇技术设备投资。现代化的室内气候环境技术系统可以实现最高只有33℃的较低运行温度。这对于利用可再生能源供暖或制冷，例如地热是最好的基础条件。

在我们所处的纬度，接近地表的土壤厚度为10—100m，此处的温度几乎是均衡的，为10℃—12℃。现场测试性钻探的地质研究显示地表下热传递性——由于地下水数量不等，上至60m深度导热系数$\lambda=3.8W/(m^2 \cdot K)$——实际上非常适于使用利用地热的地埋管。土壤的性能已经事先通过所谓的热能反应测试和测试探针进行了测试。为此，将持续的水流以持续的流动温度导入测试探针，然后对反应功能，即流动和返回温度之间的差异进行测量。

鉴于现场较为有利的地质条件，我们决定使用一个地热泵用于供暖，一个热交换器通过埋有地埋管的区域进行直接制冷。所有的部件，包括液压转换阀集成到一个地热能源系统，均以预制件的形式运送到施工现场。与通常的热泵相比，热交换器的传导性得到了改善，液压阻力大幅降低。

在供暖方面，可以从土壤中获得热量。只要最大的运行温度达到33℃，并实现约为4.5（每一单位电力，产生4.5单位热量）的性能因数，就可以通过使用热泵将其提升到运行温度。在制冷时，从建筑中吸收的热量通过一个热交换器导入有地埋管的地下区域。除了不需要冷却器就可制冷的优势外，在夏季返回到土壤中的热量也带来额外的优势，它可以使得由于冬季提取热量而降温的土地恢复温度平衡。这可以避免地热利用区域较长时间的土壤温度变化，也符合对可再生能源进行可持续性利用的目标（图D9.5）。为了全面满足供热需求，一共安装了18个地埋管，每个55m深。

建筑施工

在室内装修材料和辅助材料（如胶粘剂）的招标阶段，要特别关注如何尽可能地减少材料有害气体的排放。只有在室内空气不被材料造成额外污染的情况下，用户才会接受低碳节能的室内换气频率。因而，在建筑施工阶段，使用的材

图D9.3　办公室室内气候通风设计方案剖面图（见彩页）

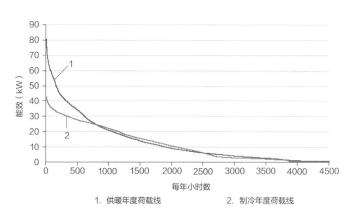

图D9.4　供暖和制冷年度荷载图

1. 供暖年度荷载线　　2. 制冷年度荷载线

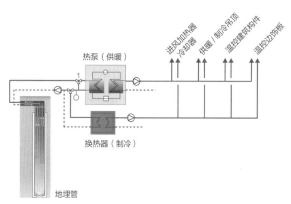

图D9.5　用于供暖和制冷的地热能源利用方案（见彩页）

料需按照之前制订的现场管理手册进行核查。

监控和优化运营

监控和优化运营由D&S公司和斯图加特大学共同负责。规划制订的数值在建筑的运作中得到了验证。用于室内调节的系统，测量到的每日一次能源消耗量只比模拟的结果高了5%—10%（图D9.6）。在对运营进行监测的一年半期间，监测结果表明模拟模型通过追踪能源消耗的变化，可以非常有效地用于能耗变化的优化运行，特别是对建筑使用和外部环境。除了对房间温度舒适度和能效进行优化外，我们也在工作场所（DECT电话）测量了电磁耐受度（图D9.7）。测量读数显示，其远远低于法定的临界值。但是，来自其他国家的数据表明，部分预防数值和推荐临界值并未达标。这表明在无线设备日益普及的时代，电磁兼容性监控有着非常重要的意义。

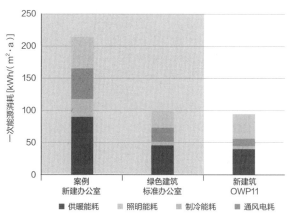

图D9.6　用于建筑室内环境系统的一次能源平衡表（见彩页）

■ 供暖能耗　■ 照明能耗　■ 制冷能耗　■ 通风电耗

图D9.7　工位的电磁辐射测量

汉堡，《明镜周刊》大楼

业主专访：Ferdinand Räthling 汉堡，《明镜周刊》大楼

1. 在您看来，界定一座建筑是否成功的主要指标是什么？

对于一座成功的写字楼来说，最重要的是，它要以最优的方式满足楼内的各种业务活动。写字楼的规划设计不仅要考虑到方便楼内人员之间的交流沟通，还要为各部门之间的合作交流规划最短路径。此外，经济性和生态性指标都要保持高水准。其他的要素还包括：项目地址最好位于一个方便换乘市内公交的中心站点，以及具有魅力的建筑风格。

2. 在您看来，对于成功的建筑来说，什么要素是最重要的？还有就是，在您看来，在一所建筑物里面生活意味着什么，让您感觉愉悦的关键要素是什么？

我认为建筑要有一个出色的外观。但对我来说，重要的是大楼内部合理便捷的路径，高雅的内部设计，能满足不同用途，灵活可变的空间布局设置，舒适的室内小气候，良好的采光照明。当然，向外还要有开阔的视野。

3. 在建筑的建造指导原则上，可持续性和建筑的生命周期对于建筑的规划设计有着什么样的影响？

对于我们的项目来说，可持续性至关重要。可持续性意味着珍惜资源。例如采用不加重环境负担的建筑材料，而且使用这类材料也有利于创造舒适的室内小气候。

4. 您经历了从设计开发到运营的整个流程。您认为哪个环节有着最大的改进潜力：是构思阶段，规划方案实施，施工环节还是运营方式？

这个题目有点大，当然最好的方式是由一个总包商承包，而不是找3个承包商来做。在有多个承包商的情况下，他们只会关心各自负责的项目部分，这样会给项目的整体合作带来困难。

5. 规划设计团队必须具有什么样的素质，才能够制订出高标准的、符合可持续性发展理念的建筑设计方案并付诸实施？

对此我的回答是能力和专业知识。此外，团队还要理解用户的要求，对自己特殊的工作流程也要了解。

6. 这座建筑给业主和租户提供了哪些独特的品质？

这栋建筑由于它极高的生态标准而获得了"港口城市环境奖"的金奖。大楼采用了高质量的建材，从而保证了建筑物的长寿。大楼内的办公室宽敞，通透。Henning Larsen建筑师事务所的建筑设计充分考虑到了楼内的业务活动和灵活的空间布局，设计了各部门往来的快捷路径。另外一个亮点是该栋建筑位于城市中心区。

图D10.1　无须脚手架的组装工程。全预制的外立面双层空心构件

建筑师专访：Henning Larsen，Henning Larsen建筑师事务所

1. 在您看来，界定一座建筑是否成功的主要指标是什么？

对于这个问题的简单回答是：增加价值。增加价值指的是，建筑既满足了业主对功能性的需求又能实现业主的梦想。同时，还要能提升建筑所在的环境品质，为周边风景增色，如果是在城市里，要增加所在区域的活力。我们从不相信有恒久不变的建筑风格，只是认为，建筑就是不断地在建筑材料和文化背景的结合上做实验，这也是我们制订建筑草案的基础。一座位于中东的Henning Larsen建筑可能与位于哥本哈根或是汉堡的Henning Larsen建筑的风格迥异。

2. 在建筑的建造指导原则上，可持续发展和建筑的生命周期对于建筑的规划设计有着什么样的影响？

可持续发展包含一系列的题目，从社会意义上的可持续性一直到技术角度的可持续性，例如节能和珍惜资源。这其实也是我们长期奉行的一个准则。因为我们认为，一个好的建筑设计一定是一个符合可持续发展原则的建筑。在我们事务所50多年的历史中，创造社会互动的汇合点一直是我们从事建筑设计业务的工作动力。此外，对于这座建筑来说，同等重要的因素就是室内采光设计。我们在制订草案时遵循的重点就是节能。同时，我们还要考虑将美观和真正的节约结合起来。我们的观点是，当涉及建筑的选址、建筑规模的确定、建筑开口的方式及开口尺寸等的时候，能帮助建筑师作出正确决定的最好工具是正常的人类思维。如果说从前很多东西还需要依靠直觉的话，那么今天在决策过程中，我们可以借助数字化辅助工具的帮助来做抉择。

3. 贵所在"绿色建筑"领域追求的目标是什么？能否描述一下您的愿景？

我们相信，可持续发展的解决方案主要取决于建筑设计本身。当项目涉及的建筑地块确定在市区环境内，建筑与周边的关系、建筑的布置、高层楼层和低层楼层的关系、外立面开口的尺寸及位置等，针对这些问题在项目的方案设计阶段就必须作出正确的决定。只有一种情况例外，那就是那些能够促进建筑质量、节能且不需要增加费用的措施。一旦正确的决策作出之后，还可利用技术解决方案继续优化设计方案。我们认为，所谓的绿色建筑，并不意味着用一大堆技术设备来装备一个传统的建筑综合体。

在这方面，我们还处在从凭直觉判断到靠知识决策的途中。我所的一个部门负责可持续发展领域的研究，开发出了一些技术辅助手段（图D10.1）。运用这些技术辅助手段能帮助我们进行决策，并且在最初的概念方案阶段就能够对方案决策进行验证及优化。

4. 与D&S进步建筑技术公司合作是如何由来的？两个公司多年合作关系的支柱是什么？

我们第一次的合作始于《明镜周刊》大楼项目。当时我们中了建筑设计标，而D&S进步建筑技术公司则获得了外立面方案和热重分析方案标。在此之后，由于业主想要参加"港口城市环境奖"的角逐，才又决定将可持续性指标的标准从"高于平均水平"提升到很高的水平。我们当时对此决定的看法是，由于在此之前的基础方案阶段很多的决策都是正确的，故这一目标是能够实现的。现在只需用聪明的技术解决方案来补充完善方案，我们就可以成功地建造一座绿色建筑。

双方新的合作项目是我们在德国慕尼黑西门子总部的大项目。这一次我们还是做建筑设计，而D&S公司则是业主方的项目监理。尽管角色发生了变化，但在过去良好合作的基础上，我们双方这一次仍然合作得很好。

5. 规划设计团队必须具有什么样的素质，才能够制订出高标准的、符合可持续性发展理念的建筑设计方案并付诸实施？

在我们成长的文化环境里，主导文化是扁平化结构的文化，这是一种公开对话的文化。我们做事的方法是，要想在方案阶段能作出正确决策，就必须尽量搜集各种有用的信息。为此，作为建筑师我们需要得到各种可能会影响建筑可持续性的参数。此外，还要找到合适的工程师。这些工程师应当在方案头脑风暴和概念方案阶段就参与项目。我们希望，在我们走过的道路上留下这样一种传统，不是像通常的那样，建筑设计师做出一份漂亮的建筑规划设计方案，之后交给工程师实施。我们希望形成一种常例，即从制订项目的第一份草案起，所有参与者都要参与，大家要同舟共济。

6.《明镜周刊》大楼的概念方案是如何产生的？

这个项目的基础条件是，项目位于汉堡城区。要在市中心的Ericusspitze区建造这样一座拥有50000m²办公区域的大楼实在是一个极其棘手的问题。对于我们来说，重要的是找到一种合适的解决方案，用恰当的方式将汉堡古老的内城与"港口城"的新建筑联系起来。《明镜周刊》大楼正好起到连接这两个区域的作用。一边是汉堡

港具有历史建筑风貌的仓储城，仓储城内的红砖墙表现出仓储城的建筑用材并勾勒出仓储城的范围。另一边仓储城又与《明镜周刊》大楼的两个白色的立方体连为一体，立方体再与新的建筑群相连，之后又以其巨大的体量与易北河音乐厅一道构成"港口城"的开始和结束。

7. 在草案里，您设定了哪些目标？

给人们提供一个社会交流的空间一直是我们建筑设计追求的目标之一。在《明镜周刊》大楼项目中，我们在两个层面上实施这一目标。能在像Ericusspitze区这样中心的位置建造大楼几乎是一种特权。我们的想法是，在这种区位的建筑，就不能仅仅考虑业主和用户的意愿，还应当考虑让建筑为城市和市民带来增值效应。所以，我们在两座建筑物之间规划了广场。我们的愿望是让这个广场成为来港口漫步者的出发点以及夏天人们享受日光的场所。在这里，从高高的阶梯上可以俯瞰整个港区。另外，我们想以此为《明镜周刊》的员工创造一个空间，让员工在这里有机会进行内部交流并获得归属感。

8. 这座建筑给业主和租户提供了哪些独特的品质？

就《明镜周刊》大楼来说，最重要的是它的中庭，这个中庭从一楼一直贯穿到十三楼。我们想创造这样一个空间，在这个空间里每个人都能感觉到自己与这座建筑有联

系。这里也是一个促使人们发生交集及交流的地方（中庭中设有横亘其中的人行天桥）。布局的灵活可变性是这栋建筑的基调，大大小小的各种办公室沿着外立面内壁排列开来。这种布局可以随着时代的变迁而变化，而且无须做影响建筑质量的根本性改动。除中庭之外，我们还设计了一些不可变的空间，这些空间包括员工食堂和会议区域。员工食堂和会议室都朝南设置，面向公共广场敞开。另外，在大楼所谓的"城市之窗"的后方还设有两三层楼高的空间。"城市之窗"使得《明镜周刊》大楼与城市产生一种互动。市民们可以感受到该楼的活力，而记者们则从六楼咖啡厅向外眺望那个他们在自己的杂志里每天描述的世界。

《明镜周刊》大楼的另一项加分是它位于城市的心脏部位。

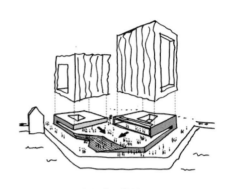

图D10.2 各建筑单元体量

镜像——汉堡,《明镜周刊》大楼

一座成功的建筑在于将建筑的外表、建筑技术和建筑物理学融合,制订一个细致的跨专业的规划。外立面、内部空间的布置以及建筑技术对于建筑在整个生命周期中的运营成本至关重要。因此,关系到用户(本案中指的是《明镜周刊》员工)舒适感的空间规划就尤为重要。这些不同要素的相互作用配合需要事先进行跨专业的研究和处理。一般来说,一座建筑在平均使用7年之后,其运营费用就已经相当于它的建造费用。如果从整体角度考虑就可以看出,传统方式采用的是所谓的"分门别类的工程设计"方法。依照这种方法,每位工程师在项目中只负责他的专业相关部分。这种方法的风险在于,那些各个部分的衔接部位可能会出现问题,最后受损的是业主和之后的用户。这是因为,一般来说,在规划设计阶段,人们对于那些影响运营成本的设施管理很少考虑或是根本不予考虑,工程师们所做的只是各部分的简单对接。但对于用户和投资人来说,从长远看,一座建筑的经济性非常重要。同样重要的还有要让建筑里面的人员从一开始就感觉到舒适愉悦,这是可持续发展的一个组成部分,也是《明镜周刊》大楼努力追求的目标之一。今天,客户对于现代化的建筑提出的要求近乎苛刻,众多的技术专业和各专业部分的衔接问题日益复杂,而建筑师则处于这些矛盾的中心。跨专业的规划设计总工程师可以给予建筑师极大的支持,并能在工程内容上提供帮助。上述的规划设计技术已经在汉堡Ericusspitze的两个项目中得到运用并取得了圆满成功。

外立面技术:带木窗扇的双层玻璃外立面

汉堡《明镜周刊》大楼的双层外立面玻璃幕墙需要满足两个主要要求:立方体的外立面满足了Henning Larsen建筑师事务所希望的整体玻璃效果(图D10.2)。为了节能,外立面内壁35%的面积是封闭的。这就满足了投资人和用户的要求,并因此获得了"港口城市环境奖"的四项金奖。第三项奖项是鼓励使用环保建筑材料。这里采用的是将木材嵌入外立面内层的方法。整个双层外立面均由活动部件构成,100%的部件都由承包外立面的企业在工厂里预制完成。由于装配工期紧迫,全部采用了预制件,这就保证了整个外立面的构件能够在最短的时间内组装完成。

外立面的垂直网格部件单件是2700mm。对于组装工序来说这是最佳体量。外立面内壁的木制窗户与承重的铝合金外立面之间只是用夹子简单地"夹住"。这里没有采用螺栓,而是利用结构原理,在开槽上装了密封条,用夹玻璃的铝合金边条压住窗边,可开启的窗扇以及配套的窗框均用本地杉树制作。这一结构使得理论上不再有结构衔接问题。如果承包公司只是一家专门制作铝合金构件的公司,那它可以委托一家专业制作木窗扇的公司来制作。但这一次的施工方,Schindler&Roding公司联合了制作木制、铝合金和钢架外立面的公司。故无必要再将工程分包。承包企业将整个外立面构件在工厂制造组装完成并运到现场。

由于采用了内部散热率高的外立面,整个外立面的传热系数(U值)非常好,达到$U_{cw}=0.9W/(m^2 \cdot K)$。这个外立面方案是一个出色的范例,它表明了一个整体设计的,经济的解决方案也可以符合生态原则。外立面适中的窗户面积、双层玻璃、夏季和冬季的最优绝热效果,帮助用户大大降低了供暖气和制冷的能耗(图D10.6)。和纯铝合

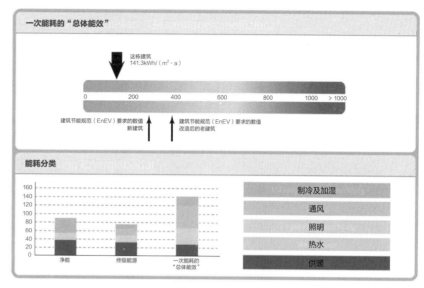

金外立面相比，木制外立面内壁大约能降低50%的一次能耗。

建筑气候学/能源方案

　　这栋建筑获得环境金奖的最关键要素是建筑的外表，体现了建筑气候学方案和能源方案的完美结合（图D10.3）。与最先规定的标准相比，由于对经济性框架条件的要求提高，例如折旧不得超过15年。但建筑的生态指标却得到了大大的提高。建筑外表的极佳的绝热性给建筑气候学方案提供了制订节能方案的可能性（图D10.4）。在日照充足的情况下，外立面内壁的表面温度与室内温度接近，这样就没有必要在窗户下方安装传统的对流加热器，热量和冷量通过调节温度的建筑构件传导到室内。靠近顶板的区域装有可调节的供暖和制冷系统，这一区域的大部分面积同时也起到消声作用（图D10.5）。机械驱动的新风系统保证了新鲜空气的供给。当户外温度较低或者较高时，窗户会保持关闭。此时，新风系统仍会保证室内一流的空气质量。另外，我们特别注意在室内只使用无须溶剂的材料，以避免源自建材的污染。这种源自建材的污染有可能对空气质量造成较大影响。涉及大楼内部的

图D10.3　根据欧盟建筑节能规范（EnEV）计算的一次能耗需求（含特殊用途）（见彩页）

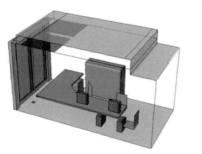

图D10.4　CFD模拟的办公室模型

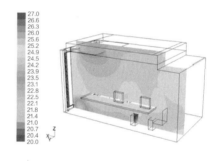

图D10.5　各空间的不同温度（见彩页）

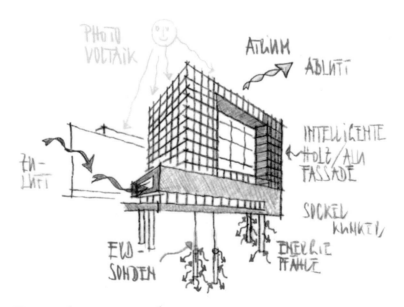

图D10.6　采用可再生能源的整体方案

208

图D10.7 从左到右：Jürgen Bruns-Berentelg，汉堡港口新城有限责任公司主席；Oliver Bäumler博士，汉堡Robert Vogel联合有限公司总经理；Over Saffe博士，汉堡《明镜周刊》出版集团总经理

照明，在办公室安装了人体感应开关和日光传感器，这样就可以根据光线的明暗自动开启或关闭灯光。为本项目专门开发了固定安装的灯具。这些低能耗的灯具安装在一个灯架上，最高能耗是11W/m^2。这样就大大降低了照明费用，同时空调费用也进一步降低。通过室内气候调节系统可避免穿堂风，由于制热制冷设备的表面积较大，可保证室内舒适的气候。也由于有了这个系统，大楼的舒适度达到了国际标准（ISO 7730）和欧洲标准（EN 15251）规定的各项指标。这里使用的大面积制热制冷气候调节设备为利用当地的可再生能源奠定了基础。作为利用可再生能源的建筑构件，我们往地下打了77根地埋管和110根能源桩（桩基埋管地热换热器）。这些地埋管和能源桩在冬季时提取地热给办公室供暖，在夏季时则提取冷量，作用相当于一个二氧化碳制冷系统。供暖高峰

期间用经济实惠的远程供热补充不足部分。另外，安装在屋面的光伏太阳能发电设备生产的电能也很可观。通过这些措施，与其他类似的写字楼相比，《明镜周刊》大楼的一次能耗降到了100kWh/（$m^2 \cdot a$）以下（图D10.9）。这些措施还保证了室内的舒适度以及极优的经济运营指标。根据建筑节能规范（EnEV）的非住宅建筑要求计算，即使是将特殊用途包含在内，大楼的耗能也只是141kWh/（$m^2 \cdot a$）。

绿色建筑认证

《明镜周刊》大楼被授予"港口城市环境奖"的最高奖——金奖（图D10.7，图D10.8）。不过获得这一奖项的基础早在竞标时就已经打下。当时这栋大楼被作为第一个私人建筑工程列入港口城市环境金奖的预选名单。"港口城市环境奖"与别的奖项不同，它需

要认证的是大楼较低的一次能耗及生态可持续性。要获得相关认证，至少要达到金奖奖项规定的5项指标中的3项。

• 指标1：能耗

指标1的认证条件是，一次能耗要低于100kWh/（$m^2 \cdot a$）。这需要从外立面的技术、室内气候学设计一直到可再生能源的获取的一个整体方案，综合这些措施的作用就能达到这一目标规定的指标。

• 指标2：公共资源

这项指标指的是建筑与城市的关系。珍惜饮用水资源，爱护其他资源，不向周边排放有害物。《明镜周刊》大楼是构成"Ericusspitze项目"的两座建筑之一。两座大楼旁边形成了两个公共广场。一个广场通往大街，另一个大的公共广场朝南眺望汉堡港。两个广场边都设

图D10.8　汉堡《明镜周刊》大楼获得的港口城市环境奖的3个奖项（总奖项为5个）

有商店和餐馆，这就使得这里成为大众喜爱的休闲之地。由于将雨水搜集起来用于冲洗厕所，所以这个地块的雨水下渗量大大减少。此外，使用节水洁具和免冲小便池，能够更进一步减少饮用水的用量。在外部区域不使用重金属，例如钛锌合金，以避免重金属污染物进入邻近的港口洼地或地下水中。

• **指标3：环保建材**

对于高层建筑来说，要达到这项金奖规定的指标是不现实的。因为这项指标要求大部分的建材必须使用可再生的材料。所以，在这一项上我们只拿到了银奖。在使用建材上，我们注意不使用热带木材和有毒材料等，而且大幅度地减少了化学溶剂的使用。

• **指标4：健康和舒适**

良好的室内小气候是这项指标的核心。这项指标主要是控制挥发性溶剂和其他化学物的含量。所有的指标都要全程追踪，对这项指标则还要进行仪器检测。此外，绝对禁止使用杀虫剂，电气部分使用无卤电缆。为了得到好的室内空气质量，室内安装了空气净化设备。这台设备可以将空气中出现的杂质排到户外。如有需要，用户也可以开启窗户。在所有工位的装修过程中，均使用不会引起过敏的装饰材料，包括表面容易清洗的材料。所有材料，包括地毯的选择均要考虑到这一点。在通风系统和清洗设备上均安装了过滤系统。而室内通风系统没有采用对流式的设备，这样就避免了室内形成"灰尘角"。

• **指标5：环保运营**

规划设计方案从一开始就考虑到了运营流程的问题。为此，项目早期就聘请了一位设施管理经理参与项目。他的任务就是从运营角度对设计方案进行审查。此外，招标书的一个重要要求就是要保障工地现场人员的安全和健康。认证过程包括与港口城一起提交申请，参与投票，提供认证建筑的各种数据和文件。认证程序包括对运营的头两年的监测。在这两年里，建筑的能耗情况通过一个监测系统记录下来并以此对运营状况进行优化。监测结束时，如果一切达标，就颁发金奖。

设施管理

对于《明镜周刊》大楼，在未来的运营阶段，不应当仅仅关注它作为绿色建筑在规划设计和建设阶段的出色表现。公布的第一项目标是，从一开始就将所有与运营及使用有关的题目纳入管理并让这些题目像一条红线贯穿在整个项目之中。

要引入以设施管理（FM）及以地产的整个生命周期为管理周期的规划概念，考虑用户的需求和未来地产运营的需要。除了纯粹的物业管理之外，还需要将各个不同的用户群体需求具体化并且在规划设计的各个阶段对此进行认证。

借助建立在草图上的可视化技术，专家们可以在项目各个阶段定期进行设施管理检测。专家们就需要预设的规定和优化方法与专业规划设计师和建筑师进行商讨（详见

210

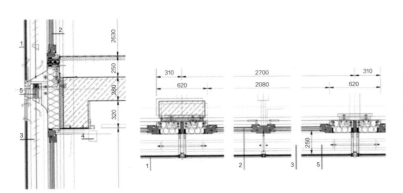

1 预应力双层复合安全玻璃
2 3 层绝热玻璃
3 玻璃幕墙空腔通风装置
4 悬挂遮光板
5 可调百叶遮阳肋板

图D10.9 双层外立面（DF）的竖向剖面和水平剖面图

设施管理检验各个步骤）。针对不同主题举办的演示会可以对未来的运营方案持续更新。

规划方案结果的优化以及地产开发流程的可视化是持续更新的运营费用估算/计算的基础。包含各种资源消耗的运营费用类别如暖气、电力和水，都可以借助热重分析法采用不同的计算方式模拟出来（图D10.10）。对于那些需要很多人工服务及劳动密集化的费用类别，例如接待服务和建筑技术设备管理，可以借助不同的人力资源方案模型模拟出来，并针对每栋建筑的不同情况进行优化。通过方案优化和运营模拟可以获得计算未来运营费用的直接参考，还可以得到其他可供选择的方案，以及在各个方案间作出明智的选择。一旦规划方案的优

化完成，未来的物业管理流程就能确定。需要确定的是，将来的运营管理和设施管理工作，哪些由自己的员工来做，哪些需要外包服务。《明镜周刊》大楼的组织架构设置和流程咨询的目标是，确定自己管理部分和外包服务的最优比例，并要确认每个交叉衔接部位及所需的相应报告制度。需要尽早知道，内部员工是否需要培训，按照方案，哪些已经确定的设施管理服务需要在外部市场进行招标。还必须确认的是，大楼所需的所有服务提供者都应参与房产的验收、移交、启动运营（IAU流程）。只有明确界定的建设程序和移交程序与未来的运营商相互间密切衔接，才能保证从建设阶段、投入运行到交付使用阶段的顺利交接。

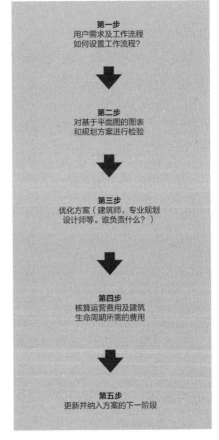

图D10.10 重复进行的方案审核及运营费用的优化

就《明镜周刊》大楼的案例来说，将所有具备运营和流程经验的各种专业的建筑师和工程师组合到专业规划设计及施工建设的流程中来，其目的不仅仅是要创造一种特别的建筑形式，而且是要创造一种前所未有的、令人激动的"整体产品"式的房地产模式，让未来的所有用户满意。

监测/运营优化/ 仪表和控制工程 MSR

在多数情况下，只在建筑上装备一些高价值的设备并不能保证可持续性的运营（图D10.11）。一个精心设计的能耗及运营监测系统能帮助运营者在早期发现并排除运营故障和功能缺陷。这里最关键的是运营者、施工企业与建筑控制及通信技术工程师之间的密切合作。在项目开始时，各方就应当参与建筑技术设备方案的制订。各种资源消耗数据的采集，设备运行状况认证数据的获取，这些在规划设计阶段就应当予以充分考虑。在这一阶段就要确定未来监测系统的计数器、数据采集点、衔接部位。运营优化方案可在投入运行之前借助模拟系统检验，模拟系统还可检测其调节控制系统。在控制设备仪器安装之前，所有设备都要在一个专门的试验台上对选定的各种功能进行运行测试。

通过在虚拟环境中（试验台）对各种设备关联性的系统测试，就可以大大减少实际运行中的故障并缩短投入运行的时间。《明镜周刊》大楼在以下方面运用了模拟系统：

- 中庭的控制系统，包括自然通风；
- 供暖供冷一体化控制；
- 办公室室内小气候单间调节控制。

图D10.11　经测量获得的大楼内各区域年度消耗暖气的数据

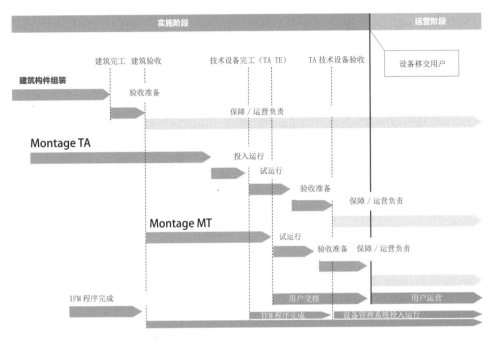

图D10.12 投入运行和移交一览

因此，一个"单间小气候调节"通过LON-接口加入虚拟系统环境。虚拟过程分为两个阶段。首先对项目实施公司所做的关于程序控制和调节功能的说明进行检验和校对，目的是检验控制设计是否满足了设计方案的要求（测试标准）。用这种方法就可确认，项目实施公司是否理解在整体环境中对设备调节和控制的要求及其解决方案是否得当。如第一阶段的检测结果合格，就将在模拟系统虚拟的实验条件下模拟真实的荷载和运营条件，并在DDC仪器上根据相应的调节和控制条件就入口的尺寸进行多方案比较。仪器给出的调节指令被记录

下来并与规划设计方案进行比对。用这种方法可以在试验台上验证控制系统的实际功能。模拟活动结束后就进入系统的准备运行阶段。这时有一个为期4周的试运行，这也是质量保证的一项措施。施工企业按照约定的投入运行时间表，到现场对设备进行经常性的检查。

必须保证工作按照投入运行时间表进行，并要达到所要求的质量。这些检查不仅要检测各单项功能，而且要检测多项功能的组合。

在完成大楼自动化控制系统各项重要信息的调试后，还要对监控系统进行一项功能要求和数据点的细化测试。对在整个投入运行及调

试过程中形成的记录都要进行检查。最后，建筑的技术设备要进行一个为期4周的试运行。通过试运行，设备运行的情况被记录下来，设备的功能，尤其是借助故障报警和设备运行情况监测装置，设备的各项功能得到验证（图D10.12）。设备的功能故障被确认，各方共同对故障进行分析并商定排除故障的措施。应当把整个大楼的所有楼宇自动控制技术设备看作是一个封闭的全覆盖系统，不能单个地投入运行。对于业主和用户来说，我们的方法和措施的优点是，当用户入住时，技术设备就已经在可靠地运行。

用户入住后，对于能耗和其他资源的消耗分析就随之开始。各种能源消耗的分类、用量及费用支出，各项指标因大楼的区域和消费者的不同而不同。在此基础上，就可找出系统的薄弱环节并能降低输送能源的费用。运营监控则对各种设备的运行情况进行记录和监控。通过确认设备缺陷可以优化系统，降低设备运行的故障率。能耗及运行监控要达到的目标是让设备保持正常运行，保障运营的高效率，同时能持续地改进设备运行数据。

这种方式不仅仅能降低能耗，而且还是持续提高舒适度的一个前提条件。一个实例就是通风设备余热的回收利用。这些余热在余热计量计上显示。在户外温度较低的情况下，计量计上显示的是0.8和0.65。在下一阶段，要对数据进行确认并且尽量改进设备运行数据。另外一个有改进潜力的是让设备的运行时间与大楼的使用时间相匹配。根据对2012年上半年测量数据的认证，提出了改进建议。这些建议在实施后有望降低22%的能耗。仅此一项，就将大楼的一次能耗达到规定的目标，即100kWh/（$m^2 \cdot a$）。

瑞士巴塞尔，罗氏制药
公司一号楼

业主专访：Claus Herrmann

1. 在您看来，界定一座建筑是否成功的主要指标是什么？

最重要的是，建筑物在设计时就应充分考虑到其应具有的功能及可持续性。此外，设计要有创意且要考虑到在今后的数十年里建筑物的周边环境会不断地变化。具体到一座写字楼来说，这就意味着工作场所的布局设置必须多样化，而且还要能够适应年代的变迁，能根据用途的不同而改变工作场所的布局设置。

需要考虑的一个关键要素是大楼内部的沟通交流。对于高层建筑来说，这一点尤为重要。这一点也给建筑师和规划设计师们带来巨大挑战。

2. 在您看来，对于成功的建筑来说，什么要素是最重要的？在您看来，在一所建筑物里面生活意味着什么，让您感觉愉悦的关键要素是什么？

最重要的是，我希望在楼内工作的人，不仅是我，而是所有的人都感到愉悦。一座好的建筑必须考虑到在里面的所有工作人员的需求，并能向人们提供高品质的工作场所。在这里，工作人员既能方便地与其他人沟通交流，同时又能享

有自己的私人空间，能不受打扰地工作。对于我来说，良好的采光，优秀的室内声学设计，人性化的人体工程学设计，舒适宜人的室内小气候，这些都是对一座现代化建筑的基本要求。

3. 在建筑的建造指导原则上，可持续性和建筑生命周期对于建筑的规划设计有着什么样的影响？

对于我们的项目来说，可持续性起着至关重要的作用，甚至是一个项目能否获得批准的前提条件。我们肩负着对于我们生活环境的责任，保护自然资源和环境是义不容辞的义务。同时，我们还要确保建筑建成后的运营和维护费用与国际水平相比具有竞争能力。而且，要考虑今后的使用者在基础设施方面无须支付高昂的费用。从建筑的整个生命周期角度考虑，方案的选择是至关重要的，当我们选定方案时，就已经决定了建筑整个生命周期的费用支出。我们知道，如果想减少建筑今后的维护费用及能耗，我们现在就得承担较高的投资费用。

4. 您经历了从设计开发到运营的整个流程。您认为哪个环节有着最

大的改进潜力：构思阶段，规划方案实施，施工环节还是运营方式？

有一个专业术语叫作"持续性改进"，为了与日益发展的时代同步，为了适应越来越快的节奏和复杂性，以及对功能性、可持续发展及经济性越来越高的要求，必须在所有领域持续推进。毫无疑问，最关键的环节就是项目规划设计。在这一环节，您必须确认有关项目的一切都正确无误。这一阶段结束时，您必须选定项目方案。在施工开始之前，必须对项目方案进行审核。审核的目的是确认方案已经完全满足了所有的条件。此外，对于项目成功具有重要意义的还有项目负责人制订的施工方案。施工方案对所有与项目相关领域的策略，例如采购部分，都有详尽的描述。有了这样的施工方案，您就可以把握机会，避免风险。

接下来，在此基础上的规划中需要考虑的是，在较短时间内用最少的资源高质量地完成项目。这一步骤可以借助现代化的规划设计工具来提升质量。运用现代化设计工具的优势可帮助我们避免经常发生的各阶段、各领域间的衔接问题。

建筑业是世界上最古老的行业之一。尽管在这一领域我们不断有

© Herzog & De Meuron

所进步，例如，我们发明了轮子并不断地进行改进，在工地上我们不断发明新的建筑方式。但现在这一切都过时了。今天的建设目标应当是，采用标准化的解决方案，大幅度地提高预制件的比例，减少工地现场的用工，简化物流流程，将大量的工作转移到组装车间，采用模块式部件，以缩短工程建设时间并提高劳动安全系数。这一点对于最终交付使用也很关键，毕竟我们的目标是让用户拥有一座符合设计标准的、功能完备的建筑。

5. 规划设计团队必须具有什么样的素质，才能够制订出高标准的、符合可持续性发展理念的建筑设计方案和实施方案？

设计团队必须朝着一个目标努力。达到这一目标的最好方法是把目标设定得高一些，但必须是在经过努力之后能够达到的高度，而且要让整个团队确信，他们是在为正确的事业而奋斗。作为项目负责人必须向团队传递这一愿景。我个人特别欣赏的是由不同人员组成的团队，团队里既要有敢于冒险的年轻人，也要有经验丰富的中老年人；要有敢于幻想、满脑子创意的建筑师，也要有脚踏实地的工程师；团队成员要能从不同角度审视事物并提出质疑。当然，这会导致在寻找解决方案和决策中产生摩擦碰撞，但恰恰是这些摩擦碰撞能够保证我们在项目进程中穷尽所有的可能性，保证最终找到的是一个既能满足用户要求，又能达到项目既定目标的方案。这就保证了最佳方案的中选。

6. 这座建筑给业主和租户提供了哪些独特的品质？

今天，我们的工作环境已经发生了巨大的变化。由于IT设备的广泛运用带来的变化，例如我们的工作方式越来越灵活。我们可以在公司工作，也可以在家工作，可以在火车上或游泳池边干活，也可以在设有数据设备的空间开会。也许很快我们就能通过生活数据流以全息影像的形式参加各种会议。由于航空会带来环境问题和时间的花费，今后乘飞机旅行的旅客将会减少。工作时间和私人时间则越来越混合交织，越来越难于区分。今天，由于全球化带来的国际合作，员工会分布在不同的时区，固定的工作时间已经成为过去。

我认为，未来的工作场所将从传统的办公室发展为激发灵感和创造力的场所。在这里，我们能借助电子辅助设备和虚拟化进行各种试验，模拟解决方案并运用电脑软件对方案的实施进行后续改进。起决定性作用的是，我们如何利用组织的智慧；我们获取知识的速度；我们如何将自己的想法与客户、专家及团队成员进行良好的沟通交流并继续完善这些想法。在今后的50年间，沟通交流将会构成我们职场的核心要素。届时，无论我是跟团队的同事们坐在同一个房间，还是置身于另外一块大陆，实际上已并无区别。

另外一个趋势是，我们的工作时间越来越长。这就对工作场所提出了更高的要求，例如设计要符合人体工程学的要求，要有促进健康的措施和服务，工作场所和工作环境要具有竞争能力。

一号楼的建设使得我们在今天就已经有了未来型办公室的样本。大楼的设计基于灵活性原则。用户可根据需要选择各种大小的办公场所；可选择用纸量多或是用纸量少的工作模式，可选择更多的在家工作模式或是更多的在办公室工作模式；还可选择坐着工作或是站着工作模式。此外，这里有供团队使用的项目会议室、封闭式的和开放式的工作场所，还有供来访者逗留的空间。由于在楼内设置了强大的支持各种用途的IT系统，故可以在不减少工位数量的情况下任意改变布局设置。

除此之外，设置了所谓的交流区将各个楼层连接起来。在交流区，员工可以在咖啡吧相互沟通交流，也可以躲到休息区域内闹中求静。这里可举行团队内部会议，可以到简餐吧吃点小吃或者到露台上眺望巴塞尔。楼内有各种规格大小的会议室，这些舒适的会议室自然采光良好并装备有视频会议设备。另外，围绕着工作场所设有适合各种交谈形式的聚会空间。其他的亮点还有诸如可容纳500人的大厅。这个大厅的自然采光非常好，所以也可用作会议大厅、餐馆及自助餐厅。顶楼则设有一个自助餐厅，从这里还可以眺望巴塞尔的美景。

建筑师专访：Stefan Marbach-Era，Herzog & De Meuron

1. 在您看来，衡量一座建筑是否成功的主要指标是什么？

罗氏制药公司有着辉煌的建筑史。早在1940年，Otto Salvisberg 就为罗氏制药公司巴塞尔总部制订了第一份总体规划。这份总体规划时至今日仍然有效。总体规划使用的建筑语言堪称典范：有低调的优雅，明快的线条，符合城市规划的设计，对高品质的要求。从城市规划设计的角度看，罗氏制药公司一号楼精确地嵌入了工厂厂区。大楼坐落在作为地块分割线的道路边，这条道路将罗氏公司的地块分为南北两个区域。从建筑学角度看，这里的每一块地块根据其用途的不同都各具特色。从罗氏制药公司一号楼的平面图上很容易地就可以看出，大楼的布局设置很灵活，开放的办公场所和封闭的办公场所可随意变化。楼层与楼层之间有很大的差异。从整体来看，各个楼层通过交流区垂直连接，每一写字楼层都设有一个交流区，其面积大约相当于一栋较大独栋住宅的客厅。这一设计为人们的内部沟通交流和职场文化的培育创造了条件。迄今为止还没有任何一栋高楼有这样的设计。

整座大楼的组织结构宛如一座城市。楼内设有餐厅、大厅、中心会议室、自助餐厅，还有一个屋面露台。

成功的建筑依赖于业主和建筑设计师之间良好的合作关系。每次做项目时，我们都尝试与业主共同建立一个坦诚交流的对话平台。借此平台我们可以更好地跟业主就项目中建筑方面的问题进行讨论，而不只是就提取出来的参数进行讨论。只有这样，才能让业主和建筑设计师之间建立相互信任关系，只有这样才会有成功的建筑。

2. 在您的设计方案中，建筑的可持续性占有什么样的地位？

在罗氏制药公司一号楼的设计中，我们执行的标准比节能规范还要严格。大楼的供暖来自生产设备的余热，而降温则采用地下水。我们理解的"可持续建筑"的概念远不止能源消耗。除了能耗指标之外，建筑的质量还取决于城市规划、建筑设计和功能性等不同角度的考量。

3. 现代建筑如何能够促进建筑的可持续性？

参看问题2。

4. 在您看来，罗氏制药公司一号楼带来的特殊的挑战是什么？

罗氏制药公司一号楼的体量是根据预先给定的工位数量设计的。但建筑的体量与建筑面积不匹配。挑战就在于，如何将如此大体量的建筑嵌入罗氏公司厂区并融入巴塞尔城。我们给出的解决方案是采用上部收窄的立体建筑形式。这一方案所创造的空间满足了罗氏公司给定的容量要求。同时，为了让这一大体量建筑看上去不那么粗笨，我们打算设计一个轻巧的外立面。目前的外立面方案还只是一个设计草案。

在瑞士，垂直空间一直是城市规划领域的一个特别课题。为了保持乡间的田园风光，同时也为了使城市聚落集约化，必须提高建设密度。提高城市建设密度的主要方法是建造立体建筑。这既是挑战，也是机遇。由于瑞士的城市空间狭窄，故巴塞尔的案例具有探索性的示范作用。

5. 在您看来，对于用户来说，罗氏制药公司一号楼的特殊质量体现在哪里？建筑设计对此所作的贡献是什么？

除了每一楼层设有增进员工交

流的交流区外，大楼还设有一个带户外空间的餐厅，另外还设有一间咖啡厅，甚至还有一个屋面露台。员工可以在休息时到这里来小憩。由于罗氏制药公司也是巴塞尔城区的一部分，故两者可以相得益彰。

如前面所说，我们在大楼的所有楼层都设置了大堂，大堂通往各个楼层。这在写字楼的设计上是前所未有的。这种设计促进了员工间的非正式交流。员工们可以在这里，在咖啡厅或者餐厅里轻松交流，而不必非得像过去那样，只能在议程固定的会议上交流讨论。

6．在规划设计、建造过程中，建筑的可持续性—费用问题—建筑设计要求，各项要求和目标不尽一致，您如何来平衡相互冲突的要求，具体到罗氏制药公司一号楼的案例，您是如何解决这些冲突的？

可持续性、费用问题和建筑设计要求之间并没有冲突，有的只是挑战。每一座建筑带来的挑战都不尽相同。应对这些挑战，我们需要的是紧密合作和磋商。可持续性从一开始时就是项目规划设计要求的一部分。外立面的模块化、组件化大大缩短了施工工期。精确的物流计划保证了各个项目的施工工期按时完成。

7．在建筑师看来，可持续性的建筑今后给规划设计带来的挑战是什么？

见问题2。

对于"可持续发展"的概念，我们的理解远不仅是能耗的节约。标记为可持续性的建筑应当是在城市规划方面，建筑设计方面和功能性方面都具有高质量的建筑。我们的项目不仅仅由这些提取出来的参数构成，更多的是针对地理位置、文化背景及业主要求所做的深思熟虑的调研。因此，可持续性在项目开发早期就已经纳入考虑范围。

© Herzog & De Meuron

罗氏制药公司一号楼

罗氏制药公司是一家以科研为导向的企业，是一家在药品生产和病理诊断领域领先的龙头企业。这个世界上最大的生物科技企业在巴塞尔的总部建造了一座可容纳2000名员工的新办公大楼。公司原来的各办公室分布在巴塞尔全城，分别负责科研、开发、生产和营销各个不同的领域。通过合并这些办公室，效率大大提高。罗氏制药公司新写字楼配备的一流设施给罗氏的员工提供了具有吸引力的工作场所。罗氏大楼应当成为城市的一道独特景观，为此，罗氏公司一方面在建筑设计对大楼有很高的要求，另一方面希望该建筑成为可持续性和资源节约型运营的典范。

由建筑师赫尔佐格和德梅隆（Herzog & De Meuron）设计的写字楼继承了罗氏制药公司的建筑文化遗产。这座建筑与原有的建筑和谐地融为一体，成为城市景观中一个修长的身影。生动活泼的造型，外立面玻璃幕墙上的水平线条折射出早期建筑的特征。这些水平线条还使得玻璃幕墙面积减少，减少了热辐射损失，创造了一个舒适的室内小气候，这也是可持续发展理念的具体实践。这座上部逐渐收缩的高层建筑有178m高，共有41层，

使用面积为76000m²。通过上部收窄的建筑设计，室内获得了大面积的采光空间，这也使得这座建筑的外形能够采用简洁均匀的梯级设计（图D11.1）。大楼的第2阶梯伸往西面，构成露台；而位于东面的第3级阶梯的梯级不高，但斜面却几乎是直立的。在地上1—5层里，是一

些满足公共功能的设施，例如报告厅、中心会议室及员工餐厅/自助餐厅。除了这几层公共功能的楼层外，6—37层为写字楼层。顶层自助餐厅设在38层，从这里可以观赏巴塞尔的绝佳美景。令人愉悦的交流区都与东边和西边的露台连通，露台则连接着两到三个楼层。通过

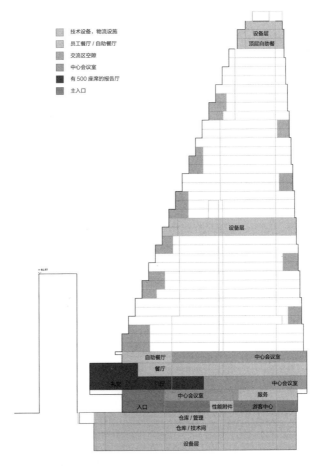

图D11.1　功能区域划分展示

沉降式阶梯的几何设计及与之相连接的不同的交流区，加上退台露台设计，这些都使得大楼的写字楼层的空间具有多样性。水电气等技术设备放置在大楼的地下三层及地上十八层和三十九层等。

项目目标

决定一个项目成败和项目质量的关键是，业主想要达到的是什么样的目标。正因为如此，在罗氏制药公司一号楼项目初期就已经确定了项目的各项目标，并且就此与众多的利益相关方进行了磋商。

罗氏制药公司给项目设定了7个目标，这些目标如下：

1. 安全性；
2. 能激发员工热情的工作场所；
3. 用途的灵活多样化；
4. 可持续发展性；
5. 经济性；
6. 外观及建筑艺术；
7. 相关的时间表。

除了按计划推进整个项目流程外，为了保证项目的成功和项目的质量，我们尽可能地按要求达到项目规定的各项目标。通常，各个项目目标之间会存在冲突，为了便于在发生冲突时作出决策，业主对项目各个目标按重要性作了排序。这样，在作项目决策时，就能尽量做到与项目目标一致。而且，这样做

还有一个好处就是，无论对设计者还是业主，都会有一个持续的前进动力。

空间规划、面积功能和楼层模型

罗氏制药公司一号楼的规划设计始于一份详尽的用户要求说明文件［User Requirement Specifications（URS）］。在这份文件里，业主提出了对该建筑不同使用功能的各种要求。其包含了对于各个功能单元（办公室，员工餐厅/自助餐厅，报告厅等）的大致质量要求及由于功能的不同而对于质量的不同要求，为此还包含了一份对于使用房间面积空间质量的要求清单。

规划设计团队面临的挑战在于，如何从业主方提出的各种要求中将规划设计方案所需的重要参数提取出来并将各项指标做到量化。为此，罗氏制药公司和整个规划设计团队合作编制了一本技术手册。在这本技术手册里，业主的各项要求被量化。这一措施就保证了业主的要求可对规划设计进程保持持续性的影响。这也使得业主的要求与项目目标之间的冲突可以较早得到确定，并且能从全局角度予以解决。

除了对于业主质量要求的量化之外，还有一个重要的任务，就是必须将设定的空间规划细化完成。对于高层建筑的规划设计来说，最重要的是楼层面积的利用效率。在

业主的空间利用清单里往往只规定了空间的利用面积，我们还必须估算出用于各部分连接、技术设备及承载结构所需要的面积。为了得出接近现实的参数，可从已建成的高层建筑项目中提取近似的参数。D&S公司从以往认证的项目案例中提取参数，开发出一个建筑参数数据库。对于项目的初期认证来说，这个数据库为我们的初步估算提供了参照系数。不过，在使用面积的基础上还要按比例加上交通设施（电梯、楼梯、走廊）、功能设施（技术设备间、电梯井等）及建筑结构所需面积。这样算出来的楼层面积，也称为面积模型。这一面积模型给我们提供了一个初步依据，根据这个模型我们能够估算出楼层的总面积是否能容纳业主要求的2000个工位。

楼层使用面积因用途不同而不同。下一个步骤是将承担功能性用途的楼层面积集中，将功能上彼此关联度高的各块面积归纳在一起。在满足业主要求的前提下，这些集中的面积被叠加到所谓的楼层模型中。采用这种方式就可以得出所要求的楼层数量的初步概念。这样做出来的面积和楼层模型，与用户要求说明文件URS和技术手册共同构成项目规划设计团队的制订方案的基础。所有的建筑设计方案都要不断地与楼层模型进行比对，以此来保证业主给定的空间规范在设计方

222

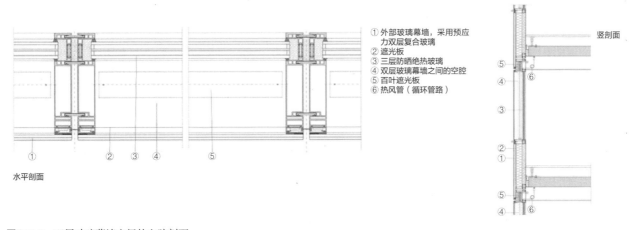

① 外部玻璃幕墙，采用预应力双层复合玻璃
② 遮光板
③ 三层防晒绝热玻璃
④ 双层玻璃幕墙之间的空腔
⑤ 百叶遮光板
⑥ 热风管（循环管路）

竖剖面

水平剖面

图D11.2 双层玻璃幕墙之间的空腔剖面

案中得到贯彻落实。

赫尔佐格和德梅隆以有根据的研究文件为基础，制作了不同体量的模型，按照是否符合项目目标的标准对这些模型进行了认证，选出最适合的体量模型，在下一步的工作中对其进行细化。影响建筑外观的因素除了建筑的几何形状外就是建筑表面，也就是外立面设计。

外立面

一般来说，外立面需要满足各种不同的要求。外立面除了对建筑外观的影响外，还有重要的绝热和建筑内部采光功能。对于高层建筑来说，用于维护的开支（尤其是清洗费用）是一笔不容忽视的费用。由于对高层建筑外立面有着各不相同的要求，各个目标之间产生冲突就是不可避免的。规划设计团队必须从全局角度寻找这些冲突的解决方法。

对于一号楼的外立面曾经有过不同的设计，我们对这些设计进行

了研究。在规划设计初期进行的方案模拟结果就已经显示，如果想让办公室内有好的绝热效果，外立面的玻璃幕墙必须有一部分封闭并且安装外遮阳板（图D11.2）。此外，由于位置较高，遮阳板必须考虑到要能抗风。能满足抗风要求的遮阳板，或者是专门抗风的遮阳板，或者是有护板保护的遮阳板。为避免玻璃幕墙温度过高，双层玻璃幕墙内部的空腔通常要通风降温。这就带来了问题，即空腔的玻璃需要经常清洗，而且这些空腔需设置通道。这就增加了投资成本及之后的运营费用。

针对这种情况，人们开发了封闭式玻璃幕墙。这种封闭式玻璃幕墙（CCF）内部的空腔被完全封闭，而且不再采用自然通风，这样就无须清洗。尽管装有反射率较高的遮阳板，但玻璃幕墙内的温度还是会升高。为此，在玻璃幕墙内部设置了三层玻璃。封闭式玻璃幕墙内必须保持最低限度的热风流通，目的

是降低玻璃幕墙内的露点，以保证在天气较冷时玻璃幕墙内部也不会形成冷凝水，并且避免冷凝水带来的污染。一份经济性分析报告表明，相比双层玻璃幕墙而言，这种封闭式玻璃幕墙（CCF）由于省去了清洗费用，即便是考虑到压力热风的能耗，在投资成本和维护费用上也依然有其优势。

模块化的规划和建设，提高建筑空间利用的灵活性和低能耗

在规划设计阶段，用户使用健康卫生范畴的一个主要要求是，用户要有尽可能大的选择办公室空间规模的自由。设计方案的灵活度应当这样，既有独立的工作单元，例如像封闭的工位或集体办公室，也有开放式办公室；而且，大小规模也是灵活多样的。

规划设计时还需要考虑到变更空间布局时的便利性及技术要求。变更空间布局时，改造时间应尽可能短，对于建筑运营的影响也

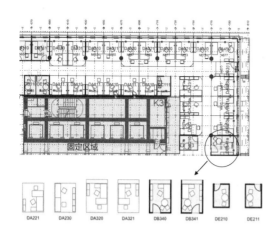

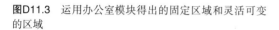

图D11.3 运用办公室模块得出的固定区域和灵活可变的区域

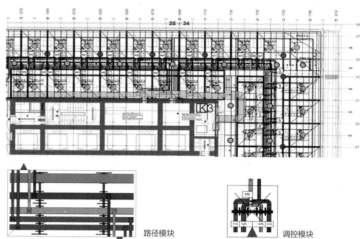

路径模块　　调控模块

图D11.4 技术设备模板规划图及屋顶设备间内供暖、制冷和通风设施的安装

要尽可能降低。为此，在规划办公室区域时，按照设备和程序技术的要求，我们用模块化方式进行规划设计。在平面图上叠加一个网格图，这就能够得出最小的办公室面积。这张网格图显示出了办公区的固定区域和可变区域。固定区域内是写字楼的公用功能，这些技术设施、设备的安装费用昂贵，故不能改变区域用途。这些不可变的是中央区域，各楼层的交流区，大会议室，饮料站或者中心服务区（图D11.3）。在可变区域设置的是办公室模块。接下来就是与用户和大楼管理部门确定模块和家具的布置，这一决策是一个耗时费力的过程。这一阶段的挑战是，用尽可能少的模块满足用户的各项要求。模块的可重复性使得技术开发能够模块化。其目的是改进规划设计、建设和运营的流程。

如同建筑规划设计一样，技术设备的安装与办公室模块的开发对接也采用网格图的形式，为各种技术设备，如供暖气、制冷、通风、电气设施的布置制订布置图（图D11.4）。在技术设备模块图中，展示了屋面和地面的情况及其相互关联关系。这些就是建筑设计和专业规划师制作3D设计图的基础资料。

在图D11.5的技术设备模块布置图里展示了地面布置。环形管道给办公室模块中铺设在地面的通风管道送风。由于属于可变区域，此处局部平面布局不固定，因此环形管道的路径横截面不会改变。与办公室模块中的地面通风管路相连接的管道则纳入另外的组件。

数据表对办公室模块进行细化。从定量分析模型（EMSR）和HLKKS及组装角度看，数据表就是办公室模块的"实施指南"。数据表同时也包含了实施细节和模块组件清单。在数据表上，办公室模块的结构、物流、组件安装、质量检验流程以及用途更改都进行了标准化设计。例如，图D11.6中就包含了一份空间利用模块数据表，里面有用于定量分析和通风模块的组件清单。模块组件清单上对于空间模块所需的所有设备仪器和部件以及装好插头的电缆束及基础安装阶段的管道安装作了描述。

持续运用模块式规划设计的方法使得用较少的建筑部件种类就能满足所有楼层的需要。预制部件数量的增加意味着预制件的比例大幅度提高。这就带来了施工质量的显著提高，也大大缩短了工地现场的组装时间。图D11.7展示的是可以预制的部件。

接下来的步骤就是制作展示质量保证措施的3D规划设计图。制作这份规划设计图的基础是一个所有设计师都能使用的CAD平台。首先由建筑师制作一个3D的建筑模型。这个模型是一个供所有专业规划设计师使用的基础平台。规划设计师们制作出规划并将其放到平台上。借助这个平台，每一位专业规划设计师都能适时看到他人的工作成果，在制作规划设计时，

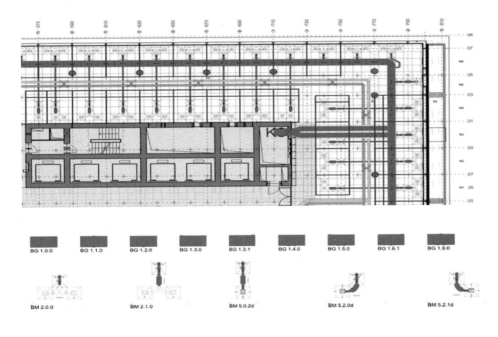

图D11.5 双层地面中的通风管路技术设备模块图和组件安装图（见彩页）

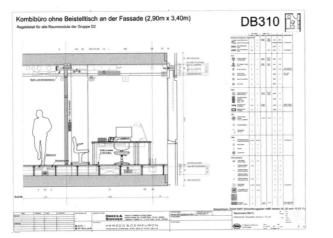

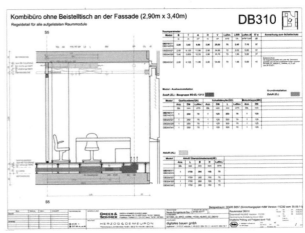

图D11.6 第2组办公室模块数据表"幕墙边无放置矮文件柜的集合办公室"，通风管路实施细节及定量分析模型（见彩页）

每个人就会注意协调与其他部分的关系。这样，整个规划过程就能协调地进行。在每一个规划设计阶段结束时，会举行一个冲突测试。通过这种测试，能够很快地发现冲突并界定冲突范围。3D模型的好处还在于，观察者通过模型能够穿越建筑，运用仪表可以对建筑各部分的通达性、检查井等进行检测。图D11.8为采用HLKKS制作的3D模型。

室内气候及节能设计

对于罗氏制药公司来说，环境保护及珍惜自然资源是至关重要的原则，也符合罗氏公司的宗旨。目前，罗氏公司正在厂区实施一个建立在热电冷三联供及地下水利用基础上的新能源供给方案。根据这一方案，将对厂区内现有的建筑逐步进行节能改造。而一号楼则被看作是一个样板。为了满足这一要求，

在项目启动时就已经制订了一个可持续发展的方案。这个方案按专题分为3个大块：降低能耗，采用生态能源以及节能化运营（图D11.9）。

节能方案最重要的基石是选择正确的室内小气候方案。罗氏制药公司一号楼的实施方案是，一个极好的绝热的外立面和一个与新风系统相结合的供暖/供冷系统（图D11.10）。

组件 HT6.0.00

带支架的管道
预先固定在横梁上

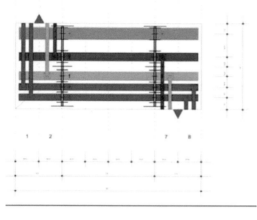

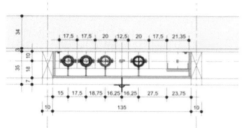

图D11.7　各种可在工厂预制的预制件（见彩页）

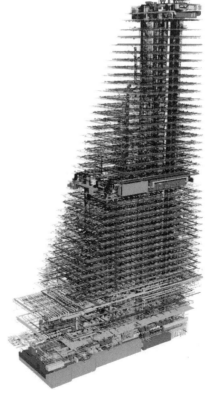

光照均匀，室内无风感，保证了所规定的室内舒适度和工位的空气质量。由于外立面不能开启，故换气量确定在5m³/（h·m²）。设置在玻璃幕墙空腔中的反光性能良好的遮光板可以不依赖天气条件随意调节。这一点对于高层建筑来说尤为重要，因为高处的高风速使得遮阳板无法安装。在照明节能方面，使用了节能灯具。此外，通过一个自然光照调节装置和一个采用带有随动叶片的遮阳板就能够保证充分利用自然光。一旦人离开工位，这个工位的照明和通风会自动关闭。

能源供给

在顶部安装的供暖供冷系统中，供暖系统温度较低，而供冷系统温度较高。这样，系统就可利用工业余热供暖而用地下水降温（图

图D11.8　罗氏制药公司一号楼各种管线（HLKKS）布置的3D模型（见彩页）

226

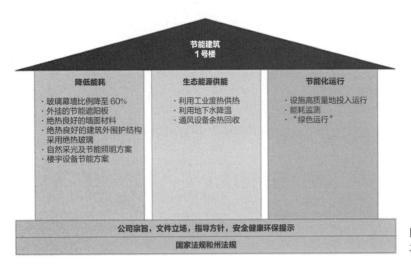

图D11.9 罗氏制药公司建立在"三大支柱"之上的节能方案

D11.11）。其他设施，如通风空调设备和电子数据处理（EDV）设备间的温度也设置在这个水平。在罗氏制药公司一号楼项目里，饮用水的加温采用的是二氧化碳热泵。为了给进风除湿，降低了厂区冷风管的温度。

为了避免额外的能源损失，空调通风系统安装了高效的双板式热交换器和废气水汽凝结加湿器。在寒冷的季节里，电子数据处理（EDV）设备间的余热可用来对进风进行预热。

节能型运营

对整个运营进行监控并对运营的能耗进行记录，这些都是一栋建筑或是一台设备节能型运行的前提条件。为此还需要制订一个详细的测量方案，采用这个方案就能计算出各项能耗。通过建立在楼宇通信控制技术基础之上的能源管理系统，就能很快地分析出运营管理方面的缺陷（图D11.12）。监控既减轻了设备投入使用的管理工作，也可以提供所要求的技术参数。这对

于能耗高的设备如空调或冷藏室这类设备尤为重要，因为在招标时已经对这些设备的效率参数有详细要求，如效率参数显著不达标，必须按照规定支付罚金。

借助楼宇模拟模型可以对整栋建筑的能耗进行估算，并且能对设备的运行进行优化。与其他高层建筑相比，一号楼用于供暖、供冷及良好照明的一次能耗是80.2kWh/（m²·a）。同时，一号楼也满足了绿色建筑的各项指标。

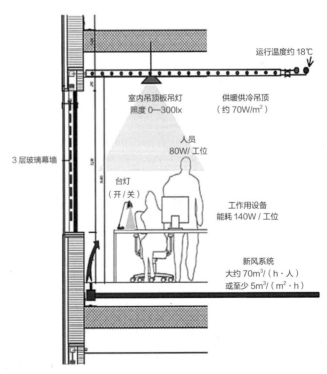

图D11.10 罗氏制药公司一号楼室内通风空调设计方案

公布的目标之一是，在大楼建成投入运营后，能够验证上面规定的指标。罗氏制药公司计划在项目结束后，还要对大楼及其技术设备进行为期2年的监测和运营优化。

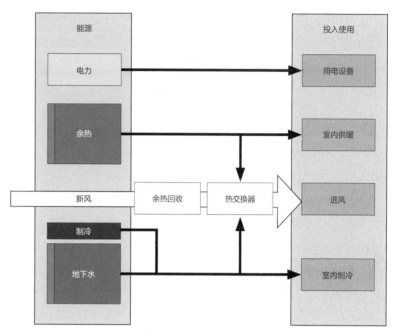

图D11.11　罗氏制药公司一号楼能源供给示意图

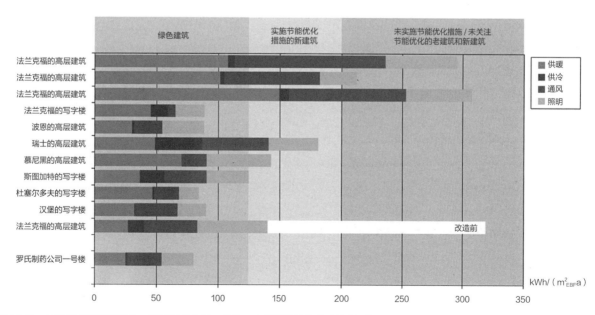

图D11.12　与其他高层建筑相比，罗氏制药公司一号楼一次能源消耗需求（见彩页）

法兰克福，德意志银行塔楼

专访：Holger Hagge教授[1]

1. 在您看来，界定一座建筑是否成功的主要标准是什么？

地理位置有吸引力，可持续性，包括用户的舒适度和使用的灵活性。

2. 在一栋建筑内生活对您意味着什么？什么因素对于您是否感觉舒适具有至关重要的决定性作用？

对于我来说，一栋建筑必须功能明确，就以写字楼来说，它应当能最大限度地满足我的工作需要；还应当布局灵活，能增进各区域间的交流；当然，也要保证用户的舒适度。一座舒适的建筑物是有灵魂的建筑，这句话不无道理。这主要体现在建筑物的色调和外形、自然采光与人工照明的相互配合，还有热学和声学质量等因素。

3. 在您的建筑设计中，可持续性和对建筑生命周期的考虑发挥了什么作用？

在我参与的德意志银行塔楼改造项目过程中，主要目标很明确：就是要在保留建筑结构现状和外表

的前提下，对1984年建成的建筑物进行全面翻修，从而使其无论在改造期间还是在之后的运营期都具备可持续性。该建筑已取得美国绿色建筑委员会的LEED白金证书和德国可持续建筑评价体系的DGNB金色证书都证明了这一点。建筑物内部的布局和布置都能灵活满足用户不断变化的功能要求。焕然一新的建筑正在迎接它的第二个生命周期。

4. 您亲身参与了建筑从设计到运行的整个过程。您认为最大的改进潜力在哪里：是过程本身、设计理念、规划实施、施工执行或是建筑运营中呢？

多数情况下，未来的租户很晚才介入建筑项目中，以致他们的要求及其对室内设备的布置要求不能被满足。如果让他们早些参与进来会更好。

由于可持续建筑项目的复杂性，在开始时就需要有一个固定的项目团队，以便设计和咨询团队能快速介入。对于德意志银行塔楼项

目我们采用了合作模式，把建筑造型这一块与施工图设计分离开来，然后把任务分给两个不同的建筑部门完成。与此同时，对于不在项目设计方可控范围内的风险，我们不再把它全部推给施工公司，而由建筑施工公司和德意志银行共同分担。由于没有了风险成本，建筑公司可以更低的价格赢得项目。

5. 设计规划团队要具备哪些素质，才能设计并建造高品质的可持续的建筑？

作为设计团队必须制订好的规则。共同的现场会议必不可少，因为通过圆桌会议通常会形成共生关系，而这种共生关系是成功建筑项目的基础。因此，为了实现业主的目标，需要一定的灵活性和对团队的激励机制。例如，在德意志银行塔楼现代化的整个项目进程，我们都安排了IT部门和市场运营部门的同事介入，他们保证了项目的相关部分从一开始就得到很好的规划和实施。在项目结束前的一段时期，每天都召开高层会议，从而保证了

---

① Holger Hagge，硕士工程师，建筑师，2006—2012 年在德意志银行股份有限公司任职。他作为"全球建筑 & 办公项目开发主管"，负责位于法兰克福的德意志银行塔楼整改以及银行办公点造型方案设计和引入等多个全球项目。自 2012 年 9 月起担任柏林房地产开发 OVG B&C 有限公司的执行董事，此外他还是 D&S 公司监事会成员。

建筑项目的整体顺利交接，所有问题也都迅速地得到解决。

6. 到2050年，现代化办公方案将会是怎样的呢？

由于自由职业者和非雇佣员工的数量在增加，而且他们的工作地点不会固定在传统的公司，2050年的办公方案将更多针对个人用户而不是出租给公司机构。我认为，未来市场上会有众多的办公室供给商。他们以日租的方式出租这些办公点，其位置、设备及提供的服务都各不相同。

对于公司的固定员工，公司将会在最好的地段，提供富有吸引力的办公室，从而更加彰显该公司的企业哲学理念，而作为办公区域又能很好地展示其品牌面貌。由于未来人口趋向减少，办公区域的租赁价格会日趋低廉，而企业的运营成本却会上升。与此同时，将会实行更符合员工个人情况的灵活办公模式。

7. 对于业主和租户而言，德意志银行塔楼有哪些突出的优势？

对于德意志银行塔楼，为原来

的部分和新建的部分所提供的服务制订了新的标准，包括有吸引力的选址、出众的建筑造型、个性化的外立面和定制调控的空调设施。另外，环境友好型的运营模式也是一个重要的优势。

对于项目投资商来说，该建筑物是地理位置优越、租户来源稳定的独一无二的投资项目。

新的德意志银行塔楼
企业总部将成为绿色建筑

每个来过美因河畔法兰克福的人都认识这座象征着"借贷双方"的双子塔楼建筑，目前该建筑在全德最高建筑里排行第11位，自1984年起就是德意志银行的总部。这座引人注目的高层建筑是1979—1984年根据ABB建筑师事务所的Peter Hanig, Heinz Scheid & Johannes Schmidt方案建成的。

德意志银行塔楼在建成近25年后迎来了巨大的挑战。新的消防规范要求对这座高层塔楼进行全面的整改。在目前世界性的气候战略要求的基础上，银行决定大楼按照绿

色建筑原则进行改造，与此同时对该建筑物进行全面现代化整改。项目目标：按照可持续性的原则对建筑内部空间及周边进行重新设计，提高现有建筑物的使用效率，打造最现代化的办公室。银行意识到，只有进行整体性的整改才能保证该建筑物可持续利用的价值，因此，银行决定按照LEED绿色建筑白金认证标准和未来德国可持续建筑体系的最高标准进行建筑认证，而当时的DGNB还处于草拟阶段。

这一欧洲最大的改造项目要在三年内把建筑物混凝土以外部分全

部去掉，包括建筑外立面也要整个换掉。工程竣工后，这栋建筑将成为全球最环保的建筑物之一。改造后的建筑能耗将减少一半，耗水量也可减少超过70%，二氧化碳的排放量则将减少近90%。

全球独一无二的范例：既通过了LEED认证，又有DGNB认证

通过对塔楼进行全面可持续整改的决定，银行方面希望把这座品质优良的建筑物进行量化，将其可持续性特征作透明化展示。由于在项目最初阶段已作出该决定，所有

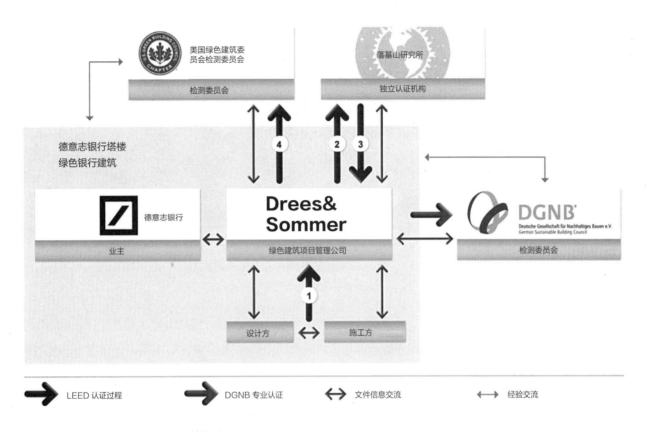

图D12.1 新德意志银行塔楼的项目组织结构图

项目参与方都有可能有针对性地深入了解绿色建筑认证体系的内容。在绿色建筑质量体系还不普及的当时，这一决定无疑成为项目开发成功的核心基础。D&S公司实施了一项新的标准，除了提供项目管理和外立面设计以外还为业主提供了绿色建筑管理标准（图D12.1）。同时，还为该项目按照LEED认证体系中对新建筑及全面改造建筑的标准获得白金认证证章以及按照DGNB认证体系关于办公及行政大楼全面改造标准获得2008年度金质证章提供了支持。

此外，德意志银行从一开始就参与了德国可持续建筑体系的开发过程，因此其和D&S公司同属2007年该认证体系成立后的第一批成员。

可持续性：生态性和经济性

2005年修改的消防规范给两座塔楼的建筑状况考察提供了机遇。从消除建筑隐患的施工费用估算文件来看，只有在新的消防要求框架内实施全面整改，包括提高能效和优化办公空间，才能实现可持续性和经济性效果。随后，德意志银行决定对其建筑物进行全面整改，目的在于按照可持续生态标准、建筑物高能效以及现代化办公原则重新塑造建筑内部空间。

要保持现状高层建筑的"生态性"，是一项需要各项目参与方，包括业主、建筑师、专业设计师和技术人员紧密合作的复杂任务。对于本企业总部的现代化项目来说，设计团队开发了一个考虑能效、用户舒适度和建筑物生命周期成本的整体方案。

建筑立面：最小能耗，最大用户舒适度，不变的外观造型

设计的重点之一是与其前突起

© Deutsche Bank AG

图D12.2 施工期间的建筑外立面图

反射作用的外立面幕墙相对应的穿透性立面（图D12.2）。整改项目将其全部拆掉，取而代之的是与外立面平行的反射玻璃。这样每隔两扇窗户都可开启，这不但是项目新空调方案的组成部分，还提高了用户的空间舒适度。通过三层玻璃立面，该建筑立面具有很好的绝热效果。尽管加入了这一创新的设计方案，但整改后的立面从外面看起来和整改前一样，只有当与外立面平行的反射玻璃打开时，才能发现设计对原来几乎一样的反射玻璃立面造型方案进行了全面整改。

室内气候方案：最小能耗，最大舒适度

建筑物原先的冷热荷载只能通过气流导走，因此必须保证很大的气流量。新的能源空调方案主要通过整合到混凝土吊顶内的水系统温控建筑构件实现供暖和供冷，通风装置只负责通风，从而使得换气率从原先的6次减少到如今的1.5次。新方案还设计了高能效的余热回收系统以便进一步降低能耗。通过对建筑物外围护结构和楼宇设备方案进行修改优化，可使供暖能耗降低67%，用电量减少55%，加上使用可再生能源导致二氧化碳的总排放量减少至89%。

表面供暖和供冷系统使得建筑物实现更低温度的供暖和更高温度的供冷，从而实现非过渡时期自由冷量的使用可能性。另外，在供暖情况下还可以利用制冷过程中产生的余热。加热和制冷区间的设计应保证其能利用混凝土表面的储存热量，通过在夜间对写字楼层进行预冷，白天荷载高峰时即可使用。如果夏天制冷荷载超过储存热量，可通过电磁制冷机补充冷量。冬天则通过以热电联供为主的远程供暖方式实现供暖。该方案可在现场实现零额外排放，从而改善法兰克福市中心的气候环境。

新的办公点设计方案和简洁的技术方案提高了建筑物的使用率。设备的现代化和基础设施优化使得办公空间使用更加灵活，办公条件得到优化（图D12.3）。楼宇工程设备占用空间更小，整改后办公面积仅有850m²。这样使得原来只能提供2400个工位的建筑物在整改后能提供最多3000个工位。

此外，新的空调方案简化了吊顶和地板的结构，从而使得室内净高由原来的2.65m增加到如今的3m。整改结果是空间效果焕然一新，舒适度得到显著提高，光、热、空气和冷量如今都可以实现个性化控制。

符合逻辑的整改结果：有害物质含量低的建筑材料，最大化的材料回收再利用

为了尽早熟悉每个写字楼层用户的要求，项目还增加了半层作为样板层并按1∶1的比例检测其施工

© Deutsche Bank AG

图D12.3 标准楼层的创意工位设计方案

可能性、外观和可持续性质量。这样做的目的是为两座塔楼的57个标准楼层研发一个工业化的建筑扩建方案。

这种做法是必需的，因为除了能源优化以外，建筑生态及人体健康可承受度也是主要的考虑因素。样品层的设置可使在最终选材前进行有害物质的测量，在早期设计阶段，有害物质含量低的建材和木材都作为可持续建材使用。通过相关检测显示，项目的选材符合LEED和德国相关的参数规定，相关参数明显低于其可接受范围。

值得一提的还有超过30500t建材的回收，超过98%的拆除材料在改造工程中得到重新利用。各种供应商的可查文件记录证实了这一结果。项目对各种原材料的严格区分在各楼层中已体现出来，而把回收材料用在新建项目的做法既创新也有经济性。至于EPDM等塑料产品的常见热处理应尽量避免。这些材料被压成颗粒后可用于铺设运动场跑道、地面降噪材料或屋面保护垫。另外超过20%的可回收材料用在新建筑，铝立面的高回收率和影响半径范围达800km的超过30%的区域建材使用率，都要求对建材厂商和供应商进行严格筛选和跟踪。

本项目方案由各参与方在其权力范围内共同研发并承担法律责任，具有一定的经济性，也可应用于未来的整改项目。在2009年获得DGNB认证金质证章后，整改项目采取了所有DGNB和LEED认证体系所要求的措施，从而保证了2011年初顺利取得DGNB和LEED双认证证书。新的德意志银行塔楼不仅成为世界上首座同时获得LEED和DGNB最高认证标准的建筑物，也是第一座带LEED白金证章、DGNB金质证章和最高DGNB认证标准的核心整改项目——无论如何这都是一个史无前例的高度！

附录

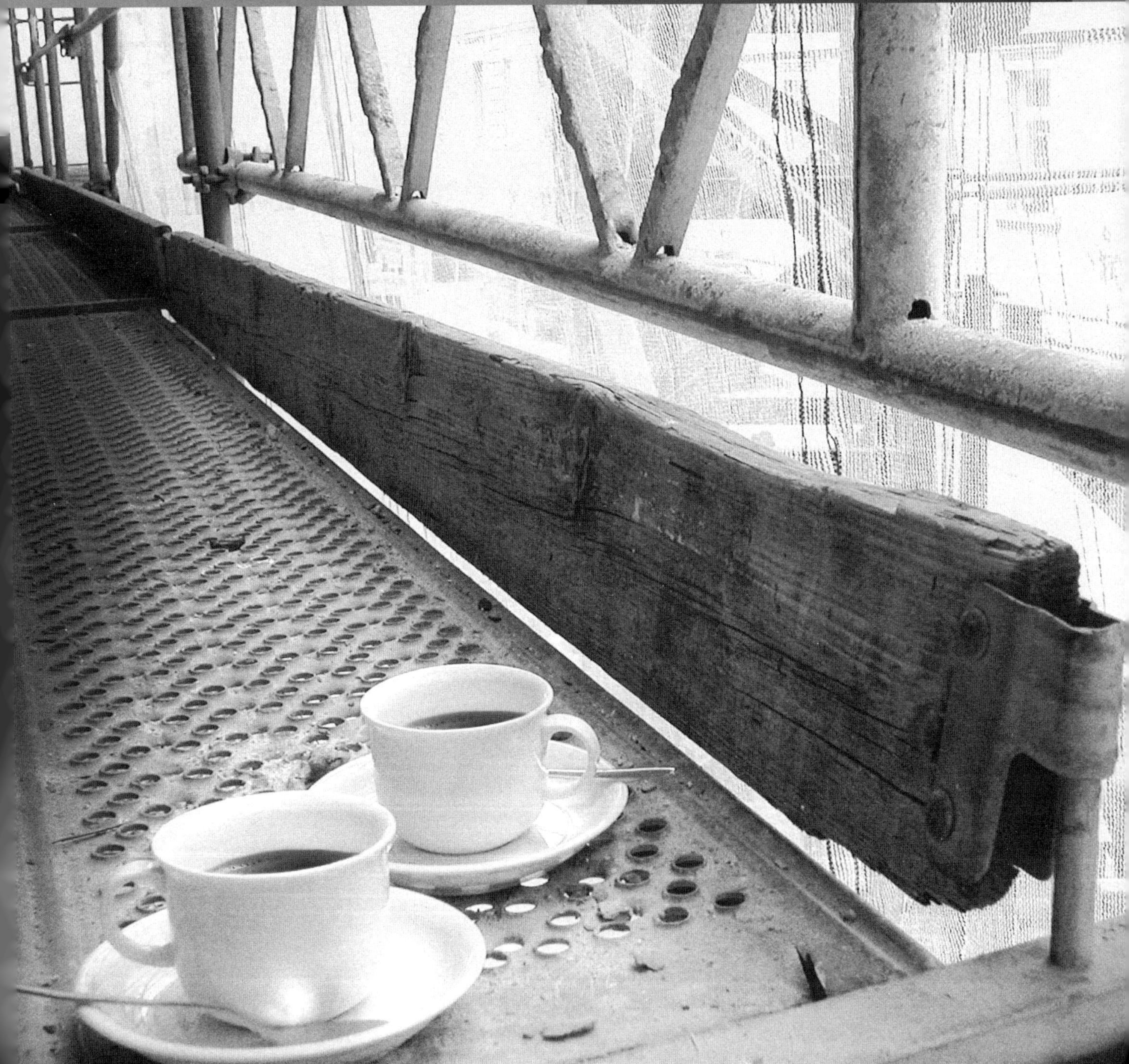

英汉词汇对照

资料来源

Kapitel A

Bauer, M., Schwarz, M.: Gütesiegel »Energieeffizienz« für die Gebäude-plaung und den Betrieb, Deutsches Architektenblatt, 10/05

GEFMA 200, Kostenrechnung im Facility Management, Teil Nutzungskosten von Gebäuden und Dienstleistungen, Stand: Juli 2004, Deutscher Verband für Facility Management

BMVBW, Leitfaden Nachhaltiges Bauen, Bundesministerium für Verkehr-, Bau- und Wohnungswesen, 1. Nachdruck, Stand: Januar 2001, Berlin

International Energy Agency 2003 (IEA) – CO_2 Emissions from Fuel Combustion, 1971–2001, Paris 2003

Umweltbundesamt (Hrsg.), Deutsches Treibhausgasinventar 1990–2003, Nationaler Inventarbericht 2005

BP Statistical Review of World Energy, Juli 2005

IPCC Plenary XVIII, Climate Change 2001 Synthesis Report

Große wetterbedingte Naturkatastrophen 1950 bis 2002, GeoRisikoforschung, Münchner Rück, 2003

Evolution of the crude oil price, BP 2005

Protokoll von Kyoto zum Rahmenüberein-kommen der Vereinten Nationen über Klimaänderungen, in Kraft getreten seit 16.02.2005

Richtlinie 2004/101/EG des Europä-ischen Parlaments und des Rates vom 27.10.2004 zur Änderung der Richt-linie 2003/87/EG über ein System für den Handel mit Treibhausgasemissi-onszertifikaten in der Gemeinschaft im Sinne der projektbezogenen Mechanis-men des Kyoto-Protokolls

VDI 2067: Wirtschaftlichkeit gebäude-technischer Anlagen, September 2000

DIN 18960: Nutzungskosten im Hochbau, Berlin 1999

www.eurostat.com

www.gvst.de/site/steinkohle/herausforderung_klimaschutz.htm

www.env-it.de/umweltdaten/

www.umweltbundesamt.de

www.dehst.de

Leadership in Energy and Environmental Design (LEED), www.usgbc.org

BRE Environmental Assessment Method (BREEAM), www.breeam.org

Kapitel B1

Leitfaden Nachhaltiges Bauen, Richtwerte für Innenraumluft, Deutsches Bundes-ministerium für Verkehr, Bau und Woh-nungswesen, Berlin, Januar 2001

Neufert, P.u. C., Neff, L., Franken, C.: Neufert Bauentwurfslehre. Braun-schweig/Wiesbaden 2002, 37. Auflage

Recknagel, H., Sprenger, E., Schramek, R.: Taschenbuch für Heizung und Klima 03/04, München 2003

von Kardorff, G., Schwarz, M.: Raum-luftqualität und Baustoffauswahl, Baumeister, 09/1999

Mayer, E.: Tagesgang für thermisches Behaglichkeitsempfinden. Gesund-heitsingenieur – gi 107, 1986, H. 3, S. 173–176

Mayer, E.: Ist die bisherige Zuordnung von PMV und PPD noch richtig? KI Luft- und Kältetechnik 34, 1998, H. 12, S. 575–577

CEN-Bericht CR1752: Auslegungskriterien für Innenräume. Europäisches Komi-tee für Normung, Zentralsekretariat Brüssel, Dezember 1998

Witthauer, Horn, Bischof: Raumluft-qualität: Belastung, Bewertung, Beeinflussung, Karlsruhe 1993

Bericht der Bundesregierung über die Forschungsergebnisse in Bezug auf Emissionsminderungsmöglichkeiten der gesamten Mobilfunktechnologie und in Bezug auf gesundheitliche Auswirkungen, Drucksache 15/4604, 27.12.2004

Deutschland, Elektrosmogverordnung (26. BImSchV)

Diss. F. Sick: Einfluss elementarer archi-tektonischer Maßnahmen auf die Tageslichtqualität in Innenräumen, Fraunhofer IRB Verlag, 2003

Verbundprojekt Licht in Büroräumen – Sonnenschutz, Abschlussbericht 2004, Universität Dortmund und Fachhoch-schule Aachen 2004

Voss, K., Löhnert, G., Herkel, S., Wagner, A., Wambsganß, M. (Hrsg.): Büroge-bäude mit Zukunft, TÜV Verlag, 2005

Urteil mit enormer Tragweite – Im Büro gilt die 26 °C-Grenze, CCI-Print, Heft 7, 2003

DIN EN 13779: Lüftung von Nichtwohnge-bäuden – Allgemeine Grundlagen und Anforderungen an Lüftungs- und Klimaanlagen; Deutsche Fassung EN 13779: 2004

DIN EN ISO 13732/2: Ergonomics of the thermal environment – Methods for the assessment of human responses to contact with surfaces – Part 2: Human contact with surfaces at moderate temperature, März 2001

DIN EN ISO 13732/3: Ergonomie der thermischen Umgebung – Bewertungs-methoden für Reaktionen des Men-schen bei Kontakt mit Oberflächen –

Teil 3: Kalte Oberflächen, März 2005
DIN EN 15251 (Entwurf): Bewertungs-
kriterien für den Innenraum einschließ-
lich Temperatur, Raumluftqualität, Licht
und Lärm, Juli 2005
DIN 1946: Teil 2 Raumlufttechnik,
Berlin 1994
DIN 4109: Schallschutz im Hochbau,
Berlin 1989
DIN 5034: Teil 1 Tageslicht in Innenräu-
men. Allg. Anforderungen, Berlin 1999
DIN 5034: Teil 2 Tageslicht in Innen-
räumen – Grundlagen, Berlin 1985
DIN 18041: Hörsamkeit in kleinen bis
mittelgroßen Räumen, Berlin 2001
DIN EN 12646-1: Beleuchtung von Arbeits-
stätten, Brüssel 2002
DIN EN 12464-2: Beleuchtung von Arbeits-
stätten, Berlin 2003
DIN EN 12665: Grundlegende Begriffe
und Kriterien für die Festlegung von
Anforderungen an die Beleuchtung,
Berlin 2002
DIN EN ISO 7730: Analytische Bestim-
mung und Interpretation der thermi-
schen Behaglichkeit durch Berechnung
des PMV– und des PPO-Indexes und
der lokalen thermischen Behaglichkeit.
Berlin 2003
Arbeitsstättenrichtlinien (ASR 5) Lüftung
Arbeitsstättenrichtlinien (ASR 5) 6/1 u. 3
Raumtemperaturen
Arbeitsstättenrichtlinien (ASR 5) 7/1
Sichtverbindungen nach außen
Arbeitsstättenrichtlinien (ASR 5) 7/3
Künstliche Beleuchtung
VDI 3787/2 Umweltmeteorologie –
Methoden zur human-biometeoro-
logischen Bewertung von Klima und
Lufthygiene für die Stadt- und Regional-
planung, Januar 1998

International Commission on Non-
Ionizing Radiaton Protection (ICNIRP),
www.icnirp.de

Kapitel B2
Treiber, M.: IKE Stuttgart, interner Bericht
Wilkins, C., Hosni, M. H.: Heat Gain From
Office Equipment. ASHRE Journal 2000
Ulm, Tobias: Primärenenergiebilanz für
Bürogebäude, (Diplomarbeit), Universi-
tät Karlsruhe, 2003
Eyerer, P., Reinhardt, H.-W.: Ökologische
Bilanzierung von Baustoffen und Ge-
bäuden, Wege zu einer ganzheitlichen
Bilanzierung, Basel 2000
Voss, K., Löhnert, G., Herkel, S., Wagner,
A., Wambsganß, M. (Hrsg.): Büroge-
bäude mit Zukunft, TÜV Verlag, 2005
Testreferenzjahre für Deutschland für
mittlere und extreme Klimaverhält-
nissse (TRY), Deutscher Wetterdienst,
2004, verfügbar im Internet unter:
www.dwd.de/TRY
Stromsparcheck für Gebäude – Ein
Arbeitsdokument für Planer und
Investoren, Seminardokumentation,
IMPULS-Programm Hessen
Referentenentwurf: Verordnung über
energiesparenden Wärmeschutz und
energiesparende Anlagentechnik bei
Gebäuden (Energieeinsparverordnung
EnEV), November 2006
Directive 2002/91/EC on the Energy Per-
formance of Buildings of 16. 12. 2002,
Official Journal of the European Com-
munities, 01/2003
Energie im Hochbau SIA 380/4, Schwei-
zer Ingenieur- und Architektenverein,
Zürich, 1995, verfügbar im Internet
unter: www.380-4.ch

GEMIS 4.14 (2002): Globales Emissions-
modell Integrierter Systeme, Ergebnis-
tabellen, Öko-Institut Freiburg,
www.oeko.de/service/gemis
Leitfaden Energie im Hochbau, Hes-
sisches Ministerium Umwelt, Energie,
Jugend, Familie und Gesundheit, Wies-
baden, Neufassung 2000
Produktkatalog Grauwassernutzung,
Pontos GmbH, Carl-Zeiss-Str. 3,
77656 Offenburg
DIN 18599: Energetische Bewertung von
Gebäuden – Berechnung des Nutz-,
End- und Primärenergiebedarfs für Hei-
zung, Kühlung, Lüftung, Trinkwarmwas-
ser und Beleuchtung Teile 1 bis 10,
Februar 2007
VDI 4600 Kumulierter Energieaufwand,
Juni 1997
DIN 4701 Teil 10: Energetische Bewertung
Heiz- und raumlufttechnischer Anla-
gen, Berlin 2001
VDI 3807: Energieverbrauchskennwerte
für Gebäude, Blatt 1, 1994, Blatt 2,
1997, Berlin
www.blauer-engel.de
www.energielabel.de
http://epp.eurostat.ec.europa.eu
www.meteotest.ch

Kapitel C1
Daniels, K.: Technologie des ökologischen
Bauens. Grundlagen und Maßnahmen,
Beispiele und Ideen. Basel/Boston/
Berlin 1995
DIN 277: Grundflächen und Rauminhalte
von Bauwerken im Hochbau, Berlin
2000
Behling, S. u. S.: Sol Power. Müchen/
Berlin/London/New York 1997

Oesterle, E., Lutz, M., Lieb, R.-D., Heusler, W.: Doppelschalige Fassaden. Ganzheitliche Planung. Konstruktion, Bauphysik, Aerophysik, Raumkonditionierung, Wirtschaftlichkeit. München 1999

Mösle, P.: Zwischen den Schalen. Die Auswirkungen der Gestaltung und Konzeption mehrschaliger Fassaden auf die Raumkonditionierung, db deutsche bauzeitung, 01/2001

Fischer, C., Einck, J.: Hochschalldämmende Fensterkonstruktionen, Intelligente Architektur, 7–9/2005

Bauer, M.: Alte Montagehalle für neuen Kunstgenuss, Liegenschaft aktuell, 06/2006

Lutz, M.: Sanierung von Fassaden und Gebäuden: Wenn der Denkmalschutz mitspielt, Liegenschaften aktuell, 01/2007

Stahl, W., Goetzberger, A., Voss K.: Das energieautarke Solarhaus – Mit der Sonne wohnen, Heidelberg 1997

EnEV: Verordungen über energiesparenden Wärmeschutz und energiesparende Anlagentechnik bei Gebäuden – Energiesparverordnung, 2004, www.enev-online.info

Hauser, G., Siegel, H.: Wärmebrückenatlas für den Mauerwerksbau, Wiesbaden/Berlin 1996

Zukunftsorientiertes Energiekonzept für das Projekt Stuttgart 21, Planungsgebiet A1, Arbeitsgemeinschaft Stuttgart 21, Prof. Dr.-Ing. Eberhard Oesterle et altera, Fachzeitung Untersuchungen zur Umwelt, 11/1998

Evacuated Glazing – State of the Art and Potential, Dr. Weinläder, ZAE Bayern, Glastec 2006

Neue Baumaterialien der Zukunft, Behling Braun, Jahrbuch 2004

Schweizer Ingenieur- und Architektenverein (SIA) 180: Wärme- und Feuchteschutz im Hochbau, Januar 2000

DIN 4109: Schallschutz im Hochbau, November 1989

DIN 4108: Wärmeschutz im Hochbau Teil 1–3, August 1981, Juli 2001, Juli 2003

DIN EN 14501: Abschlüsse – Thermischer und visueller Komfort – Leistungsanforderungen und Klassifizierung, Januar 2006

DIN 18599/5: Energetische Bewertung von Gebäuden – Berechnung des Nutz-, End- und Primärenergiebedarfs für Heizung, Kühlung, Lüftung, Trinkwarmwasser und Beleuchtung, Februar 2007

DIN ISO 12207: Fenster und Türen – Luftdurchlässigkeit, Klassifizierung, Juni 2000

ISO 15099: Thermal performance of windows, doors and shading devices – Detailed calculations, November 2003

DIN EN 13363/1/2: Sonnenschutzeinrichtungen in Kombination mit Verglasungen – Berechnung der Solarstrahlung und des Lichttransmissionsgrades, Januar/April 2007

VDI 2569 Schallschutz und akustische Gestaltung im Büro, Januar 1990

www.ecoinvent.org

Kapitel C2

Fischer, C.: Es ist fast alles machbar. Mobile Akustik als Zukunftsaufgabe im flexiblen Büro, Mensch & Büro, 06/2003

Bauer, M.: Flächenheizungen II. Baustein eines ganzheitlichen Konzeptes. Im Winter heizen, im Sommer kühlen. Deutsches Architektenblatt, 12/04

Schwarz, M.: Sonne, Erde, Luft: Das Konzept der NRW-Vertretung, HLH, Nr. 6/2004

Bauer, M.: Regenerative Energiesyteme in der Gebäudetechnik – sorptionsgestützte Kühlung, industrieBAU, 05/2005

Bauer, M.: Das Raumklima und Energiekonzept der Landesmesse Stuttgart: Energetische Spitzenleistung für variable Spitzenzeiten, industrieBau Spezial ENERGIE, 01/2007

Lutz, M., Schaal, G.: Dezentrale Raumluftkonditionierung. Gestaltungsfreiheit für die Architekten und hohe Flexibilität für die Nutzer, TAB, 12/2006

Schmidt, M., Treiber, M.: Entwicklung eines innovativen Gesamtkonzeptes mit energiesparender Raumklimatechnik für die regenerative Wärme- und Kälteerzeugung, gefördert durch die Deutsche Bundesstiftung Umwelt, Abschlussbericht, Universität Stuttgart, Lehrstuhl für Heiz- und Raumlufttechnik, Juli 2005

Oesterle, E., Mösle, P.: Träge und doch aktiv. Heizen und Kühlen mit Betonteilen, db deutsche bauzeitung, 04/2001

Recknagel, H., Sprenger, E. u. Schramek, E.: Taschenbuch für Heizung- + Klimatechnik, Oldenbourg Verlag 97/98

Schoofs, S. u. Lang J.: Kraft-Wärme-Kopplung mit Brennstoffzellen, Fachinformationszentrum Karlsruhe 2000

Schoofs, S. u. J. Lang: PEM-Brennstoffzellen, Fachinformationszentrum Karlsruhe 1998

Dehli, M.: Möglichkeiten der dezentralen

Erzeugung von Strom und Wärme, FHT Esslingen 2005

Milles, U.: Windenergie, Fachinformationszentrum Karlsruhe 2003

Röben: Sorptionsgestützte Entfeuchtung mit verschiedenen wässrigen Salzlösungen. Dissertation am Institut für Angewandte Thermodynamik und Klimatechnik, Universität Essen, Aachen 1997

Gottschau, T. und Fuchs, O.: Biogas, Fachinformationszentrum Karlsruhe 2003

Levermann, E.-M. und Milles, U.: Biogas, Fachinformationszentrum Karlsruhe 2002

WAREMA Sonnenschutztechnik, Produktkatalog

ZAE Bayern: Bayerisches Zentrum für Angewandte Energieforschung e. V., Walther-Meißner-Str. 6, 85748 Garching bei München

Arbeitskreis Schulinformation Energie: Lehrerinformation: Brennstoffzellen, Frankfurt/Main, August 1998

Infozentrale der Elektrizitätswirtschaft e. V.: Strombasiswissen: Brennstoffzellen, Frankfurt/Main, Januar 1999

BINE Informationsdienst, Basis Energie 3: Photovoltaik. Fachinformationszentrum Karlsruhe 2003

BINE Informationsdienst, Basis Energie 4: Thermische Nutzung der Solarenergie. Fachinformationszentrum Karlsruhe 2003

BINE Informationsdienst, Basis Energie 13: Holz-Energie aus Biomasse. Fachinformationszentrum Karlsruhe 2002

BINE Informationsdienst, Basis Energie 16: Biogas. Fachinformationszentrum Karlsruhe 2003

BINE Informationsdienst, Projektinfo 05/2000. Kraft-Wärme-Kopplung mit Brennstoffzellen. Fachinformationszentrum Karlsruhe 2000

VDI 6030: Auslegung von freien Raumheizflächen – Grundlagen und Auslegung von Raumheizkörpern. Berlin 2002

ASUE: Mikro-KWK Motoren, Turbinen und Brennstoffzellen, www.asue.de/2001

www.bine.info
www.zbt-duisburg.de
www.diebrennstoffzelle.de
www.energieberatung.ibs-hlk.de
www.cooretec.de
www.isi.fraunhofer.de
www.carmen-ev.de

Kapitel C3 und C4

Mösle, P., Bauer, M.: Behagliche Temperaturen im Glashaus, Deutsches Architektenblatt, 05/2006

Grob, R., Bauer, M.: Emulation. Computergestütze Vorabinbetriebnahme von Regel- und Steuerungsanlagen, TAB, 10/2004

von Kardorff, G.: Ökomanagement am Potsdamer Platz. Kostendruck schließt den Umweltschutz nicht aus, leonardo-online, 03/1999

Kapitel D

Herzog, Th (Hrsg.).: SOKA-Bau. Nutzung Effizienz Nachhaltigkeit, München 2006

Bauer, M., Mösle, P.: Raumklima- und Fassadenkonzept »Dockland« Hamburg, AIT, 10/2006

Oesterle, E.: Bürogebäude mit innova-

tivem Energiekonzept – Heizen und Kühlen mit Erdwärme, EB Energieeffizientes Bauen, 01/2003

Bauer, M., Niewienda, A., Koch, H.P.: Alles Gute kommt von unten – Mit geringem Energiebedarf zu geringem Energieaufwand, HLH, 11/2001

Niewienda, A.: Entwicklung der Klimakonzepte für das Kunstmuseum Stuttgart, Bauphysik, Heft 2/2005

www.drbyen.dk

Troldborg, K., Lutz, M., Mösle, P., Treiber, M., Kamping, F., Grob, R., Mense, B.: Spiegelungen, xia intelligente Architektur – Zeitschrift für Architektur und Technik, 10-12/2012

作者团队简介

Michael Bauer

出生日期：1966年5月3日

斯图加特大学机械专业教授、工程博士

Drees & Sommer工程公司，董事总经理

Michael Jurenka

出生日期：1968年11月12日

斯图加特大学机械专业工学硕士

Drees & Sommer工程公司，能源设计顾问

Peter Mösle

出生日期：1969年9月19日

斯图加特大学能源技术专业工程硕士

Drees & Sommer工程公司，执行董事会成员

Herwig Barf

出生日期：1963年11月23日

工程硕士、建筑师

Drees & Sommer工程公司，幕墙技术团队经理

Michael Schwarz

出生日期：1961年2月21日

斯图加特大学机械专业工程博士

Drees & Sommer工程公司，能源管理团队经理

Christian Fischer

出生日期：1951年4月2日

工程博士、"öbuv"测量专家、建筑物理专业

Drees & Sommer工程公司

Ralf Buchholz

出生日期：1968年7月3日

斯图加特应用技术大学建筑物理专业（FH）工
程硕士

Drees & Sommer工程公司，建筑物理团队经理

Hans-Peter Schelkle

出生日期：1970年6月30日

斯图加特大学建筑技术专业工程博士

Drees & Sommer工程公司，设施管理顾问

Ralf Wagner

出生日期：1965年5月15日

电力工程专业（FH）工程硕士

Drees & Sommer工程公司，建筑设备工程顾问

Gregor C. Grassl

出生日期：1977年8月13日

应用技术大学（FH）工程硕士

城市规划师 & 建筑师

绿色城市规划项目组负责人

Andreas Niewienda

出生日期：1964年8月19日

弗赖堡大学物理硕士

Drees & Sommer工程公司，能源设计管理顾问

Martin Lutz

出生日期：1956年9月12日

斯图加特应用技术大学建筑师

Drees & Sommer工程公司，总经理

Thomas Häusser

出生日期：1956年9月12日

卡尔斯鲁尔应用技术大学，建筑施工管理

Drees & Sommer工程公司，总经理

Anne Dittrich

出生日期：1983年3月12日

装饰设计

创意性平面设计

Markus Treiber

出生日期：1964年11月6日

斯图加特大学机械专业，工学博士

Drees & Sommer工程公司

Julia Hahn

出生日期：1980年1月29日

斯特加特应用技术大学印刷技术专业，学生

平面设计

Christian Luft

出生日期：1982年3月27日

应用技术大学建筑物流供应和环保技术

工学硕士

Drees & Sommer工程公司，建筑技术顾问

Karoline Klar

出生日期：1977年5月21日

应用技术大学，建筑师，工学硕士

平面设计

Matthias Baldauf M.A.

出生日期：1076年11月13日

文科硕士

Ulrike Fischer

出生日期：1964年6月20日

Drees & Sommer工程公司，执行董事会助理

244

致谢

我们特别感谢所有建筑师、建筑商和公司，他们为我们提供了图片和图纸，并参与了项目面试。因此，他们对这本书的创作作出了决定性的贡献。

Bothe Richter Teherani, Hamburg
Robert Vogel GmbH & Co. KG, Hamburg
Herzog und Partner, München
Soka-Bau, Wiesbaden
Auer + Weber + Assoziierte, Stuttgart
Kreissparkasse Tübingen
LBBW, Stuttgart
Wöhr Mieslinger Architekten, Stuttgart
Petzinka Pink Technologische
    Architektur ®, Düsseldorf
Altana Pharma AG, Konstanz
Ingenhoven Architekten, Düsseldorf
Architekturbüro Hascher und Jehle,
    Berlin
COWI, Kopenhagen
DR Byen, Kopenhagen
Drees & Sommer, Stuttgart
Glaser FMB GmbH & Co. KG, Beverungen
va-Q-tec AG, Würzburg
Kajima Design, Tokio
Institut für Industrieaerodynamik,
    Aachen
Gerber Architekten International,
    Dortmund

Maier Neuberger Architekten, München
Colt International GmbH, Eltingen
Rasbach Architekten, Oberhausen
MEAG, München
Bartels und Graffenberger Architekten,
    Düsseldorf
Steelcase Werndl AG, Rosenheim
Warema Renkhoff GmbH,
    Marktheidenfeld
Purratio AG, Neuhausen a.d.Fildern
Stefan Behling, Fosters + Partners,
    London
Prof.-Dr. Ing. Koenigsdorff, FH Biberach
Spengler Architekten, Nürnberg
Playmobil geobra Brandstätter
    GmbH & Co. KG, Zirndorf
VHV-Gruppe, Hannover
Architekten BKSP, Hannover
Professor Bernhard Winking
    Architekten, Hamburg
Architekten Wulff und Partner, Stuttgart
Projektgesellschaft Neue Messe
    GmbH & Co. KG, Stuttgart
Pontos GmbH, Offenburg
Dittrich-Planungs-GmbH, Wunsiedel
Herzog & de Meuron, Basel
Roche, Basel
Prof. Holger Hagge
Deutsche Bank, Frankfurt
Henning Larsen Architects, Kopenhagen
SPIEGEL Verlag, Hamburg

Des Weiteren bedanken wir uns bei unseren Fachkollegen im Hause Drees & Sommer aus den verschiedenen Teams:
Life-Cycle-Engineering
Energiedesign und -management
Technische Gebäudeausrüstung
Fassadentechnik
Bauphysik, Bauökologie
Facility Management
Tragwerksberatung
Green City Development

照片来源

作者和出版商要感谢所有在这本书的制作过程中提供帮助的人，他们提供了自己的照片，并允许照片被重复使用，本书中的所有照片都是定制的。没有提及摄影师的照片来自 Dree & Summer 公司的档案馆

Vorwort
Dietmar Strauß, Besigheim   S. 6

Kapitel A
Jörg Hempel, Aachen   S. 11 oben
pixelio.de   S. 8–9 und S. 12 unten

Kapitel B
Jörg Hempel, Aachen   S. 26 unten
pixelio.de   S. 38 und S. 43

Kapitel C
Architekten BKSP   S. 108 oben
Architekten Bartels und Graffenberger
   S. 83
artur / Tomas Riehle   S. 96
BioKoN Saarbrücken   S. 95 rechts unten
BKSP Hannover   S. 112
Firma Colt International GmbH, Elchingen
   S. 80
Firma Warema Renkhoff GmbH   S. 94
   rechts unten
Geobra Brandstätter GmbH & Co. KG,
   Zirndorf   S. 100 rechts unten

Gerber Architekten International GmbH
   S. 80, Fotograf: Hans-Jürgen Landes
   S. 76
Glaser FMB GmbH & Co. KG   S. 94 links
   unten
H. G. Esch, Hennef   S. 62, S. 90, S. 91, S.
   107 oben rechts
Jörg Hempel, Aachen   S. 60
© Carsten Brügmann   S. 82
Kajima Design, Tokio   S. 98 oben rechts,
   S. 99
Mackevision Medien Design GmbH
   S. 112, S. 113
Martin Lutz   S. 67
Petzinka Pink Technologisch Architektur®
   S. 71, S. 72, S. 110
pixelio.de   S. 104, S. 122, S. 125, S. 127
Professor Werner Nachtigall   S. 94
© Roland Halbe   S. 116
Taufik Kenan, Berlin, für Petzinka Pink
   Technologische Architektur®   S. 89
   links oben und rechts oben
wodtke GmbH   S. 124

Kapitel D
Hans-Georg Esch, Hennef   S. 162–167
© H.G. Esch / Ingenhoven Architects
   S. 179–183
COWI Beratende Ingenieure   S. 168–191
Herzog + Partner   S. 150–155
Ingenhoven Architekten, Düsseldorf
   S. 177 und S. 178 unten
ISE Freiburg   S. 185 oben
Jörg Hempel, Aachen für Robert Vogel
   GmbH & Co. KG, Hamburg   S. 140–149

Modellfotos: Holger Khauf, Düsseldorf
   Fotografie: H. G. Esch, Hennef
   S. 174–179
Petzinka Pink Technologische
   Architektur®   S. 180–185
Roland Halbe, Stuttgart   S. 156–161 und
   S. 168–173
Robert Vogel GmbH & Co.   S. 202–213
Taufik Kenan / Thomas Pink, Petzinka Pink
   Architekten   S. 184–189
© Herzog & de Meuron   S 214–220

Umschlag
Hans-Georg Esch, Hennef
   hinten links unten
Jörg Hempel für Robert Vogel GmbH & Co.
   KG, Hamburg   Coverabbildung
Ingenhoven Architekten, Düsseldorf
   hinten links oben
Taufik Kenan, Berlin, für Petzinka Pink
   Technologische Architektur®
   hinten rechts oben

246

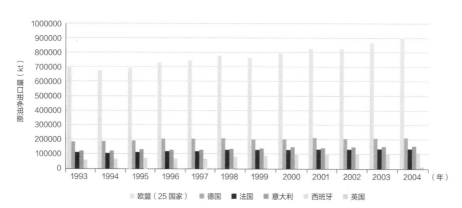

图A3 欧盟能源对外依存度

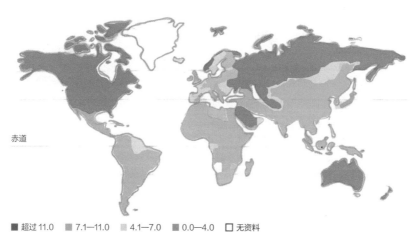

图A5 2010年,世界人口的二氧化碳人均排放水平及分布情况

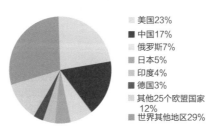

图A7 2010年世界各国二氧化碳排放量的分布情况

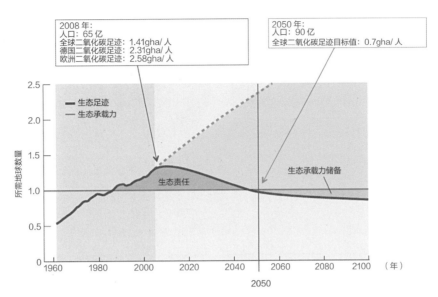

图A8 生态承载受生态足迹影响的图示（生态足迹的影响已经超越了地球生态承载储备更新能力。只有降低负载才能恢复生态平衡）

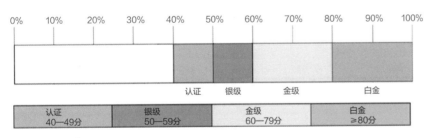

图A10 LEED®认证

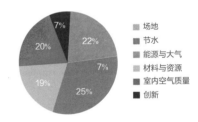

图A12 LEED®权重

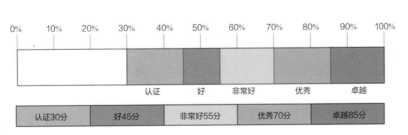

图A13 BREEAM认证

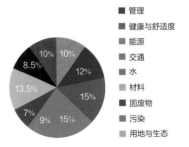

图A15 BREEAM权重

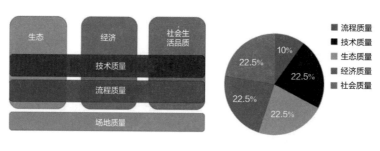

生态
经济
社会生活品质
技术质量
流程质量
场地质量

图A16　DGNB结构

10%
22.5%
22.5%
22.5%
22.5%
流程质量
技术质量
生态质量
经济质量
社会质量

图A17　DGNB权重

0%
10%
20%
30%
40%
50%
60%
70%
80%
90%
100%
铜级
银级
金级

图A19　DGNB认证

能效证书
实用建筑
依据节能条例第16条规定（EnEV）
本建筑测算能耗
2
一次能源消耗
>总能耗<
本建筑
76.9 kWh/(m²·a)
CO₂排放
[kg/(m²·a)]
0
100
200
300
400
500
600
>600
节能条例（EnEV）规定值
新建筑（比较值）
节能条例（EnEV）规定值
改造建筑（比较值）

全球性气温升高（℃）
6
5
4
3
2
1
0
通风系统
供暖系统
玻璃
复合绝热系统
地热探头/地热热交换器
混凝土结构
a
b
2000
2020
2030
2040
2080
2100（年）
a.世界人口增长
能源政策保持不变
b.世界人口增长停滞
实施可持续的能源政策

图A23　在全球温度水平可能上升的时间范围内，当代建筑构件的预期寿命

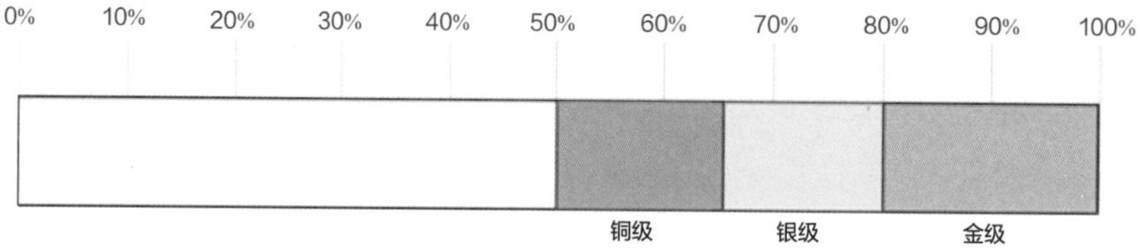

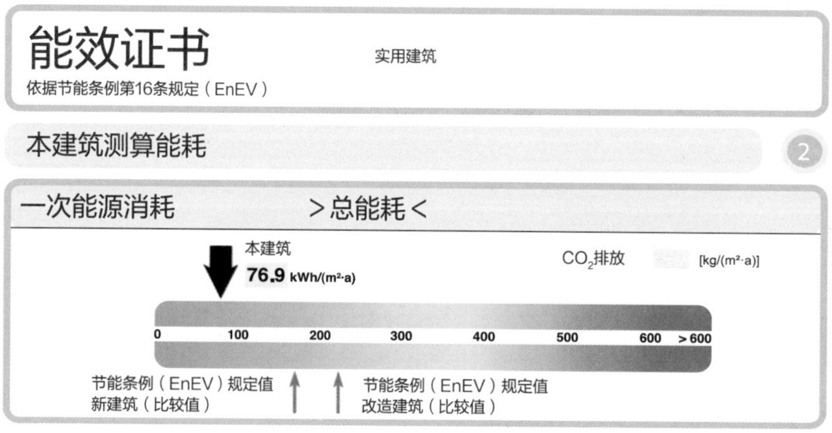

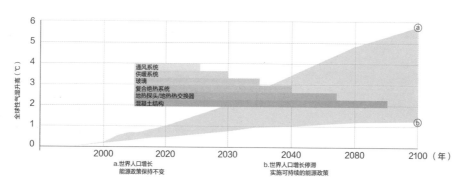

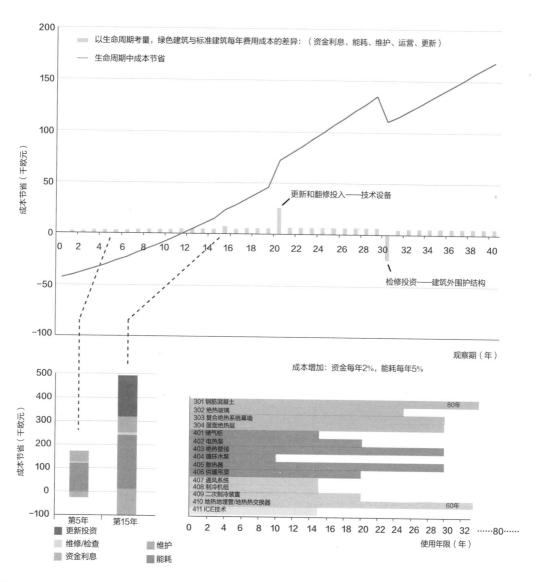

图A24 节约成本的绿色建筑vs标准建筑——详细观察建筑生命周期

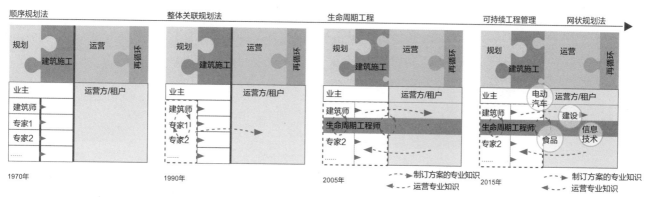

图A25 规划设计方法的改进，从顺序法到整体关联法

250

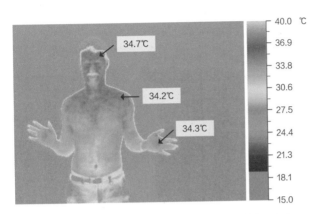

图B1.1 环境温度26℃下从事低强度活动时人体皮肤表面温度

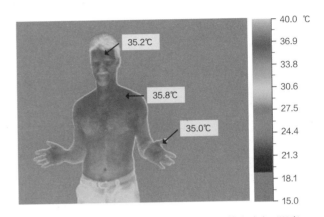

图B1.2 环境温度26℃下从事高强度活动时人体皮肤表面温度

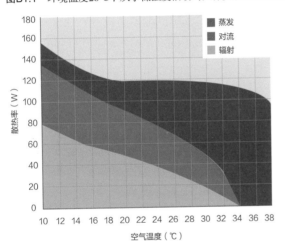

图B1.3 人体散热率与空气温度的关系（从34℃开始，人体只能通过蒸发（出汗）散热，因为人体皮肤的表面温度也是34℃）

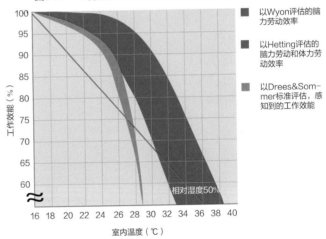

图B1.4 人的工作效能与室温的关系

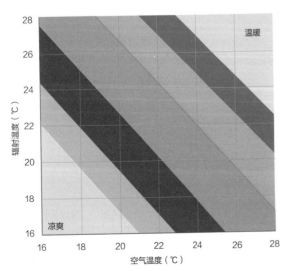

图B1.5 冬季的舒适室温，适合季节的着装（薄毛衣），较高的物体表面温度能平衡较低的空气温度

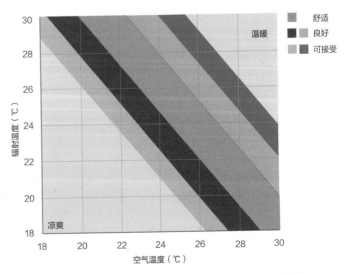

图B1.6 夏季的舒适室温，适合季节的着装（短袖衫），较低的物体表面温度能平衡较高的空气温度

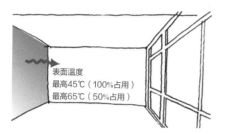

图B1.7 温暖墙面的温度舒适度范围

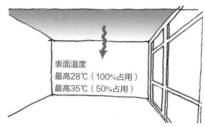

图B1.8 温暖屋顶内表面的温度舒适度范围（为将头部区域的温度恒定在34℃，屋顶内表面温度必须维持在35℃）

图B1.9 穿鞋时温暖地面的温度舒适度范围

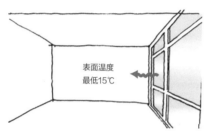

图B1.10 凉爽窗口区域的温度舒适度范围（当幕墙内表面温度低于15℃时会出现不舒适的不对称辐射，也就是应避免冷空气下沉）

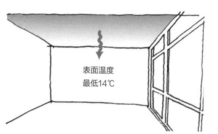

图B1.11 凉爽屋顶的温度舒适度范围（夏季只要凉爽的屋顶内表面温度不超过14℃，就可以避免室内不对称辐射带来的极端不适）

图B1.12 穿鞋时凉爽地面的温度舒适度范围

图B1.14 中庭内温度舒适度影响的量化（除通过对流和长波红外辐射进行热交换以外，还需考虑阳光直射对人体的影响及与体感温度的关系）

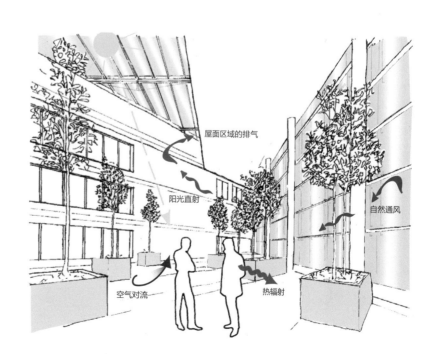

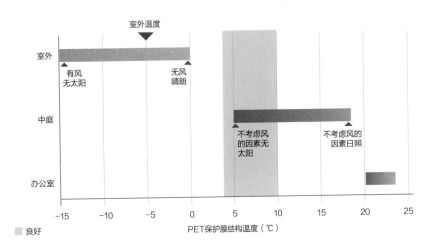

图B1.15　冬季室外气温为-5℃时，中庭的舒适气候与户外区域和配备采暖的人员使用区域（如办公室）的对比

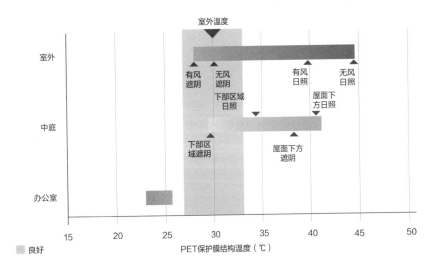

图B1.16　夏季户外气温30℃时，中庭的舒适气候与室外区域和配备冷气的人员使用区域（如办公室）的对比

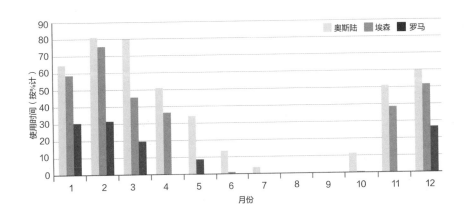

图B1.17　需对室内新风进行加湿以达到35%的室内相对湿度的使用时段（周一至周五，上午8点至下午6点）的百分比数量

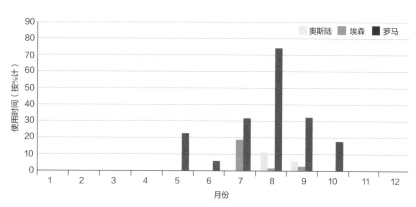

图B1.18 需对室内新风进行加湿以达到60%的室内相对湿度的使用时段（周一至周五，上午8点至下午6点）的百分比数量

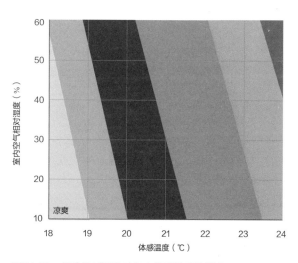

图B1.19 冬季相对湿度对室内体感温度的影响

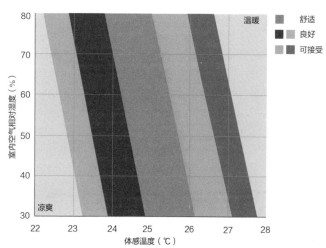

图B1.20 夏季相对湿度对室内体感温度的影响

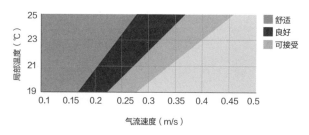

图B1.21 不同气温下，平流时（湍流度：10%）的舒适气流速度

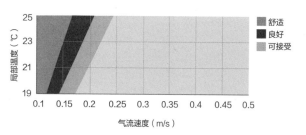

图B1.22 不同气温下，湍流时（湍流度：50%）的舒适气流速度

254

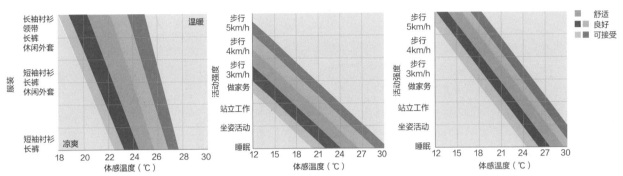

图B1.23　夏季服装对温度舒适度的影响

图B1.24　穿西装时活动水平对温度舒适度的影响

图B1.25　穿夏季运动服时活动量对温度舒适度的影响（短袖衫和短裤）

舒适
良好
可接受

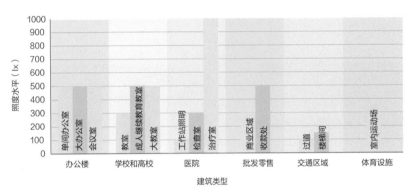

图B1.28　依据欧洲标准的各类照明照度水平

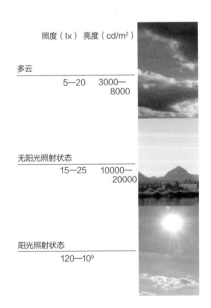

图B1.32　不同情况下的天空光照率和光亮度

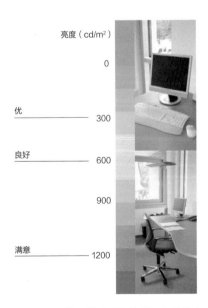

图B1.33　工作区附近（办公桌）光亮分布下的近处对比

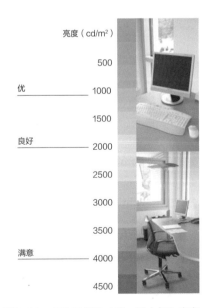

图B1.34　工作区周边（窗、墙内侧）光亮分布下的远处对比

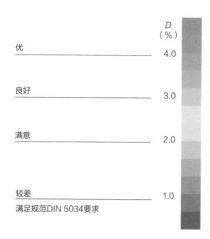

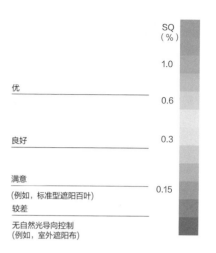

D（%）

优　　　　　　　　　　4.0

良好　　　　　　　　　3.0

满意　　　　　　　　　2.0

较差　　　　　　　　　1.0
满足规范DIN 5034要求

SQ（%）

优　　　　　　　　　　1.0
　　　　　　　　　　　0.6

良好　　　　　　　　　0.3

满意　　　　　　　　　0.15
（例如，标准型遮阳百叶）

较差

无自然光导向控制
（例如，室外遮阳布）

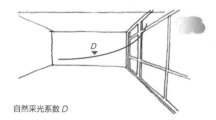

自然采光系数 D

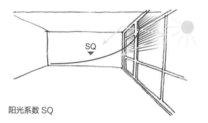

阳光系数 SQ

图B1.35　根据自然采光系数D对房间认证（自然采光系数是85cm高处的照度与多云天气户外亮度之间的比值。通常采用的参数是在空间进深一半处的读数，距玻璃幕墙最多3m）

图B1.36　根据阳光系数SQ对房间认证（采光系数是85cm高处的照度与晴天幕墙的户外亮度之间的比值。幕墙采用指定的遮阳保护装置进行遮阳，以计算室内剩余的自然亮度。通常采用的参数是在房间一半进深处的读数，距离玻璃幕墙最多为3m）

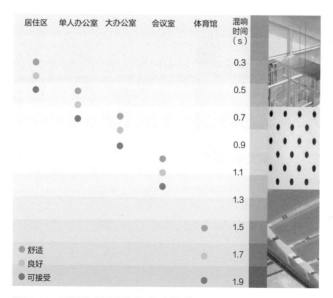

图B1.38　不同类型用途混响时间测量值

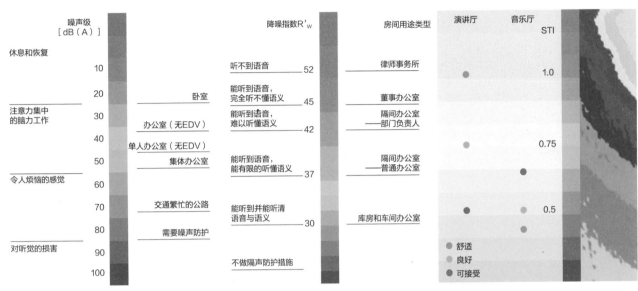

噪声级 [dB（A）]

休息和恢复

10

20　卧室

注意力集中的脑力工作

30　办公室（无EDV）

40　单人办公室（无EDV）

50　集体办公室

令人烦恼的感觉

60

70　交通繁忙的公路

80　需要噪声防护

对听觉的损害

90

100

图B1.39　基于活动和用途的室内噪声级分类

降噪指数R'w

听不到语音　52

能听到语音，完全听不懂语义　45

能听到语音，难以听懂语义　42

能听到语音，能有限的听懂语义　37

能听到并能听清语音与语义　30

不做隔声防护措施

房间用途类型

律师事务所

董事办公室

隔间办公室——部门负责人

隔间办公室——普通办公室

库房和车间办公室

图B1.40　根据用途对办公区域的隔墙进行的分类

演讲厅　音乐厅　STI

1.0

0.75

0.5

● 舒适
● 良好
● 可接受

图B1.41　不同用途区域语义理解程度的测量值

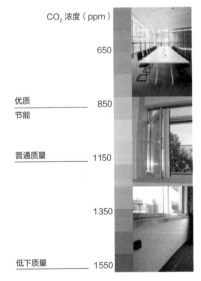

CO_2浓度（ppm）

650

优质
节能　850

普通质量　1150

1350

低下质量　1550

图B1.42　室内二氧化碳浓度数值

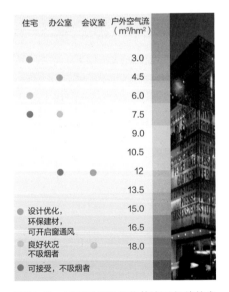

住宅　办公室　会议室　户外空气流（m³/hm²）

3.0

4.5

6.0

7.5

9.0

10.5

12

13.5

15.0

16.5

18.0

● 设计优化，环保建材，可开启窗通风
● 良好状况 不吸烟者
● 可接受，不吸烟者

图B1.43　与不同用途的物体表面相关的户外空气流速的卫生要求

以下设施操作手册

- 窗户通风
- 边缘条激活装置
- 通风
- 遮阳
- 供冷和/或供暖吊顶

→ 节能意识
→ 节约成本
→ 有利于提升舒适度

E 尤其是能由个性化控制的节能操作

通风

为了确保多功能区始终有外界新鲜空气输入，此处的通风系统为不间断运行模式。户外的新鲜空气通过空气通道进入多功能区，废气则被抽出

遮阳

遮阳（外部百叶）采用自动控制，也可通过窗户下方的开关进行手动调节

中庭通风

屋面和立面的可开启通风板能自动控制并根据气候条件进行调节

新鲜空气通过可开启通风板进入中庭。办公室和自助餐厅的门应保持常闭状态

从4月到10月，在太阳直接辐射期间，遮阳装置会自动降下

从11月到次年3月，户外温度降低到15℃以下时，遮阳装置不再自动降下，避免建筑内部的热损失

屋面和外立面附近的办公室通风设备关闭。在此期间，主要采用窗户进行通风

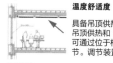

E

冬季，如果白天有眩光才放下遮阳装置。这是因为在冬季，每一束太阳光线都可以用来减少采暖的能耗

办公室的辅助性机械通风

所有办公室都与中央通风系统相连。在季节过渡期间，户外温度范围介于5℃—20℃之间，外立面附近的办公室通风设备关闭。在此期间，主要采用窗户进行通风

温度舒适度

具备吊顶供热和供冷功能的会议室将采用吊顶供热和（或）供冷。供热和供冷设施可通过位于相应房间内的操控装置进行调节。调节装置应设置到0，且应关闭窗户

E

E

窗户通风

各办公室都装配有可打开的旋窗和外推上悬窗。在过渡性季节，为了实现通风，应定期开窗（每2h最少10min）。在冬季和夏季，则启用通风系统

边缘条激活（RSH）装置

办公室装有可调温的吊顶和地板以及可独立调温的边缘条激活（RSH）装置

可通过专门安装的开关，对供暖制冷板控温装置进行单独设置

E

只有在窗户通风不能实现足够的供冷时才应激活供冷装置。当RSH激活时，每2h只应有5—10min的临时通风。当空间超过3h无人使用时，RSH就自动关闭，且调节应该设置在"0"挡位

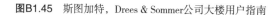

图B1.45 斯图加特，Drees & Sommer公司大楼用户指南

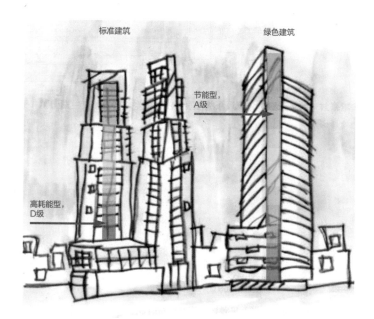

图B2.1 能源证书对非住宅建筑的分类

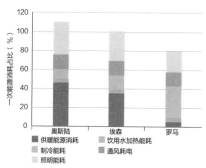

图B2.6 对比：欧洲不同地区用于温控设备的一次能源消耗比较

258

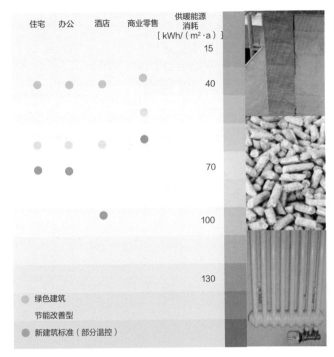

供暖能源消耗
[kWh/（m²·a）]

住宅　办公　酒店　商业零售

- 绿色建筑
- 节能改善型
- 新建筑标准（部分温控）

图B2.7　中欧地区不同设施的供暖能源消耗参数

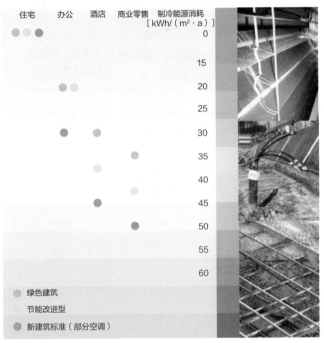

制冷能源消耗
[kWh/（m²·a）]

住宅　办公　酒店　商业零售

- 绿色建筑
- 节能改进型
- 新建筑标准（部分空调）

图B2.11　中欧地区不同设施的制冷能源消耗系数

制冷能源消耗
[kWh/（m²·a）]

住宅　办公　酒店　商业零售

- 绿色建筑
- 节能改进型
- 新建筑标准（部分空调）

图B2.13　不同用途设施通风电力需求系数

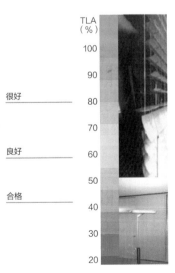

TLA
（%）

很好

良好

合格

图B2.15　中欧地区标准办公室的全自然采光系数

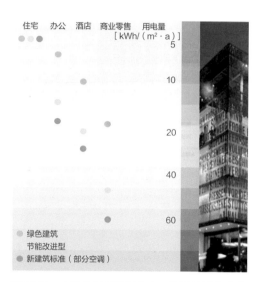

图B2.16　中欧地区不同设施人工照明的用电需求系数

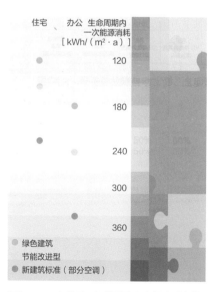

图B2.18　中欧地区不同用途建筑生命周期内一次能源消耗近似系数

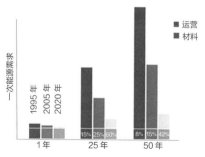

图B2.20　生命周期一次能源需求评估（以德国标准办公楼能耗计算）

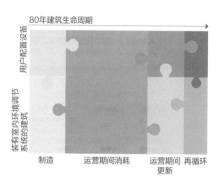

图B2.17　建筑生命周期内的一次能源消耗分布（未来，欧洲将只对室内环境调节系统的能源消耗进行规范）

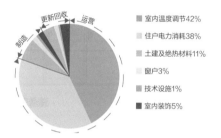

图B2.19　办公建筑的一次能源消耗分布

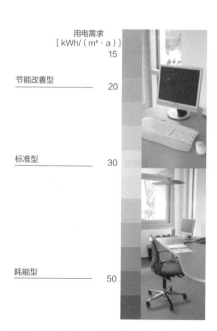

图B2.21　办公室工作设备用电需求

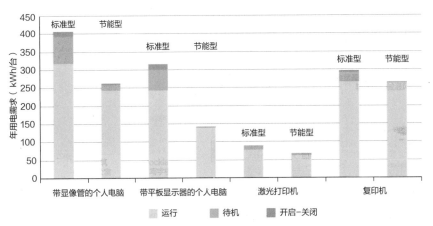

图B2.22 工作设备用电需求（与标准设备相比，使用节能设备可将用电需求降低多达50%）

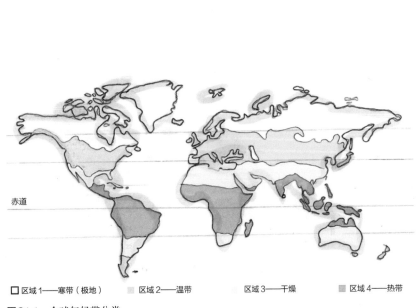

图B2.24 家庭用水类型分布

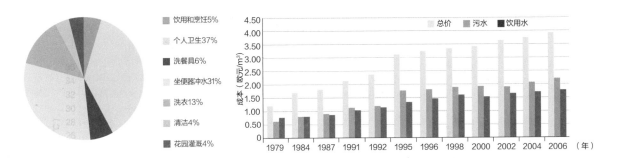

图B2.25 德国过去30年的饮用水成本和废水处理成本

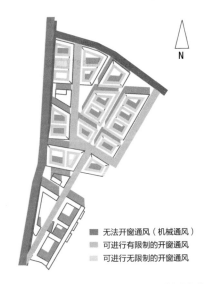

图C1.7 城市开发项目能源分析示例（户外噪声区划分为有限可开启窗通风区和无可开启窗户通风区。购物商场等功能设施应设置在噪声集中的区域，从而为住宅和写字楼的设置留出足够余地，将其设置在能最大程度利用自然能源的区域）

图C1.1 全球气候带分类

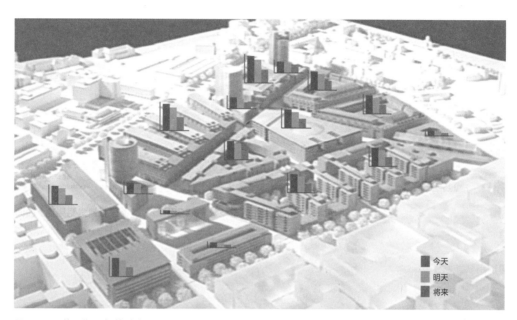

图C1.9a 德国斯图加特城市开发项目的能源分析示例

今天
明天
将来

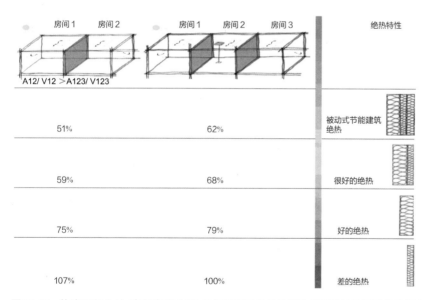

房间1　房间2　　　　房间1　房间2　房间3　　　　绝热特性

A12/ V12 ＞A123/ V123

被动式节能建筑绝热

| 51% | 62% |

很好的绝热

| 59% | 68% |

好的绝热

| 75% | 79% |

差的绝热

| 107% | 100% |

图C1.10 外墙面积（*A*）/房间容积（*V*）比例对不同绝热性能的外围护结构区域的房间空调系统基本能源要求的影响

图C1.12 夏季室内运行温度（通过增加室内空间容积形成热分层效应，由此为空间下部带来舒适的温度）

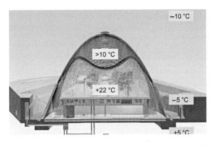

图C1.13 冬季室内运行温度（通过减少供暖的客户中心室内空间容积，以降低供暖能耗，并在屋面区域形成节能缓冲区域）

优化外立面框架结构测量值

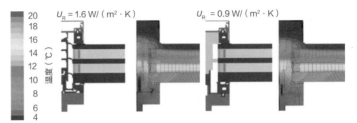

图C1.16 框架结构优化［通过采用优化措施，框架结构整体传热系数从1.6 W/（m²·K）降低到0.9W/（m²·K）］

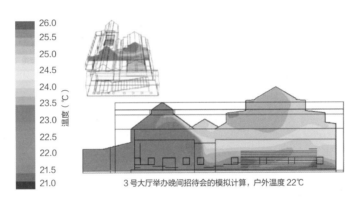

图C1.17 空气流动模拟结果（3号大厅举办晚间招待会时的室内温度安排；1号大厅未使用，因此将其用作休息间隙的新鲜空气储存空间）

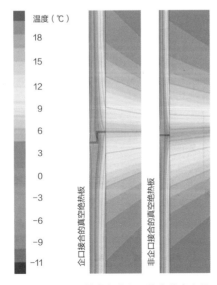

图C1.19 企口接合和非企口接合的真空绝热板的热桥效应计算

图C1.20 不同玻璃和窗户类型的整体传热系数U_W值

U值[W/(m²·K)]

未来的:
真空绝热玻璃 —————— 0.05

0.10

节能性能最优化 —————— 0.20

标准:
12cm WLG 035 —————— 0.35

避免结构损伤 —————— 0.50

图C1.21　外墙的整体传热系数U值

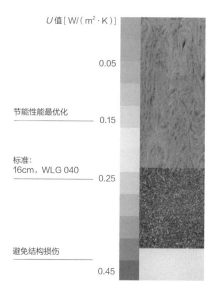

U值[W/(m²·K)]

0.05

节能性能最优化 —————— 0.15

标准:
16cm, WLG 040 —————— 0.25

避免结构损伤 —————— 0.45

图C1.22　屋面的整体传热系数U的参数

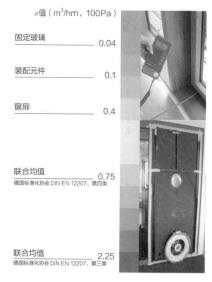

a值（m³/hm，100Pa）

固定玻璃 —————— 0.04

装配元件 —————— 0.1

窗扉 —————— 0.4

联合均值 —————— 0.75
德国标准化协会 DIN EN 12207，第四类

联合均值 —————— 2.25
德国标准化协会 DIN EN 12207，第三类

图C1.23　不同立面接缝透气率a值

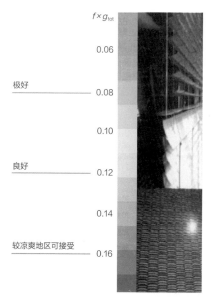

$f \times g_{tot}$

0.06

极好 —————— 0.08

0.10

良好 —————— 0.12

0.14

较凉爽地区可接受 —————— 0.16

图C1.28　在考虑功能用房外墙窗户面积比例f的情形下，总能源渗透率参数 g_{tot}（总能源渗透率由建筑物的玻璃和遮阳装置的特征决定，再乘以窗户面积比例则可计算出功能用房的能耗参数。该参数在很大程度上决定了制冷的能耗及夏季室内的舒适度）

T_L
（%）

极好 —————— 2

良好 —————— 4

可接受 —————— 8

图C1.36　在无遮阳装置的情况下，防眩光装置的透光率T_L（透光率从根本上决定了窗户区域的光照分布以及视觉舒适度）

视觉效果图—— 办公室工位

伪彩色图像—— 亮度分布

目标值
< 1500cd/m²

150cd/m²

图C1.37　通过自然光模拟模式进行亮度检查（由于外部遮阳装置的遮光作用，办公区域远场亮度目标值低于1500cd/m²）

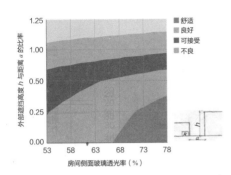

图C1.38 对面建筑物和房间侧面玻璃透光率对房间内部光照水平的影响

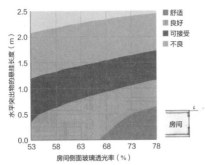

图C1.39 户外水平突出物和房间侧面玻璃透光率对房间内部的光照水平的影响（边缘条件：地板反射20%、内墙反射50%；吊顶反射70%；外立面反射20%；室内净高3m；梁高度0.2m）

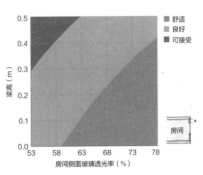

图C1.40 梁高与房间侧墙玻璃透光率对房间内部光照水平的影响（边界条件：地板反射20%；内墙反射50%；吊顶反射70%；外立面反射20%；房间净高3m）

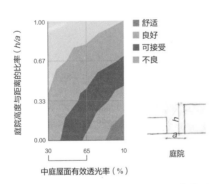

图C1.41 建筑物外围护结构和屋面有效透光率对房间内部采光程度的影响〔中庭玻璃屋面有效透光率由屋面玻璃占比（80%—90%）、污染因素（85%—95%）和屋面玻璃透光率（60%—90%）决定；边界条件：地板反射20%、内壁反射50%、吊顶反射70%、外立面反射20%、室内净高3m、梁高度0.2m、办公室玻璃的透光率73%〕

图C1.42 基于现有日光折射系统之上的遮阳系统分类

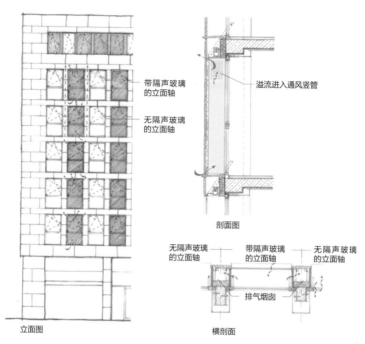

图C1.47　柏林人大道写字楼通风与隔声设计（外立面的立面图、剖面图和横剖面图）

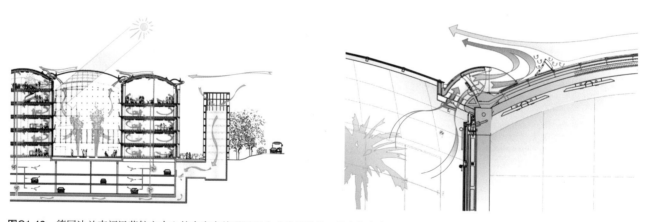

图C1.48　德国法兰克福汉莎航空中心的中庭自然通风理念（建筑设计：杜塞尔多夫，Ingenhoven建筑师事务所）

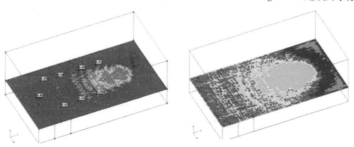

模拟1：安装隔声吊顶，只有当直接　　模拟2：吸声吊顶，语言清晰度
面对交流时才会有良好的语言清晰度　能在演讲厅内平均分布

图C1.56　吸声模拟效果（讲堂左侧的图像为安装了混凝土吊顶的音量读数，右侧为隔声吊顶的读数）

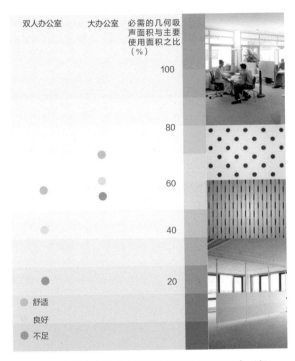

图C1.58 办公室内达到良好声学舒适度必需的吸声面积

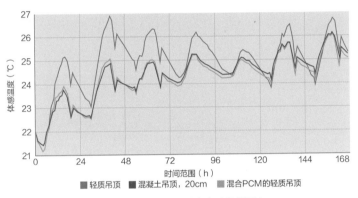

图C1.60 不同吊顶的室内体感温度轨迹（来自建筑模拟）

图C1.62 真空玻璃样板

图C1.63 选择性反射涂层遮光玻璃样板
（由Warema Renkhoff有限责任公司开发）

图C1.64 反射涂层遮光玻璃功能的简单图示

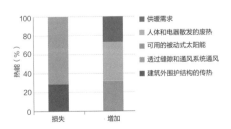

图C1.69 典型的住宅建筑（被动式能源房屋）的热平衡

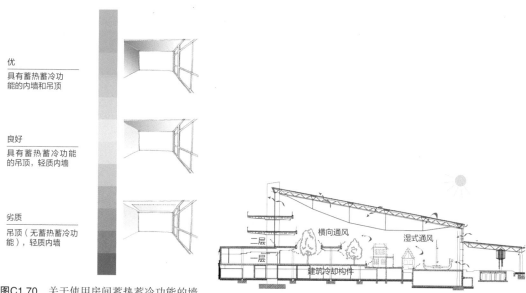

优
具有蓄热蓄冷功能的内墙和吊顶

良好
具有蓄热蓄冷功能的吊顶，轻质内墙

劣质
吊顶（无蓄热蓄冷功能），轻质内墙

图C1.70 关于使用房间蓄热蓄冷功能的墙和吊顶布置设计

二层
一层
横向通风
湿式通风
建筑冷却构件

图C1.75 夏季通风布置（剖面图）

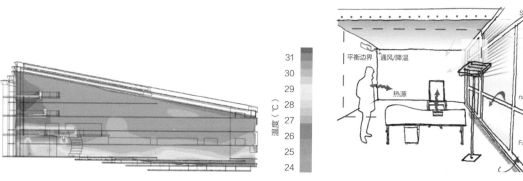

温度（℃）

31
30
29
28
27
26
25
24

图C1.76 三维流体模拟（冬季运行模式下温度和气流速度的分布）

平衡边界
通风/降温
热源

Sp
na
Fa

图C1.78 建筑模拟程序的平衡原理

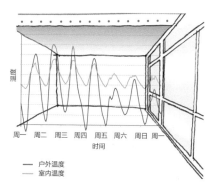

温度

周一 周二 周三 周四 周五 周六 周日 周一
时间

—— 户外温度
—— 室内温度

图C1.79 室内热系数模拟案例结果（温度变化轨迹）

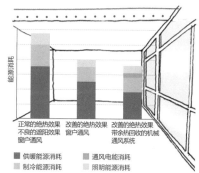

能源消耗

正常的绝热效果不良的遮阳效果窗户通风　改善的绝热效果窗户通风　改善的绝热效果带余热回收的机械通风系统

■ 供暖能源消耗　　　■ 通风电能消耗
■ 制冷能源消耗　　　□ 照明能源消耗

图C1.80 空间的热行为模拟案例结果（温度变化频率）

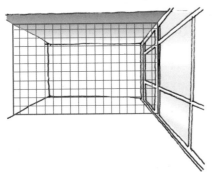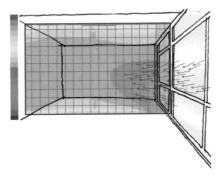

图C1.81 CFD模拟程序的平衡原理 图C1.82 流体模拟范例（温度流） 图C1.83 流体模拟结果范例（气流速度和流体方向）

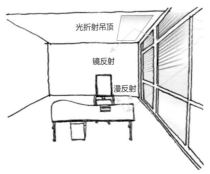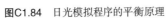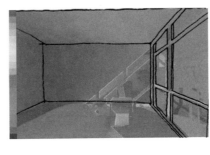

图C1.84 日光模拟程序的平衡原理 图C1.85 日光模拟结果范例

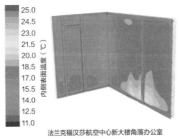

法兰克福汉莎航空中心新大楼角落办公室

图C2.4 位于房屋角落办公室的气流模拟（德国法兰克福汉莎航空中心新大楼）

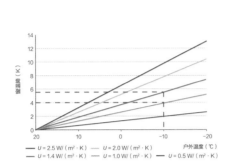

图C2.6 与户外温度相关的窗温降

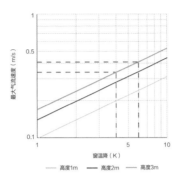

图C2.7 窗体区域的空气流速、冷空气下沉与窗温降

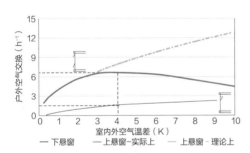

图C2.15 户外空气交换取决于室内外空气温差

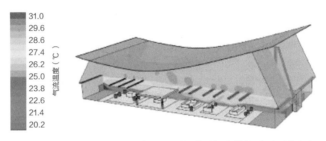

图C2.17 斯图加特会展中心标准展厅的分层气流模拟（展厅内空气温度色场图）

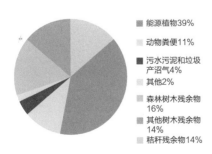

图C2.32 全球生物质各种来源所占比例

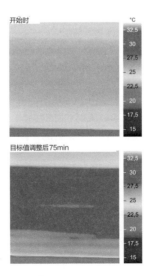

图C3.4 借助红外技术的运用，通过表面温度的测量可确定热激活建筑构件的荷载状态

270

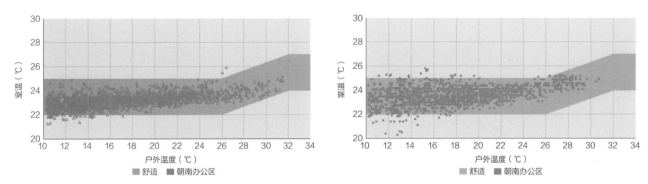

图C3.6 左图是借助建筑模拟程序得到的测算室温，右图是建筑运行过程中的实测温度，将两者进行比较；朝南办公区（OWP 11写字楼）内两个数值非常接近

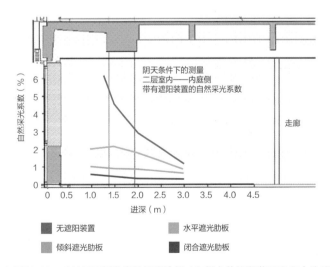

图C3.10 对处于不同角度的遮光肋板（包括户外遮阳装置和室内防眩光装置）的亮度和照度的测量

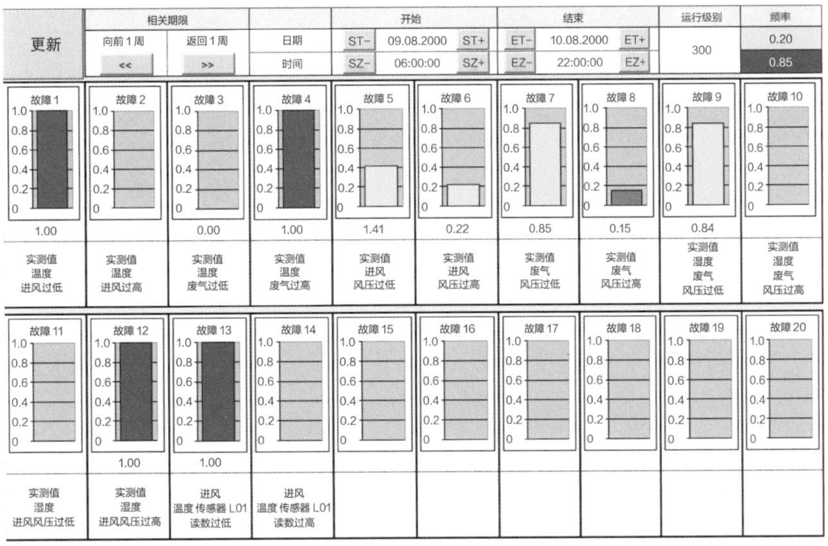

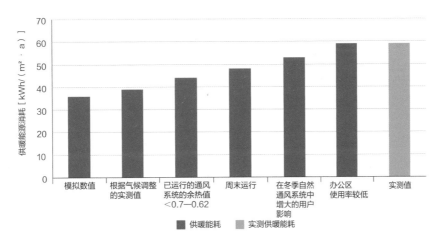

更新	相关期限		开始		结束		运行级别	频率
	向前1周	返回1周	日期	ST− 09.08.2000 ST+	ET− 10.08.2000 ET+		300	0.20
	<<	>>	时间	SZ− 06:00:00 SZ+	EZ− 22:00:00 EZ+			0.85

故障 1 — 1.00 — 实测值 温度 进风过低
故障 2 — 0.00 — 实测值 温度 进风过高
故障 3 — — 实测值 温度 废气过低
故障 4 — 1.00 — 实测值 温度 废气过高
故障 5 — 1.41 — 实测值 进风 风压过低
故障 6 — 0.22 — 实测值 进风 风压过高
故障 7 — 0.85 — 实测值 废气 风压过低
故障 8 — 0.15 — 实测值 废气 风压过高
故障 9 — 0.84 — 实测值 湿度 废气 风压过低
故障 10 — — 实测值 湿度 废气 风压过高

故障 11 — — 实测值 湿度 进风风压过低
故障 12 — 1.00 — 实测值 湿度 进风风压过高
故障 13 — 1.00 — 进风 温度 传感器 L01 读数过低
故障 14 — — 进风 温度 传感器 L01 读数过高
故障 15
故障 16
故障 17
故障 18
故障 19
故障 20

图C4.2　设备的故障自动检测、自动诊断及运行优化的监控系统

图C4.3　通过模拟方式分析OWP11建筑的供暖能耗

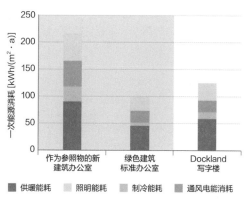

图D1.2 房间空调的一次能源平衡

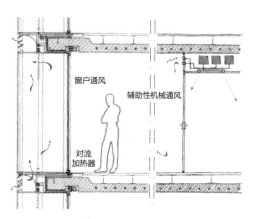

图D1.5 办公室和双层幕墙的截面图

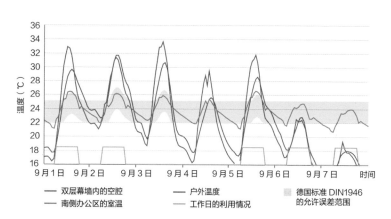

图D1.6 初步规划阶段通过模拟演示的运行期间一周的室内温度

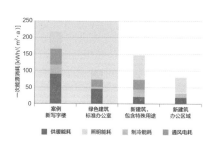

图D2.6 新建筑空间空调系统的一次能源消耗平衡表

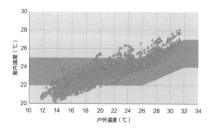

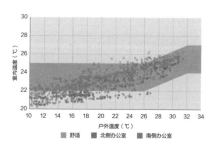

图D2.7 实际室内温度与规划阶段模拟值对比

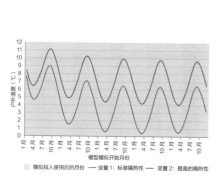

图D3.4 数年间的土壤温度发展过程

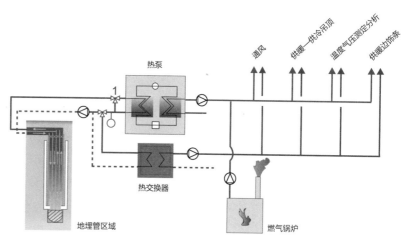

图D3.5 地热应用的供暖和供冷示意图

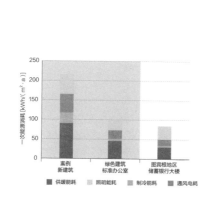

图D3.6 房间空调系统一次能源平衡

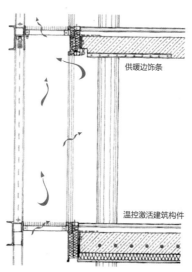

图D3.7 配备温控构件、供暖边饰条、进风口邻近外立面的室内小气候设计方案

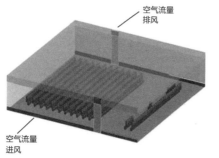

图D3.9 气流模拟

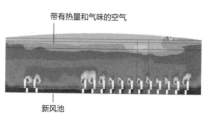

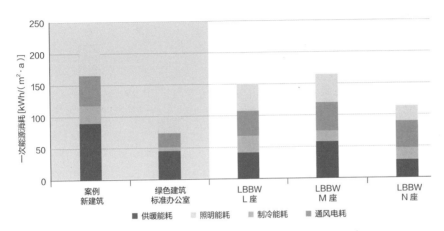

图D4.1 LBBW新大楼的室内空调一次能源消耗

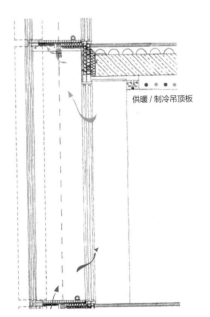

图D4.2 位于斯图加特的LBBW新大楼外立面幕墙设计方案

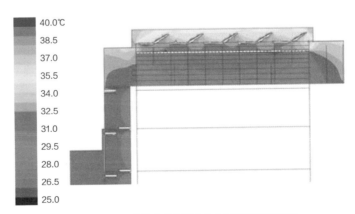

图D5.5 通过建筑热工和流体力学模拟确定的屋面温度分布图

图D6.3 冬季中庭

图D6.4 夏季中庭

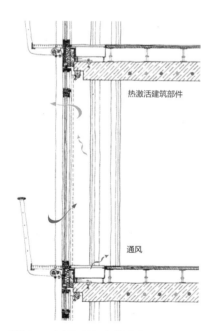

热激活建筑部件

通风

图D6.6 房间气候概念草图(见彩页)

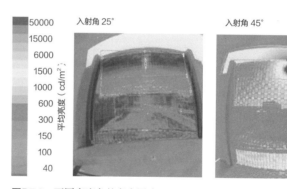

图D7.3 不同高度角的亮度图片

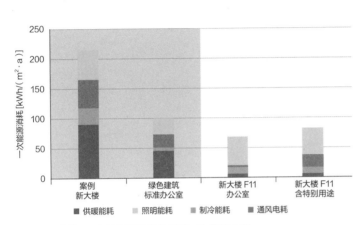

图D7.5 Nycomed大楼F11房间空调系统的建筑一次能源平衡

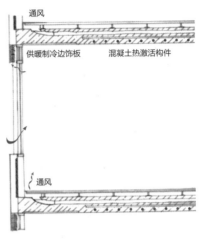

图D9.3 办公室室内气候通风设计方案剖面图

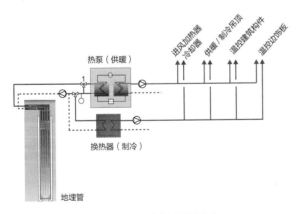

图D9.5 用于供暖和制冷的地热能源利用方案

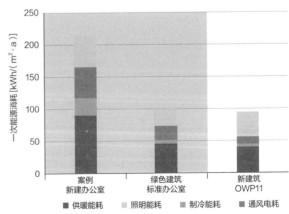

图D9.6 用于建筑室内环境系统的一次能源平衡表

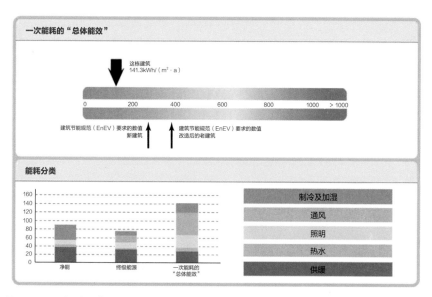

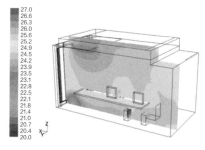

图D10.3 根据欧盟建筑节能规范（EnEV）计算的一次能耗需求（含特殊用途）

图D10.5 各空间的不同温度

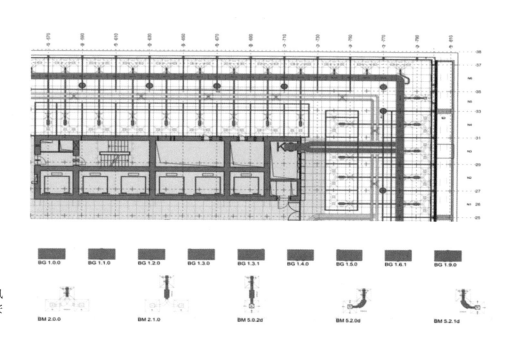

图D11.5 双层地面中的通风
管路技术设备模块图和组件安
装图

278

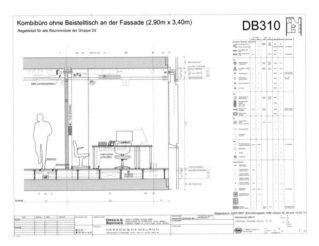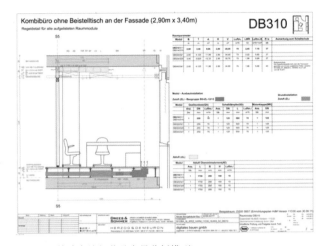

图D11.6 第2组办公室模块数据表"幕墙边无放置矮文件柜的集合办公室",通风管路实施细节及定量分析模型

组件 HT6.0.00

带支架的管道
预先固定在横梁上

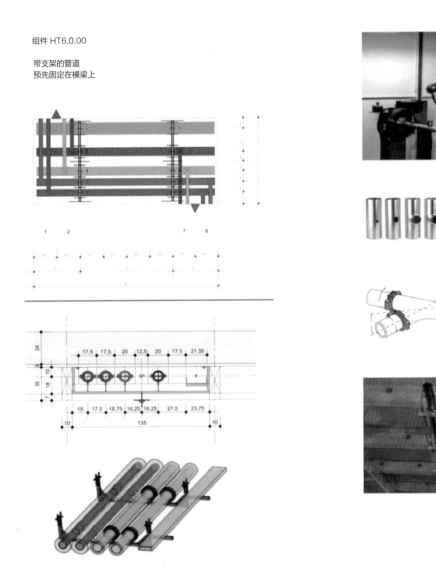

图D11.7 各种可在工厂预制的预制件

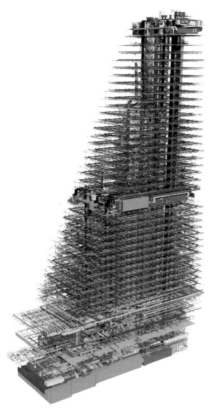

图D11.8 罗氏制药公司一号楼各种管线（HLKKS）布置的3D模型

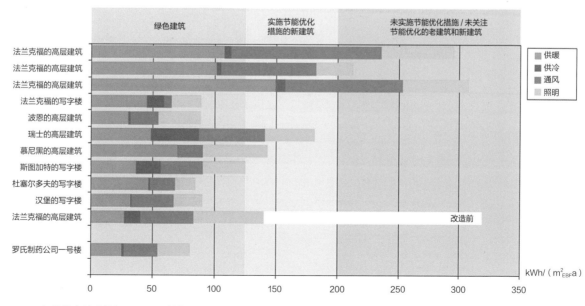

图D11.12 与其他高层建筑相比，罗氏制药公司一号楼一次能源消耗需求